식품 관련 전공자를 위한

급 식 경 영 개 론 _ 給 食 經 營 概 論

A Survey of Foodservice Management

이성호 저

석학당 출판사
www.shdbooks.co.kr

머 리 말

음식은 우리가 살아가는데 꼭 필요로 하는 것 중에서도 가장 우선으로 꼽히는 것임에 모든 사람이 공감할 것이다. 가정에서의 식사에서 벗어나 외부에서 식사를 할 기회가 많아짐에 따라 음식과 관련한 급식(외식)업의 급속한 성장을 가져오게 되었을 뿐만 아니라 중요한 산업으로 자리매김하게 되었다. 또한 급식(외식)업은 서비스산업 중에서도 종사자의 숫자 뿐만 아니라 인간생활에서도 결코 소홀히 할 수 없는 중요한 산업으로서 역할을 감당해야하는 상황에 이르게 되었다.

이에 따라 급식(외식)경영은 고객이 만족할 수 있는 음식과 서비스를 제공하기 위한 인적, 물적, 재정적 자원들을 효과적, 효율적으로 활용하는 종합적인 과정이다. 그러므로 기존의 체계적이지 못한 경영 방식을 탈피하여 체계적인 경영이 요구된다. 뿐만 아니라 급식(외식)산업에서 요구되는 기술 및 상품에 대한 연구개발의 필요성이 증대되고 있으며, 이에 대한 많은 연구 개발이 이루어지고 있다. 이와 같은 상황에서 급식(외식)산업경영의 전반의 이해는 매우 필요하다.

이 책은 가능하면 빠르게 변화하고 있는 상황에 신속히 대처하기 위해 인터넷을 통한 실제의 상황으로부터 얻어진 자료를 활용하거나, 활용할 수 있도록 유도하였다. 그리고 Q&A(Question and Answer)가 아닌 Q&D(Question and Discussion) 즉, 질문으로써 토론을 유도하고 토론의 결과를 발표할 수 있도록 구성함으로써 대학생들에게 좀더 흥미를 불어 넣고자 하였다.

그리고 필자는 물질의 성질, 구조, 조성, 화학반응을 다루는 화학의 바탕 위에 다년간의 연구경력 및 교육경력 그리고 외식산업경영의 학문적 바탕을 가지고 있으므로, 이 바탕 위에서 사람이 먹는 음식을 다룸에 있어 위생적인 문제로부터 식품안전경영시스템까지 포괄적인 내용으로 알기 쉽도록 집필하고자 노력하였다. 그러나 부족한 부분이 많음을 실감하면서, 오류 부분은 지적해 주시고 함께 더욱 좋은 책으로 만들어져 나갔으면 하는 바램입니다.

이 책의 본문은 3부로 구성되었습니다.

제 1부는 급식(외식)산업의 전반에 대한 이해를 돕기 위한 내용으로서 산업의 개요, 국내외 외식산업, 외식산업분류, 외식산업 발전역사 및 외식산업의 트렌드 등을 살펴보았습니다.

제 2부는 경영에 대한 이해를 돕기 위한 내용으로서 기업과 경영자, 경영관리 이론, 식품안전경영시스템, 지속가능경영, 경영의 계획 및 통제, 경영조직론, 경영의 지휘 및 조정, 급식(외식) 인적자원관리 등을 살펴보았습니다.

제 3부는 급식(외식)산업의 경영에 관한 내용으로서 급식(외식)산업의 마케팅, 위생관리, 급식(외식)산업의 구매 및 재고관리, 원가 및 재무관리, 정보관리 등을 살펴보았습니다. 그리고 외국문헌이나 자료의 일부분은 그대로 인용함으로써 외국어에 대한 관심을 가질 수 있도록 하였다.

끝으로 이 책을 집필하는데 도움을 주신 경북대학교 및 계명문화대학의 여러 교수님들과 경기대학교의 나정기 교수님, 진양호 교수님, 김기영 교수님, 김명희 교수님, 한경수 교수님을 비롯한 자료를 주신 모든 분들께 깊은 감사를 드리며, 이 책을 출간하도록 기회를 주신 석학당의 윤용호 사장님을 비롯한 편집 및 교정에 애써주신 직원 여러분들께도 감사를 드립니다.

2018 02.
저자 씀

목 차

Part I. 급식(외식)산업의 이해

Part II. 경영의 이해

Part III. 급식(외식)산업의 경영

Ⅳ. 부록

Part I.

급식(외식)산업의 이해

학습목표

- 산업을 정의할 수 있다.
- 산업을 분류할 수 있다.
- 급식(외식)산업을 정의 및 분류할 수 있다.
- 급식(외식)산업 관련 자료를 이용할 수 있다(규모, 트렌드, 정보원 등).

Key words

- 산업
- 급식(외식)
- 급식(외식)산업
- 경제
- 경제주체
- 경제객체

1. 산업의 정의

산업(industry, 産業)이란 "유사한 성질을 갖는 산업활동에 주로 종사하는 생산단위의 집합"이라 정의 되며, 산업활동이란,"각 생산단위가 노동, 자본, 원료 등 자원을 투입하여, 재화(goods, 財貨) 또는 서비스(service, 用役)를 생산 또는 제공하는 일련의 활동과정"이라 정의된다. 일반적으로 산업활동 범위로는 영리적, 비영리적 활동이 모두 포함시키나, 가정 내의 가사활동은 제외한다.

유사한 용어로서 "가계를 포함하여 재화와 용역을 생산, 분배, 소비하는 활동 및 그와 직접 관련되는 질서와 행위의 총체"를 경제(經濟, economy)라고 한다. 즉 경제는 경제주체가 경제객체인 재화와 용역을 생산, 분배, 소비하는 모든 것을 의미한다.

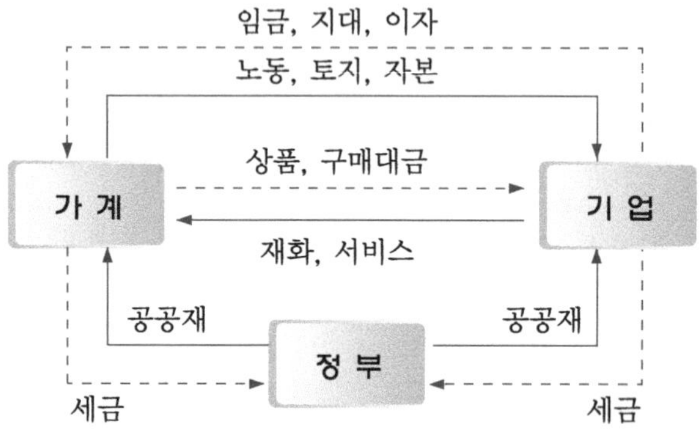

Fig. 1. 경제주체들의 상호관계

경제주체란 자기의 의지와 판단에 의해 경제활동을 할 수 있는 주체로서 기업, 개인(또는 가계), 정부, 외국 등이다. 경제객체인 재화란 인간의 욕망을 충족시킬 수 있는 성능, 즉 효용을 가진 외계의 물자이며, 서비스(용역, 用役)는 물자의 형태를 취하지 않고 생산과 소비에 필요한 노무를 제공하는 것을 말한다.

Fig. 1에서와 같이 기업은 개인(가계)으로부터 생산요소를 구입하여 생산을 하고, 개인은 자기가 제공한 생산요소에 대해 기업으로부터 보수를 받아 소비지출을 하며, 정부는 기업, 개인으로부터 세금을 받아 지출하는 재정활동을 하고, 외국은 다른 외국과 무역을 하는 방식으로 각 경제주체는 서로 밀접한 관계로 경제활동을 하고 있다.

우리가 얻고자 하는 경제객체인 재화(goods)는 다시 희소성에 따라 자유재(free goods)와 경제재(economic goods)로 나눌 수 있다. 자유재는 물이나 공기, 햇빛과 같이 희소성이 없고 대가를 치르지 않고 얻을 수 있는 것으로 자연재라고도 한다. 그러나 경제재는 그 양이 한정된 희소성과 그것을 취하고 싶은 욕망도 있다. 그러므로 대가를 치러야 얻을 수 있는 자원으로 석유 등 자원에서 자동차, 옷, 음식 등 거의 모든 것들이다 경제재는 사용목적에 따라 생산재, 소비재로 나눌 수 있다.

2. 산업의 분류

산업의 분류 목적은 산업활동과 관련된 정확한 자료를 얻기 위함이며, 이를 바탕으로 일반 행정 및 산업정책 등 다방면으로 활용하고자 함이며, 이를 위해서 생산단위(사업체단위, 기업체단위 등)가 주로 수행하는 산업활동을 그 유사성에 따라 분류한다.

분류기준으로는 산출물의 물리적 구성 및 가공단계, 산출물의 수요처 및 산출물의 기능 및 용도 등 산출물(생산된 재화 또는 제공된 서비스)의 특성에 따라 또는 원재료, 생산 공정, 생산기술 및 시설 등 투입물의 특성 또는 생산활동의 일반적인 결합형태에 따라 분류하고 있다.

UN 산업분류와 주요 몇 개국의 산업분류의 예를 살펴보면 다음과 같다.

1) 한국표준산업분류, KSIC(Rev.10, 2017년)

분류구조는 대분류(알파벳 문자 사용/Sections), 중분류(2자리 숫자사용/Divisions), 소분류(3자리 숫자 사용/Groups), 세분류(4자리 숫자 사용/Classes). 세세분류(5자리 숫자 사용/Sub-Classes)의 5단계로 구성되어 있다. UN의 국제분류 ISIC Rev.4를 기본체계로 하여 국내실정을 고려하여 국제분류의 각 단계 항목을 분할, 통합 또는 재그룹화하여 독자적으로 분류 항목과 분류부호를 설정하였다. 2017년 10차 개정내용을 9차 개정 내용과 함께 Table 1에 수록하였다.

Table 1. 한국표준산업분류, KSIC(Rev.10, 2017년)

KSIC 10차 개정(2017년)					비 고
대분류	중분류	소분류	세분류	세세분류	9차(구분류)대분류
A. 농업, 임업 및 어업	3	8	21	34	A. 농업, 임업 및 어업(3)
B. 광업	4	7	10	11	B. 광업(4)
C. 제조업	25	85	183	477	C. 제조업(24)
D. 전기, 가스, 증기 및 공기 조절 공급업	1	3	5	9	D. 전기,가스, 수도(2)
E. 수도, 하수 및 폐기물 처리, 원료 재생업	4	6	14	19	E. 폐기물, 환경복원(3)
F. 건설업	2	8	15	45	F. 건설업(2)
G. 도매 및 소매업	3	20	61	184	G. 도매 및 소매(3)
H. 운수 및 창고업	4	11	19	48	H. 운수업(4)
I. 숙박 및 음식점업	2	4	9	29	I. 숙박 및 음식점업(2)
J. 정보통신업	6	11	24	42	J. 출판,영상,정보 등(6)
K. 금융 및 보험업	3	8	15	32	K. 금융, 보험(3)
L. 부동산업	1	2	4	11	L. 부동산, 임대(2)
M. 전문, 과학 및 기술 서비스업	4	14	20	51	M. 전문,과학,기술(4)
N. 사업시설 관리, 사업 지원 및 임대 서비스업	3	11	22	32	N. 사업시설,사업지원(2)
O. 공공 행정, 국방 및 사회 보장 행정	1	5	8	25	O. 행정,국방,사회보장(1)
P. 교육 서비스업	1	7	17	33	P. 교육서비스(1)
Q. 보건업 및 사회복지 서비스업	2	6	9	25	Q. 보건 및 사회복지(2)
R. 예술, 스포츠 및 여가관련 서비스업	2	4	17	43	R. 예술,스포츠,여가(2)
S. 협회 및 단체, 수리 및 기타 개인 서비스업	3	8	18	41	S. 협회,수리,개인(3)
T. 가구 내 고용활동 및 달리 분류되지 않은 자가 소비 생산활동	2	3	3	3	T. 자가소비생산활동(2)
U. 국제 및 외국기관	1	1	1	2	U. 국제 및 외국기관(1)
21	77	232	495	1,196	21

2) UN, 국제표준산업분류, ISIC

(International Standard Industrial Classification of All Economic Activities, Rev.4, 2008년)

http://unstats.un.org

http://unstats.un.org/unsd/cr/registry/isic-4.asp

Table 2. UN 산업분류, ISIC Rev.4.

Division	Major Group	
A		Agriculture, forestry and fishing
	01	Crop and animal production, hunting and related service activities
	02	Forestry and logging
	03	Fishing and aquaculture
B	Mining and quarrying	
	05	Mining of coal and lignite
	06	Extraction of crude petroleum and natural gas
	07	Mining of metal ores
	08	Other mining and quarrying
	09	Mining support service activities
C	Manufacturing	
	10	Manufacture of food products
	11	Manufacture of beverages
	12	Manufacture of tobacco products
	13	Manufacture of textiles
	14	Manufacture of wearing apparel
	15	Manufacture of leather and related products
	16	Manufacture of wood and of products of wood and cork, except furniture; manufacture of articles of straw and plaiting materials
	17	Manufacture of paper and paper products
	18	Printing and reproduction of recorded media
	19	Manufacture of coke and refined petroleum products
	20	Manufacture of chemicals and chemical products
	21	Manufacture of basic pharmaceutical products and pharmaceutical preparations
	22	Manufacture of rubber and plastics products
	23	Manufacture of other non-metallic mineral products
	24	Manufacture of basic metals
	25	Manufacture of fabricated metal products, except machinery and equipment
	26	Manufacture of computer, electronic and optical products
	27	Manufacture of electrical equipment
	28	Manufacture of machinery and equipment n.e.c.
	29	Manufacture of motor vehicles, trailers and semi-trailers equipment
	30	Manufacture of other transport equipment

	31	Manufacture of furniture
	32	Other manufacturing
	33	Repair and installation of machinery and equipment
D	Electricity, gas, steam and air conditioning supply	
	35	Electricity, gas, steam and air conditioning supply
	Water supply; sewerage, waste management and remediation activities	
	36	Water collection, treatment and supply
E	37	Sewerage
	38	Waste collection, treatment and disposal activities; materials recovery
	39	Remediation activities and other waste management services
	Construction	
F	41	Construction of buildings
	42	Civil engineering
	43	Specialized construction activities
	Wholesale and retail trade; repair of motor vehicles and motorcycles	
G	45	Wholesale and retail trade and repair of motor vehicles and motorcycles
	46	Wholesale trade, except of motor vehicles and motorcycles
	47	Retail trade, except of motor vehicles and motorcycles
	Transportation and storage	
	49	Land transport and transport via pipelines
H	50	Water transport
	51	Air transport
	52	Warehousing and support activities for transportation
	53	Postal and courier activities
	Accommodation and food service activities	
I	55	Accommodation
	56	Food and beverage service activities
	Information and communication	
	58	Publishing activities
	59	Motion picture, video and television programme production, sound recording and music publishing activities
J	60	Programming and broadcasting activities
	61	Telecommunications
	62	Computer programming, consultancy and related activities
	63	Information service activities
	Financial and insurance activities	
	64	Financial service activities, except insurance and pension funding
K	65	Insurance, reinsurance and pension funding, except compulsory social security
	66	Activities auxiliary to financial service and insurance activities

L	Real estate activities	
	68	Real estate activities
M	Professional, scientific and technical activitie	
	69	Legal and accounting activities
	70	Activities of head offices; management consultancy activities
	71	Architectural and engineering activities; technical testing and analysis
	72	Scientific research and development
	73	Advertising and market research
	74	Other professional, scientific and technical activities
	75	Veterinary activities

3) NAICS(북미표준산업분류)

http://www.census.gov/eos/www/naics/

Table 3. 북미표준산업분류, NAICS, 2017

Titles and Descriptions of Industries
Sector 11. Agriculture, Forestry, Fishing and Hunting
Subsector 111. Crop Production Subsector 112. Animal Production and Aquaculture Subsector 113. Forestry and Logging Subsector 114. Fishing, Hunting and Trapping Subsector 115. Support Activities for Agriculture and Forestry
Sector 21. Mining, Quarrying, and Oil and Gas Extraction
Subsector 211. Oil and Gas Extraction Subsector 212. Mining (except Oil and Gas) Subsector 213. Support Activities for Mining
Sector 22. Utilities
Subsector 221. Utilities
Sector 23. Construction
Subsector 236. Construction of Buildings Subsector 237. Heavy and Civil Engineering Construction Subsector 238. Specialty Trade Contractors
Sector 31-33. Manufacturing
Subsector 311. Food Manufacturing Subsector 312. Beverage and Tobacco Product Manufacturing Subsector 313. Textile Mills Subsector 314. Textile Product Mills Subsector 315. Apparel Manufacturing Subsector 316. Leather and Allied Product Manufacturing Subsector 321. Wood Product Manufacturing Subsector 322. Paper Manufacturing Subsector 324. Petroleum and Coal Products Manufacturing Subsector 325. Chemical Manufacturing Subsector 326. Plastics and Rubber Products Manufacturing Subsector 327. Nonmetallic Mineral Product Manufacturing

Subsector 331. Primary Metal Manufacturing
Subsector 332. Fabricated Metal Product Manufacturing
Subsector 333. Machinery Manufacturing .
Subsector 334. Computer and Electronic Product Manufacturing
Subsector 335. Electrical Equipment, Appliance, and Component Manufacturing
Subsector 336. Transportation Equipment Manufacturing
Subsector 337. Furniture and Related Product Manufacturing
Subsector 339. Miscellaneous Manufacturing

Sector 42. Wholesale Trade

Subsector 423. Merchant Wholesalers, Durable Goods
Subsector 424. Merchant Wholesalers, Nondurable Goods
Subsector 425. Wholesale Electronic Markets and Agents and Brokers

Sector 44-45. Retail Trade

Subsector 441. Motor Vehicle and Parts Dealers
Subsector 442. Furniture and Home Furnishings Stores
Subsector 443. Electronics and Appliance Stores
Subsector 444. Building Material and Garden Equipment and Supplies Dealers .
Subsector 445. Food and Beverage Stores
Subsector 446. Health and Personal Care Stores
Subsector 447. Gasoline Stations
Subsector 448. Clothing and Clothing Accessories Stores
Subsector 451. Sporting Goods, Hobby, Musical Instrument, and Book Stores
Subsector 452. General Merchandise Stores
Subsector 453. Miscellaneous Store Retailers
Subsector 454. Nonstore Retailers

Sector 48-49. Transportation and Warehousing

Subsector 481. Air Transportation
Subsector 482. Rail Transportation
Subsector 483. Water Transportation
Subsector 484. Truck Transportation
Subsector 485. Transit and Ground Passenger Transportation
Subsector 486. Pipeline Transportation
Subsector 487. Scenic and Sightseeing Transportation
Subsector 488. Support Activities for Transportation
Subsector 491. Postal Service
Subsector 492. Couriers and Messengers
Subsector 493. Warehousing and Storage

Sector 51. Information

Subsector 511. Publishing Industries (except Internet)
Subsector 512. Motion Picture and Sound Recording Industries
Subsector 515. Broadcasting (except Internet)
Subsector 517. Telecommunications
Subsector 518. Data Processing, Hosting, and Related Services
Subsector 519. Other Information Services

Sector 52. Finance and Insurance

Subsector 521. Monetary Authorities-Central Bank
Subsector 522. Credit Intermediation and Related Activities
Subsector 523. Securities, Commodity Contracts, and Other Financial Investments and Related Activities
Subsector 524. Insurance Carriers and Related Activities
Subsector 525. Funds, Trusts, and Other Financial Vehicles

Sector 53. Real Estate and Rental and Leasing

Subsector 531. Real Estate Subsector 532. Rental and Leasing Services
Subsector 533. Lessors of Nonfinancial Intangible Assets (except Copyrighted Works)

Sector 54. Professional, Scientific, and Technical Services

Subsector 541. Professional, Scientific, and Technical Services

Sector 55. Management of Companies and Enterprises

Subsector 551. Management of Companies and Enterprises

Sector 56. Administrative and Support and Waste Management and Remediation Services

Subsector 561. Administrative and Support Services
Subsector 562. Waste Management and Remediation Services

Sector 61. Educational Services

Subsector 611. Educational Services
Sector 62. Health Care and Social Assistance
Subsector 621. Ambulatory Health Care Services
Subsector 622. Hospitals
Subsector 623. Nursing and Residential Care Facilities
Subsector 624. Social Assistance

Sector 71. Arts, Entertainment, and Recreation

Subsector 711. Performing Arts, Spectator Sports, and Related Industries Subsector 712. Museums, Historical Sites, and Similar Institutions
Subsector 713. Amusement, Gambling, and Recreation Industries

Sector 72. Accommodation and Food Services

Subsector 721. Accommodation
Subsector 722. Food Services and Drinking Places

Sector 81. Other Services (except Public Administration)

Subsector 811. Repair and Maintenance
Subsector 812. Personal and Laundry Services
Subsector 813. Religious, Grantmaking, Civic, Professional, and Similar Organizations
Subsector 814. Private Households

Sector 92. Public Administration

Subsector 921. Executive, Legislative, and Other General Government Support
Subsector 922. Justice, Public Order, and Safety Activities
Subsector 923. Administration of Human Resource Programs
Subsector 924. Administration of Environmental Quality Programs

Subsector 925. Administration of Housing Programs, Urban Planning, and Community Development

Subsector 926. Administration of Economic Programs
Subsector 927. Space Research and Technology
Subsector 928. National Security and International Affairs

4) JSIC(일본표준산업분류)

Japan Standard Industrial Classification (Rev. 12, November 2007)
Structure and Explanatory Notes
http://www.stat.go.jp

Table 4. 일본 산업분류, JSIC

項目	內容	項目	內容
A	農業, 林業 AGRICULTURE AND FORESTRY	K	不動産業, 物品賃貸業 REAL ESTATE AND GOODS RENTAL AND LEASING
B	漁業 FISHERIES	L	學術研究, 專門·技術サービス業 SCIENTEIFIC RESEARCH, PROFESSIONAL AND TECHNICAL SERVICES
C	鑛業, 採石業, 砂利採取業 MINING AND QUARRYING OF STONE AND GRAVEL	M	宿泊業, 飲食サービス業 ACCOMMODATIONS, EATING AND DRINKING SERVICES
D	建設業 CONSTRUCTION	N	生活關連サービス業, 娛樂業 LIVING-RELATED AND PERSONAL SERVICES AND AMUSEMENT SERVICES
E	製造業 MANUFACTURING	O	教育, 學習支援業 EDUCATION, LEARNING SUPPORT
F	電氣 ·ガス ·熱供給 ·水道業 ELECTRICITY, GAS, HEAT SUPPLY AND WATER	P	醫療, 福祉 MEDICAL, HEALTH CARE AND WELFARE
G	情報通信業 INFORMATION AND COMMUNICATIONS	Q	複合サービス事業 COMPOUND SERVICES
H	運輸業, 郵便業 TRANSPORT AND POSTAL ACTIVITIES	R	サービス業(他に分類されないもの) SERVICES, N.E.C.
I	都賣業, 小賣業 WHOLESALE AND RETAIL TRADE	S	公務(他に分類されるものを除く) GOERNMENT, EXCEPT ELSEWHERE CLASSIFIED
J	金融業, 保險業 FINANCE AND INSURANCE	T	分類不能の産業 INDUSTRIES UNABLE TO CLASSIFY

쉬 / 어 / 가 / 기

Q) 다음 국가의 표준산업분류 자료를 찾아 정리한 다음 국가별 산업분류를 표로서 완성하세요.

– ANZSIC(호주 및 뉴질랜드 표준산업분류)

– NACE(유럽산업분류), Eurostat

대한민국	UN	북미	호주, 뉴질랜드	유럽	일본
KSIC(2008년)	ISIC	NAICS	ANZSIC	NACE	JSIC
A. 농업, 임업 및 어업					
B. 광업					
C. 제조업					
D. 전기,가스, 수도					
E. 폐기물, 환경복원					
F. 건설업					
G. 도매 및 소매					
H. 운수업					
I. 숙박 및 음식점업					
J. 출판,영상,정보 등					
K. 금융, 보험					
L. 부동산, 임대					
M. 전문,과학,기술					
N. 사업시설,사업지원					
O. 행정,국방,사회보장					
P. 교육서비스					
Q. 보건 및 사회복지					
R. 예술,스포츠,여가					
S. 협회,수리,개인					
T. 자가소비생산활동					
U. 국제 및 외국기관					

쉬 / 어 / 가 / 기

Q&D) 본인이 관심을 가지고 있는 산업과 직업에 대해 국가별 자료를 찾아서 토론합시다.

Q&D) 산업분류에서 1, 2, 3, 4, 5, 6차 산업이 무엇인지를 자료를 찾아서 토론합시다.

Q&D) 1, 2, 3, 4차 산업혁명이란 무엇일까요?

Q&D) 산업분류에서 업종, 업태란 무엇인지 자료를 찾아서 토론합시다.

제 2장.

외식산업

1. 외식(外食, eat out, dine out)

인간의 식생활을 크게 가정내 식생활과 가정외 식생활로 구분할 수 있다. 옛날에는 지금과 달리 가정 외에서 식사를 할 수 있는 곳이 거의 없었을 것이므로, 가정을 떠나서 생활을 해야 할 경우에 식사를 해결할 수 있는 방법은 극히 제한 적이었다. 이런 상황에서 생겨난 것이 정식요리이다. 정식요리는"Table d'Hote(타블 드 호트, Table of the Host)라고 부르며, 이는 숙박시설에서 머물면서 주인이 먹는 동일한 식사를 제공받은 것으로부터 생겨났다.

일반적으로 음식은 조리하여 바로 먹는 것이 일반적이다. 이와 같이 음식을 조리하는 것과 소비되는 것의 시간적, 공간적 면에서 살펴보면 Table 5와 같으며, 가정에서 직접 해 먹지 아니하고 밖에서 음식을 사 먹는 것을 사전적 정의로 외식으로 부르고 있다. 즉 외식이란 일반적으로 가정 외에서 조리, 가공된 음식을 상품화(인적, 물적, 분위기, 편익성, 가치)하여 제공하는 식생활 전체를 총칭하거나, 가정 이외의 장소에서 행하는 식사행위의 총칭으로 가정 외 생활, 가정 밖에서의

Table 5. 공간, 시간에 따른 식사의 종류

구분	공간 요인	시간 요인	예	비고
음식 조리 장소	가정 내	즉시 또는 저장 보관 후, 소비	-가정 내에서 완전조리, 반제품을 이용한 조리 -가정대용식(HMR, Home meal replacement)*	내식
	가정 외		-가정 내에서 조리하여 식사 -가정 외에서 조리된 음식을 운반하여(배달, take out)식사	
음식 소비 장소	가정 내		-집단급식소(학교, 병원, 군대 등) -비행기, 선박 등	단체급식/집단급식 비상업적 외식
	가정 외		-일반음식점 -휴게음식점 등	상업적 외식

*가정대용식(HMR), 1차 조리된 식품으로 가열 등 간단한 절차를 거쳐 식사를 대신할 수 있는 식품.

식생활 패턴의 총칭이다. 또한 외식을 집단급식/단체급식의 비상업적인 외식과 상업적인 외식으로 구분할 수 있다.

우리나라의 외식과 관련된 역사적 배경을 살펴보면 다음과 같다.

신라의 수도 경주에서 490년에 최초 시장이 열렸으며, 509년에 동시, 695년에 서시, 남시 등 상설시장이 열린 기록이 있다. 고려 개성에서 983년에 성례, 락빈, 옥장, 영액, 연령, 희빈 등의 이름을 가진 식당이 개설되었다는 고려사의 기록이 있다. 또한 1103년에 각 고을에 술과 음식을 팔고 숙박도 겸하는 상설식당이 개설된 것으로 여겨진다.

식당의 유래의 기록을 살펴보면 다음과 같다. 조선왕조 1398년에 국립대학격인 성균관에는 약 2백 명 유생들이 거처하고 있었으며, 강의를 듣던 명륜당과 음식을 먹는 장소로서의' ' 식당"이란 기록이 나타나고 있다.

다음은 우리나라에 서양요리의 전파에 대해 알아보면 다음과 같다.

개화기를 맞아 외국인 선교사들을 포함하여 여러 나라들과 외교를 맺고 왕래가 빈번해짐으로써 서양음식도 함께 전래된 것으로 추정된다. 우리나라에서 공식적으로 서양요리가 첫 선을 보인 것은 1888년, 인천에서 일본인이 최초로 외국인을 대상으로 한 대불호텔을 건립하면서로 여겨진다. 그 이전에도 외국인 선교사들을 위해 음식을 만들었을 것으로 추정이 되나 기록이 없는 상황이다. 그리고 1902년 10월에 손탁호텔에 프랑스식 레스토랑이 만들어지며 서양조리가 본격적으로 선보이기 시작하였다.

이후에도 1914년에 조선호텔이라는 서구식 호텔이 생기면서 일대 전환기 맞았으며, 1925년에 철도식당인 서울역내 그릴(grill)이 탄생함으로써 서양조리의 기술향상에 크게 이바지하였고, 1930년에 경성부인회에서 국내 최초로 서양조리책(The Seoul Women's Club Cook Book)이 발간되었으며, 1936년에 개관한 목정호텔이 호텔 양식당을 갖추어 서양음식을 제공하게 되었다.

외식이 식사인 이상 식사가 일반적으로 갖추어야하는 조건과 기능이 요구된다. 이에는 생리적 기능과 식사 분위기와 관련된 감상적, 심리적 기능, 식탁의 구성, 지역 및 민족의 생활문화에 기초하여 요구되는 사회적 문화적 기능 등이다. 또한 이러한 기능들은 유형재인 음식물과 무형재인 서비스인 즉, 인적 서비스, 물적 서비스, 각종 편익제공, 분위기 연출을 위한 서비스-음악 등 복합화, 일체화한 상품으로 고객에게 제공되어야 한다.

2. 외식산업

외식산업이란,' ' 기업규모가 커지고 체인화 한 음식서비스업을 종래의 생업적인 음식업과 구별하여 일컫는 말"이라고 정의할 수 있다. 즉 규모면에서 확대되고 경영면에서 체계를 갖추었기 때문에 식당업, 요식업, 음식업 등과 같이 하나의 업으로 불렸던 분야가 외식서비스 산업으로 불리게 되었다.

외식산업에 대한 또 다른 정의로는' ' 생리적인 목적과 동시에 외식을 충족시키려는 의지를 가진 자를 위하여 법적 기준의 음식과 시설을 갖추어 음식과 식행위에 부수되는 것을 제공·이용하게 하는 업"이라고 정의하기도 하며,' ' 가정 이외의 일정한 장소에서 조리·가공된 음식물과 인적·물적 서비스, 가치를 포함시켜 창출된 종합상품을 금액지불을 통해 고객에게 제공되는 사업의 전체"를 총칭하여 외식산업이라 하기도 하는 등 외식산업에 대한 정의는 다양하다.

3. 외식산업의 분류

우리나라의 외식산업의 분류는 다음과 같이 한국표준산업에 의한 분류와 의약품을 제외한 사람이 먹고 마시는 모든 것을 총칭하는 음식인 즉 식품과 관련된 식품위생법에 의한 분류로 대별할 수 있다.

1) 한국표준산업에 의한 분류

(1) 음식점업(561)

561	음식점업	5611	한식 음식점업	56111	한식 일반 음식점업
				56112	한식 면 요리 전문점
				56113	한식 육류 요리 전문점
				56114	한식 해산물 요리 전문점
		5612	외국식 음식점업	56121	중식 음식점업
				56122	일식 음식점업
				56123	서양식 음식점업
				56129	기타 외국식 음식점업
		5613	기관 구내식당업	56130	기관 구내식당업
		5614	출장 및 이동 음식점업	56141	출장 음식 서비스업
				56142	이동 음식점업
		5619	기타 간이 음식점업	56191	제과점업
				56192	피자, 햄버거, 샌드위치 및 유사 음식점업
				56193	치킨 전문점
				56194	김밥 및 기타 간이 음식점업
				56199	간이 음식 포장 판매 전문점
562	주점 및 비알코올 음료점업	5621	주점업	56211	일반 유흥 주점업
				56212	무도 유흥 주점업
				56213	생맥주 전문점
				56219	기타 주점업
		5622	비알코올 음료점업	56221	커피 전문점
				56229	기타 비알코올 음료점업

2) 식품위생법에 의한 분류

(1) 휴게음식점영업

주로 다류(茶類), 아이스크림류 등을 조리·판매하거나 패스트푸드점, 분식점 형태의 영업 등 음식류를 조리·판매하는 영업으로서 음주행위가 허용되지 아니하는 영업. 다만, 편의점, 슈퍼마켓, 휴게소, 그 밖에 음식류를 판매하는 장소(만화가게 및 「게임산업진흥에 관한 법률」 제2조제7호에 따른 인터넷 컴퓨터게임시설제공업을 하는 영업소 등 음식류를 부수적으로 판매하는 장소를 포함한다)에서 컵라면, 일회용 다류 또는 그 밖의 음식류에 물을 부어 주는 경우는 제외

(2) 일반음식점영업

음식류를 조리·판매하는 영업으로서 식사와 함께 부수적으로 음주행위가 허용되는 영업

(3) 단란주점영업

주로 주류를 조리·판매하는 영업으로서 손님이 노래를 부르는 행위가 허용되는 영업

(4) 유흥주점영업

주로 주류를 조리·판매하는 영업으로서 유흥종사자를 두거나 유흥시설을 설치할 수 있고 손님이 노래를 부르거나 춤을 추는 행위가 허용되는 영업

(5) 위탁급식영업

집단급식소를 설치·운영하는 자와의 계약에 따라 그 집단급식소에서 음식류를 조리하여 제공하는 영업

(6) 제과점영업

주로 빵, 떡, 과자 등을 제조·판매하는 영업으로서 음주행위가 허용되지 아니하는 영업

쉬 / 어 / 가 / 기

Q&D) 식품, 영양, 조리, 외식산업 등 전공과 관련된 주요 국가별 상세분류를 정리하여 발표하세요
(첨부자료: 미국레스토랑협회에 의한 외식산업계 분류, 일본표준산업분류에 의한 음식업 분류 등 참조).

2017 NAICS Definition

Sector 72--Accommodation and Food ServicesT
721 AccommodationT
7211 Traveler AccommodationT
72111 Hotels (except Casino Hotels) and MotelsT
721110 Hotels (except Casino Hotels) and Motels
72112 Casino HotelsT
721120 Casino Hotels
72119 Other Traveler AccommodationT
721191 Bed-and-Breakfast Inns
721199 All Other Traveler Accommodation
7212 RV (Recreational Vehicle) Parks and Recreational CampsT
72121 RV (Recreational Vehicle) Parks and Recreational CampsT
721211 RV (Recreational Vehicle) Parks and Campgrounds
721214 Recreational and Vacation Camps (except Campgrounds)
7213 Rooming and Boarding Houses, Dormitories, and Workers' CampsT
72131 Rooming and Boarding Houses, Dormitories, and Workers' CampsT
721310 Rooming and Boarding Houses, Dormitories, and Workers' Camps
722 Food Services and Drinking PlacesT
7223 Special Food ServicesT
72231 Food Service ContractorsT
722310 Food Service Contractors
72232 CaterersT
722320 Caterers
72233 Mobile Food ServicesT
722330 Mobile Food Services
7224 Drinking Places (Alcoholic Beverages)T
72241 Drinking Places (Alcoholic Beverages)T
722410 Drinking Places (Alcoholic Beverages)
7225 Restaurants and Other Eating PlacesT
72251 Restaurants and Other Eating PlacesT
722511 Full-Service Restaurants
722513 Limited-Service Restaurants
722514 Cafeterias, Grill Buffets, and Buffets
722515 Snack and Nonalcoholic Beverage Bars

T-Canadian, Mexican, and United States industries are comparable.

일본자료

M Accommodations, eating and drinking services
75 Accommodations
750 Establishments engaged in administrative or ancillary economic activities (75 Accommodations)
751 Hotels
752 Common lodging houses
753 Boarding houses
759 Miscellaneous lodging places
75A Lodging facilities of companies and associations
75B Lodging places, n.e.c.

76 Eating and drinking places
760 Establishments engaged in administrative or ancillary economic activities (76 Eating and drinking places)
761 Eating places, except specialty restaurants
762 Specialty restaurants
76A Japanese restaurants
76B Chinese restaurants
76C "Yakiniku" (grilled meats) restaurants
76D Miscellaneous specialty restaurants
763 "Soba" and "Udon" (Japanese noodles) restaurants
764 "Sushi" bars
765 Drinking houses and beer halls
766 Bars, cabarets and night clubs
767 Coffee shops
769 Miscellaneous eating and drinking places
76E Hamburger shops
76F "Okonomiyaki", "Yakisoba" and "Takoyaki" (Japanese snacks) shops
76G Miscellaneous eating and drinking places, n.e.c.

77 Food take out and delivery services
770 Establishments engaged in administrative or ancillary economic activities (77 Food take out and delivery services)
771 Food take out services
772 Food delivery services

우선 최근의 외식산업의 규모 등을 포함한 상황을 찾아본다. 즉 과거 및 현재의 자료와 정보로부터 트렌드와 다가올 미래를 좀더 정확하게 예측할 수 있는 바탕이 되었으면 하는 바람이다.

1. 우리나라 외식산업의 역사

우리나라의 외식산업을 논하기 위해서는 여러 가지의 여건을 고려하여야 할 것이다. 우선 경제적 사회적 요인을 살펴보면서 외식산업의 형성 전인 음식업으로부터 외식산업으로 발전된 상황을 살펴보기로 한다. 주요 내용은 Table 6에 정리한 바와 같다.

1) 음식업의 발전

1945년 일본의 강점으로부터 해방과 함께 나라의 발전을 위해 혼신의 노력을 기울이게 되었으나, 북한의 남침으로 발생된 6.25 전쟁으로 인해 물질적, 정신적으로 황폐화된 상황에 직면하게 되었다. 식량사정 또한 예외가 될 수 없이 극도로 악화된 상황에서 미국의 원조품에 의존할 수밖에 없는 실정이었다. 정부 차원에서 분식 장려 등으로 식량문제를 덜기 위한 노력이 진행되었다.

식생활은 가내 주도형이 주류이나 전통 음식점 형태로 166점포(1945년)가 존재한 것으로 나타나며 주요업체로는 이문 설렁탕(1907), 용금옥('30), 금보추어탕('30), 한일관('34), 조선옥('37), 안동장('40), 남포면옥('48), 하동관('48) 등이 있으며, 제과점인 고려당('45)이 등장하였다.

① 1960년 : 경제 개발계획의 추진함으로써 점차 문화수준이 향상되고 외식산업의 기초가 마련.
② 1970년 : 식생활의 향상에 따라 교양 및 여가에 대한 관심이 나타나 외식 소비가 증가하여 많은 음식점들 출현.

Table 6. 외식산업의 역사

구분	성장단계	외식산업의 동향	비고 (GDP)
1950 년대 까지	음식업 태동기	·가내 주도형 식생활 ·주막, 주식점 등 전통 음식점 형태의 태동 ·식량자원 부족으로 인한 침체(1945년 166점포) ·주요업체: 이문 설렁탕(1907), 용금옥('30), 금보추어탕('30), 한일관('34), 조선옥('37), 안동장('40), 고려당('45), 남포면옥('48), 하동관('48) 등	
1960 년대	음식업의 침체기 및 여명기	·식생활의 궁핍(6.25 전쟁 이후) ·밀가루 위주의 분식확산(미국 원조) ·식생활 개선문제 부상 ·일부 서구 음식문화 들어옴, 뉴욕제과('67) ·개인업소 및 노상 상인 대량출현	$100 ~ 210
1970 년대	음식산업의 태동기 (발전기)	·분식 및 대중음식점이 많이 출현(한식, 중식 위주) ·경제개발계획의 성공에 따른 식생활의 개선경 ·해외 브랜드 도입 및 프랜차이즈의 태동 ·난다랑('79): 국내 프랜차이즈의 효시, 가나안제과('76), 롯데리아('79.10): 서구식 외식 시스템의 효시 및 시발점	$248 ~ 1,644
1980 년대 上	외식산업 도입 적 응기	·외식 산업의 태동기(음식업, 요식업→외식산업) ·패스트푸드 중심, 영세업체의 난립, 프랜차이즈 속출(햄버거, 국수, 치킨, 생맥주) ·해외브랜드 도입러시, 서구식 식문화 유입 및 확산 ·아메리카나('80), 웬첼('82), 다림방('82), 짱구짱구('82), 웬디스('84), 피자헛('84), KFC('84), 장터국수('84), 신라명과('84), 하이델베르크('84), 투모로우 타이거('84) ·매출액: 2.6조원('82)	$1,592 ~ 2,158
1980 년대 下	외식산업의 적응성장기	·외식산업의 적응성장기(중소기업, 영세업체난립) ·식생활의 외식화, 레저화, 가공식품화 추세 ·패스트푸드 및 프랜차이즈 중심이 시장선도 ·프랜차이즈의 확대·업체난립, 한식 체인의 출현 ·패밀리 레스토랑, 원두커피, 호프점, 베이커리, 국수, 양념치킨 등 약진 ·맥도날드('86), 피자인('88), 코코스('88), 도트루('89), 쟈뎅('89), 나이스데이('89), 크라운 베이커리('88), 베스킨 라빈스31('86), 만리장성('86) ·매출액: 6.5조원('88)	$2,194 ~ 4,127
1990 년대 上	외식산업의 성장기	·외식산업으로 정착을 위한 전환기('95) ·중대기업의 신규진출 및 유명 브랜드 도입 ·프랜차이즈의 급성장 및 시스템의 출현 ·패밀리레스토랑의 외식산업 주도, 외식근대화 ·해외진출 ·주요업체: 나이스데이(캐주얼), 시즐러(패밀리), 스카이락, T GIF, 베니건스 등 외식기업 도입 ·매출액: 약 15조원('92)	$6,306 ~ 11,782 $6,306('90) $11,782('95)
1990 년대 下	외식산업의 성장기	·IMF 경제침체 ·소규모 창업, 실직자들의 생계수단, 고용창출 ·침체기에도 꾸준한 성장을 이룸 ·다양한 형태의 소비패턴에 따른 점포의 변화 ·매출액: 약	$7,738~ 12,581 $12,581('96) $7,738('98) $9,901('99)
2000 년대	외식산업의 성숙기(?)	·웰빙문화로 인한 패스트푸드의 변화 ·광우병 파동으로 일부 산업 심각한 타격 ·조류독감으로 치킨업계 일시적인 위기 ·구제역 파동으로 일부 산업 심각한 타격 ·꾸준한 발전으로 거대산업으로 발전 ·매출액: 약60조원('08)	$11,350~ 21,655 $11,350('00) $21,655('07) $17,085('09)

출처 : 매일경제신문사, naver.com 등 자료로부터 재구성

2) 외식산업의 발전

음식업이 발전되어 규모가 커짐에 따라 음식업, 식당업, 요식업 등 여러 가지로 사용되던 용어가 외식산업이라는 단일화된 용어로 사용되기 시작한다. 1977년에는 림스치킨에 의해 국내 최초로 프랜차이즈 형식이 도입되고, 1979년에는 일본 롯데리아(*Lotteria*)와 합작으로 국내 롯데리아가 개점되고 국내에서도 본격적인 프랜차이즈 시스템(franchise system)시대가 열리게 되었다. 1985년에 베스킨라빈스에 의한 아이스크림 전문점이 등장하며, 1988년에 미도파가 국내 최초의 해외 외식브랜드인 패밀리 레스토랑 코코스를 도입하였다. 그 후 1986년에 아시안게임과 1988년에 서울올림픽을 전후로 외식산업은 많은 성장으로 하나의 산업으로 자리를 잡게 된다.

국내 경제의 발전으로 식생활에서도 고급화와 다양화에 대한 욕구 증대되며, 해외 외식브랜드 도입과 프랜차이즈 시스템이 확대되며, 롯데(롯데리아)를 비롯하여 미도파(코코스), 두산(KFC, 버거킹) 등의 대기업이 외식산업에 진출하게 되었다.

국내업체로는 1980년 후반에 놀부, 송가네, 초막집 등이 프랜차이즈 시스템에 의해 한국 고유의 음식인 보쌈, 족발 등의 메뉴를 상품화 하게 되었다.

외식산업은 1990년대에 들어 국민 소득이 향상됨에 따라 해외여행의 자유화와 함께 핵가족화 및 맞벌이 부부가 증가와 가족단위 외식 증가가 이어졌다.

1990년대 말의 IMF 이후 패스트푸드 및 패밀리레스토랑의 경영상황 악화, 실직으로 인한 창업이 증가하여 중소형 프랜차이즈 가맹점포 급증, 포장(take-out) 및 배달형태의 점포가 생겨나며, IMF를 이기고 성장한 패밀리레스토랑은 양적 증가와 함께 서울 위주에서 벗어나 지방으로 진출을 시도 경쟁의 가속화.000년대들어 광우병 파동, 조류독감, 구제역 등으로 어려움을 겪었으며, 월빙, LOHAS 등에 관심이 집중되고 있으며, 편이성 추구로 가정식대용(homemeal raplacement : HMR)애 대한 관심이 증대, 포장판매(take-out) 전문점이 활발하게 운영되며, 한식의 세계화라는 슬로건으로 해외진출을 도모하고 있다.

2. 미국 외식산업의 역사

초기는 마차 등을 이용한 여행자들이 숙식을 제공하는 형태로 시작되었으며, 점차 철도망이 갖추어짐에 따라 역 주변에 호텔들이 건설되고 이와 함께 레스토랑이 생기기 시작하게 되었다.

외식산업 관련한 주요 예를 살펴보면 다음과 같다.

최초의 커피하우스(coffee house)가 1670년 보스턴에 등장하였으며, 1827년에 델모니코(*Del-Monico*)사는 메뉴를 품목별로 영어와 프랑스어로 표기하고 피로연이나 파티를 열었다. 1876년에 오늘날의 다점포 레스토랑의 시발점으로 볼 수 있는 사업으로는 프레드 하베이(*Fred Harvey*)가 캔사스의 토페카역, 애치슨역, 산타페역에 레스토랑을 개점한 것으로 볼 수 있다. 1919년에 로이 알렌(*Roy Allem*)과 프랭크 라이트(*Frank Wright*)가 캘리포니아에서 *A&W* 상호로 루트 비어(root beer)를 판매하게 되었다. 1921년에 최초의 드라이브 인 레스토랑인 피그 스탠드(*Pig Stand*)가 달라스에 세워졌다. 1926년에 톰슨(*John R. Thomson*)은 중앙조리(central kitchen)방식의 도입과 레스토랑을 셀프서비스 방식으로 운영하여 인건비 절감과 메뉴 가격의 저렴화를 시도하였다.

1930년대에 들어 외식산업이 본격적으로 산업화되기 시작되며, 대도시 교외의 도로 주변에 커피하우스와 레스토랑이 폭발적으로 늘어났다. 그리고 제2차 세계대전 후에는 외식산업이 급속도로 발전하였으며, 1948년에는 맥도날드 형제(*Tom & Maurice McDonald*)가 캘리포니아주에 드라이브 인 햄버거점을 개점하였으며, 패스트푸드가 등장하게 되었다.

1950년대 이후 경제수준이 높아지면서 외식을 여가생활의 수단으로 즐기기 시작하게 되었다. 패스트푸드가 저렴한 가격, 빠른 서비스와 포장판매(take-out) 등으로 인기를 얻으며, *KFC*(1952년), 피자헛(*Pizza Hut*, 1953년), 버거킹(*Burger King's*, 1954년), 웬디스(*Wendy's*, 1959년) 등이 잇달아 개점하면서 본격적인 패스트푸드 시대가 열리게 되었다. 이 시기에 많은 근로자들이 공장, 사무실, 기타 상업지역 등에서 식사를 하게 되고 대중적이고 저렴한 커피하우스와 레스토랑이 생겨났다. 자동판매기(vendilng machine) 뿐만 아니라 외식산업 전반에 냉장고, 믹서기, 자동식기세척기 등 많은 자동주방기기 등장하게 되었다.

1960년대 프랜차이즈 시스템의 도입으로 다점포경영이 확립된 시기이다. 즉 타코벨(*Tavo Bell*), 아비스(*Arby's*), 롱존 실버(*Long John Silver*), 레드 랍스터(*Red Lobster*) 등이 탄생하였다.

1970년대는 치열한 경쟁 속에서 타 기억과 차별화된 마케팅 전략을 모색. 외식산업의 최대 호황기로서 프랜차이즈 가맹점이 많아지면서 가맹사업자(franchisor)와 가맹계약자(franchisee) 간의 분쟁이나 소송이 빈번해짐에 따라 1979년 미연방 통상위원회(Federal Trade Commission : FTC)에서 승인된 프랜차이즈 관련법이 시행되게 되었다.

1980년대의 미국의 외식산업은 포화상태가 된 입지문제와 시장성장률의 둔화 등으로 경쟁이 심화된 상태이며, 외식기업의 자본 집약화 및 선진화된 경영시스템을 토대로 세계시장으로의 활발한 진출을 도모하게 되었다.

1990년대는 베이비붐 세대들이 중장년층이 되면서 직장생활을 하는 여성, 맞벌이 부부 및 활동적인 노인인구가 증가된 시기로 외식산업에 대한 요구가 다양해졌다.

Table 7. 미국 외식산업의 역사

구분	성장단계	외식산업의 동향	비고(GDP)
1800년대		·외식산업의 태동 ·셀프서비스제 및 센트럴 키친 도입('93)	
1900년대	태동기	·실질적인 외식 산업의 태동(1920) ·급식 사업 개시	
1930년대	외식 비즈니스제2기 (요식업-외식산업)	·생산자 지향 및 외식 산업시스템 출현	$440
1940년대	(발전기)	·기내식, 군대식 개시 ·개인판매 지향 및 부분적인 합리화	$770
1950년대	외식 비즈니스 제3기 (도약기)	·개인판매 지향에서 대량판매지향 ·외식산업의 공업화, Take-out태동 ·KFC('52), 데니스('53), 버거킹('54), 맥도날드('55), 피자헛('58)	$1,870
1960년대	외식 비즈니스 제4기 (성장기)	·프랜차이즈 급성장 및 외식전부를 시스템화 ·상장기업 속출, 대기업에서 매수, 다점포 전개, 외식의 기업화 대형화 ·미스터스테이크('62),아비스('64),소니('68), 웬디스('69)	$4,109('67) $4,756('69)
1970년대	외식 비즈니스 제5기 (성숙기)	·신컨셉, 신업태 발생, 리조트, 해외진출 ·2회에 걸친 오일쇼크로 대변혁, 건강, 미용, 저칼로리를 추구 ·프랜차이지의 직영화, Drive through유형, Down town진출	$4,952('70) $7,401('75) $11,145('79)

1980년대	외식 비즈니스 제6기 (저성장, 성숙기)	·신업태, 신감각형 외식 가속화(Fashionable) ·소비자 대응의 소프트화 및 고감도화 추세 ·내식과 외식의 경쟁가열 및 동남아진출 ·외식의 국제화 다양화, 기업매수 합병 ·세계적인 다국적기업탄생, 계열화, 민속 민족요리 태동 ·'86년 외식산업 매출 2500억 달러 달성	$11,996('80) $16,941('85) $22,193('89)
1990년대		·가치 및 자기만족적인 성향 ·창의적인 아이디어 가미한 고감성 외식출현	$23,217('90) $27,542('95) $32,994('99)
2000년대		·웰빙의 전세계화 및 안티 패스트푸드 세력성장 ·외식산업의 디지털화 및 초 다변화	$34,571('01) $41,674('05) $45,307('09)

출처 : 매일경제신문사, naver.com 등 자료로부터 재구성

Table 8. 연도별, 국가별 GDP (단위 : $)

연도별	한국	미국	일본	독일	프랑스	영국	중국	북한	World
1970	279	5,133	2,016	2,737	2,862	2,349	109	386	920
1971	301	5,523	2,245	3,161	3,174	2,654	115	415	992
1972	323	6,011	2,930	3,785	3,857	3,038	126	446	1,119
1973	405	6,636	3,924	5,028	4,966	3,434	152	480	1,335
1974	560	7,130	4,298	5,621	5,318	3,671	155	518	1,483
1975	613	7,705	4,615	6,197	6,673	4,300	172	561	1,628
1976	828	8,487	5,129	6,571	6,846	4,135	163	574	1,727
1977	1,049	9,341	6,250	7,601	7,513	4,676	179	589	1,909
1978	1,397	10,453	8,701	9,386	9,246	5,970	223	605	2,223
1979	1,774	11,565	8,980	11,191	11,168	7,803	268	622	2,514
1980	1,708	12,458	9,333	12,091	12,709	10,041	307	638	2,759
1981	1,876	13,844	10,236	10,207	11,107	9,608	289	652	2,768
1982	1,985	14,287	9,446	9,925	10,502	9,148	280	807	2,698
1983	2,189	15,393	10,232	9,870	10,002	8,691	297	793	2,719
1984	2,397	16,937	10,806	9,296	9,430	8,184	301	744	2,748
1985	2,457	18,049	11,491	9,390	9,773	8,665	292	722	2,775
1986	2,800	18,882	16,936	13,391	13,554	10,631	278	805	3,143
1987	3,505	19,846	20,428	16,569	16,319	13,139	297	836	3,493
1988	4,679	21,202	24,683	17,815	17,691	16,006	364	764	3,837
1989	5,731	22,621	24,602	17,706	17,699	16,255	400	811	3,946
1990	6,508	23,679	25,218	22,308	21,789	19,118	340	735	4,313
1991	7,509	24,214	28,639	23,401	21,681	19,930	349	663	4,450
1992	7,982	25,400	31,098	26,525	23,828	20,519	412	593	4,685
1993	8,712	26,454	35,529	25,689	22,396	18,412	512	503	4,707
1994	10,164	27,817	38,925	27,257	23,491	19,727	461	384	4,947
1995	12,277	28,849	43,118	31,898	26,853	23,031	594	222	5,409
1996	13,071	30,134	38,165	30,748	26,800	24,225	694	479	5,449
1997	12,066	31,633	34,788	27,223	24,132	26,606	767	462	5,353
1998	8,026	32,986	31,720	27,524	24,835	27,986	815	456	5,249
1999	10,319	34,643	35,827	26,999	24,535	28,355	860	452	5,380

2000	11,852	36,473	38,323	23,929	22,262	27,953	947	462	5,469
2001	11,172	37,289	33,694	23,924	22,364	27,416	1,041	476	5,371
2002	12,687	38,182	32,174	25,477	24,142	29,796	1,138	468	5,517
2003	14,100	39,688	34,713	30,674	29,567	34,214	1,279	471	6,115
2004	15,771	41,960	37,556	34,502	33,787	40,055	1,496	473	6,801
2005	18,439	44,366	37,054	35,035	34,843	41,812	1,747	548	7,278
2006	20,693	46,523	35,274	36,820	36,539	44,285	2,087	575	7,783
2007	22,883	48,163	35,137	42,287	41,597	50,062	2,672	597	8,661
2008	20,362	48,516	39,190	46,252	45,391	46,568	3,425	551	9,376
2009	18,265	47,108	40,690	42,213	41,577	37,989	3,788	494	8,779
2010	22,088	48,485	44,341	42,241	40,629	38,561	4,461	570	9,489
2011	24,173	49,889	47,916	46,429	43,718	41,053	5,501	638	10,421
2012	24,480	51,559	48,302	43,717	40,754	41,433	6,232	643	10,518
2013	26,024	52,899	40,181	46,176	42,494	42,385	6,968	666	10,683
2014	28,011	54,852	37,833	47,744	42,924	46,494	7,578	696	10,815
2015	27,331	56,640	34,224	41,313	36,504	44,124	8,036	648	10,120
2016	27,785	57,808	38,640	42,456	36,826	40,249	7,993	665	10,134

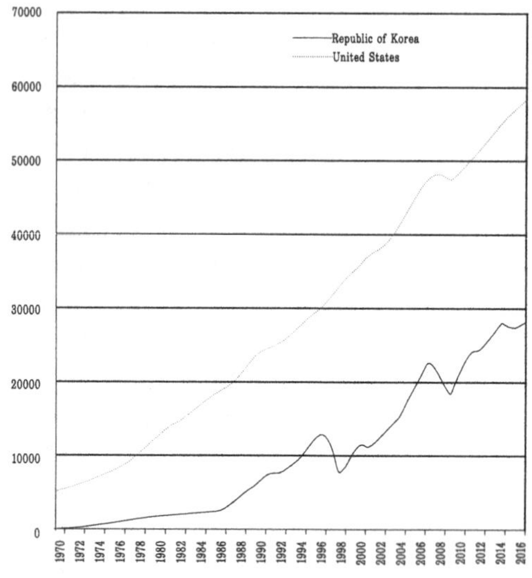

UN 통계

https://unstats.un.org/unsd/snaama/selbasicFast.asp

쉬 / 어 / 가 / 기

· GDP(국내총생산, gross domestic product)

GDP(국내총생산)은 GNP(국민총생산)에서 해외로부터의 순소득을 뺀 것이며, 어느 한 나라의 순전한 국내경제활동의 지표로 쓰여진다.

한 나라 안에서, 가계·기업·정부 등 모든 경제 주체가 생산활동에 참여해 벌어들인 부가가치를 모두 합한 금액이며, 인구수로 나눈 값이 1인당. GDP이다. 일반적으로 다른 나라와 비교할 수 있도록 미국 달러로 나타낸다.

영국, 독일 등 GNP 가운데 해외에서의 순소득이 많이 차지하는 나라에서 국내경제활동의 동향을 조사하려면 GNP보다도 GDP를 사용하는 것이 적당하다. 우리나라에서도 1995년 4/4 분기부터 국가경제규모를 나타내는 지표로서 GNP대신 GDP를 사용하고 있다.

· 구매력 기준(PPP, Purchasing Power Parity) 1인당 GDP

국가별 GDP(국내총생산) 값은 단순한 값으로서 나라별 물가가 다르므로 실제 상품 또는 서비스를 구매할 수 있는 금액으로 환산한 값이 요구된다. 이와 같이 1인당 GDP가 실제 그 나라에서 어느 정도 구매력을 갖고 있는지 물가 수준을 감안한 지표이다.

Q) 부가가치란?

3. 외식산업의 트렌드

음식은 우리가 살아가는데 필요로 하는 것 중에서도 가장 중요한 것임에 대부분이 공감할 것이다. 또한 음식과 관련한 식문화도 매우 중요하다. 최근의 음식 소비에서 나타나는 트렌드를 살펴보면 다음과 같다.

첫째로 여성의 사회참여뿐만 아니라 주도적 소비주체로 여성주도적 현상과, 둘째로 편의식품, take-out, 배달음식 등으로 편리함을 지향, 셋째로 건강지향 경향으로 식이요법과 식물성 음식 섭취 증가, 기능성 식품 이용증가, 비만 등에 따른 저 칼로리, 저지방 식품 선호, 슬로푸드(Slow-food), 단순하고, 인공적이 아닌 자연적 식품 그리고 신선한 식품을 선호하는 경향, 넷째로 세계화 등의 영향으로 민족고유음식을 접할 기회가 늘어나고 있으며, 다섯째로 즐거움 지향, 합리적 소비, 고급화 경향도 나타나고 있다.

이외에도 인간의 감각을 감지할 수 있는 센서기술의 발달과 스마트폰 등 모바일 기술의 발달로 인한 배달앱, 전자결제 수단 등으로부터 고객의 니즈를 좀 더 잘 파악할 수 있는 기반이 갖추어지고 사물 인터넷, 클라우드, 첨단로봇, 인공지능의 도움을 이용한 조리 로봇, 3D 프린터의 활용 등으로 식품분야에도 상당한 변화가 있을 것으로 생각된다. 그리고 혼자 밥을 먹거나 술을 마시는 등 1인 외식이 보편화되어가는 소비 행태가 나타나고 있다. 그리고 초고령화 사회에 진입한 일본의 경우에 마고꼬로벤또 회사는 고령자만을 대상으로 하는 도시락 배달사업을 하고 있으며, 실버세대 인구증가로 새로운 사업의 가능성을 보여주는 예로 볼 수 있다.

Part II.

경영의 이해

학습목표

· 경영을 정의할 수 있다

· 기업과 경영자를 설명할 수 있다.

· 경영 조직화를 설명할 수 있다.

· 경영의 계획, 조직화, 지휘, 조정, 통제를 설명할 수 있다.

Key words

· 경영

· 기업

· 계획

· 조직화

· 지휘

· 조정

· 통제

미국 주도의 경영학은 테일러(*F. W. Taylor*)가 1911년에 출판한 "과학적 관리의 원리"로부터 체계적으로 발전하게 되었다.

일반적으로 경영이란 조직과 밀접한 관계가 있으며, 그 조직의 목표를 달성하기 위해 인적, 물적, 재화적 자원을 효율적으로 배분하고 운용함으로써 최종산출물을 생산, 판매 등의 활동에서 계획, 조직, 지휘, 조정, 통제하는 과정을 말한다.

즉 첫째로 계획수립이 요구된다. 각 조직이 추구하는 사명, 비전 그리고 목표를 제시하고서 그것을 어떻게 달성할 것인가를 밝힌다. 둘째로 조직화이다. 업무를 체계적으로 구분하고 인적, 물적 자원을 적절하게 배분한다. 셋째로 지휘와 조정이다. 모든 조직원이 자발적으로 최선을 다할 수 있도록 영향력을 행사한다. 넷째로 통제이다. 바람직하지 못한 상태이거나 예상되면 시정조치를 취한다. 경영에 관한 각 사항들을 살펴보기로 한다.

1. 기업

기업(企業, enterprise, business, firm, corporation)은 자본주의 경제체제 아래에서의 대표적인 조직의 하나임에 틀림없다. 영리목적을 추구하는 경제사업이라는 점에서 정부, 교회 등의 비영리 경제조직과 구별된다.

대부분의 조직에서도 마찬가지이지만 기업은 자본, 원료, 인력, 기술 등의 투입요소 들의 최소비용으로 최대의 재화와 서비스를 생산해 내야 하는 기술적 생산 시스템으로 인식되어 왔다. 기업은 주주, 경영자, 종업원, 소비자 등 전체 사회시스템의 주요 구성집단의 협력을 필요로 한다.

과거의 많은 기업은 자본을 출자한 자본가에 의하여 소유되는 사적 경제기구로 인식되었으나, 현대사회에서 기업은 사회적 책무를 요구하는 공적 사회기구로 인식되고 있다.

1) 기업의 형태

(1) 경제 형태론적 구분

기업이 존립하는 경제적 조건에 따라 구분할 수 있다. 독일의 경제학자 리프만은 1912년에 "기업형태론, Die Unternehmungs-formen"에서 기업의 소유와 지배(경영)의 관계에서 기업을 개인기업, 회사기업(인위적 회사, 자본적 회사)으로 분류한 바 있다. 이외에도 기업형태에 관해서는 여러 가지 학설이 발표되고 있으나 대표적인 분류는 다음과 같다.

① 단독기업

② 집단기업으로서 소수집단기업과 다수집단기업으로 나눌 수 있으며, 소수집단기업으로는 조합, 합자, 합명, 유한회사가 있고 다수집단기업으로는 주식회사가 있다.

③ 기업결합으로는 카르텔, 트러스트, 콘체른이 있다.

④ 기타로서 협동조합과 같은 준기업, 국영기업, 특수회사와 같은 공기업 및 공사합동기업 등이 있다.

(2) 법률적 구분

출자와 경영의 권리, 의무관계를 중심으로 법률적인 구분에 따르면, 개인상인, 합명회사, 합자회사, 유한회사, 주식회사로 나눌 수 있으며, 주요한 내용은 다음과 같다.

① 합명회사

무한책임사원만으로 구성되는 일원적 조직의 회사를 말한다. 사원전원이 회사채무에 대하여 직접 연대무한책임을 지고, 이에 대응하여 각 사원이 업무집행권 및 대표권을 가진다. 또 사원에게는 출자의무가 있으므로 이른바 자기재산을 스스로 자본적으로 운영하고, 채권자에 대하여는 무한책임을 지는 개인기업이 복합화된 것이라고 볼 수 있다.

따라서 각 사원의 인적신용이 중요시되고, 대내적으로도 각 사원간에 밀접한 신뢰관계를 필요로 한다. 사원은 공동이익을 각자가 협력해서 달성하여야 하므로 업무집행의 의무를 진다. 사원간의 신뢰관계를 유지하기 위하여 제명선고제도가 있고,

지분의 양도는 제한되고, 다른 총사원의 동의가 있어야 하나 법은 지분의 환급을 수반하는 임의퇴사를 인정하고 있다. 사원의 출자는 금전출자·현물출자 이외에 신용출자(회사를 위하여 보증과 어음·수표의 인수 및 배서를 하고, 물적담보를 제공하는 등의 신용행위)·노무출자(노무를 제공하는 것)를 내용으로 한다. 노무출자를 하는 자는 직접적으로 회사의 재산을 구성하는 것이 아니므로 손익의 분배와 잔여재산의 분배 기준을 정하기 위하여 별도로 정관상 출자가액 또는 평가의 기준을 정하여야 한다. 전형적인 인적회사이고 조합성이 농후한 회사이다.

② 합자회사

무한책임사원과 유한책임사원으로 구성되는 이원적 조직의 회사를 말한다. 합명회사와 마찬가지로 인적회사성을 갖고 있다. 즉 합명회사에 유한책임사원을 가입시킨 것과 같은 회사이다.

③ 유한회사

사원 전원이 회사에 대한 자본의무를 부담하나, 회사채권자에 대하여는 별도의 책임을 지지 않는 물적회사이다. 조직의 폐쇄성 면에서는 인적회사와 비슷하나, 유한책임사원으로 구성되는 자본단체라는 점에서는 주식회사와 유사하다.

④ 주식회사(stock company or company limited by shares, 약어로 Co., Ltd.)

주주의 유한책임제도와 주식으로 자본의 증권화를 통하여 자본과 경영이 분리 운영되는 다수공동기업의 형태를 말한다.

역사적으로 1602년에 설립된 네덜란드의 동인도회사를 주식회사의 선구라고 보고 있다. 그 후 18세기 후반 산업혁명을 거치면서 대량생산체제를 지향하는 공업화과정을 겪게 되면서 산업자본에 대한 요청이 증가함에 따라 주식회사의 발달은 급속히 진전되었다.

1808년에 시행된 프랑스 상법 속에 주주의 유한책임제와 주식의 자유양도성을 인정한 회사에 관한 규정이 등장한 이래, 유럽에서는 주식회사제도의 법률적 윤곽이 정비되었다. 19세기에 영국에서는 소규모의 주식회사의 수가 증가하게 되었으며, 오늘날 가장 일반적인 기업형태이다.

주주 유한책임의 결과, 회사채권자는 회사재산에 의해서만 그의 채권을 만족시킬 수 있으므로 상법은 회사자본제도를 정하고 그 금액의 한도까지는 적어도 회사의 총재산이 내부에 유보되도록 요구하고 있다.

회사 경영에는 주주는 업무집행권이나 대표권을 갖지 못하고 전문적 경영자로서의 이사, 이사회 및 대표이사의 제도를 두고 있다. 주주는 주주총회의 구성원으로서 이사의 선임·해임권을 포함한 회사의 기본적 중요사항에 관해서만 의결권을 가지는 동시에 경영에 대한 감독적인 권한이 부여되어 있다.

⑤ 벤처기업(venture company)

벤처기업이란 용어에서와 같이 모험, 신기술, 기술집약, 지식집약, 연구개발형 중소기업 등의 의미로 받아들어진다. 일반적으로 고도의 기술력, 첨단기술의 바탕으로 고수익, 고성장을 추구하는 유망한 기업을 말한다. 벤처기업이란 용어의 사용은 1950~60년대의 미국으로 부터이며, 관심과 발전을 이룬 시기는 미국에서는 1960년대, 일본의 경우는 1970년대 이며, 우리나라는 1980년대로 볼 수 있다.

벤처기업의 법률적 요건을 살펴보면 다음과 같다. 벤처기업육성에 관한 특별조치법에 따르면 중소기업기본법에 따른 중소기업으로서 아래의 하나에 해당하는 기업 및 그 기업으로 전환 예정이거나 창업중인 기업을 의미한다.

i) 중소기업창업투자회사, 중소기업창업투자조합, 신기술사업금융업, 신기술사업투자조합, 한국벤처투자조합, 전담회사, 중소기업에 대한 기술평가 및 투자를 하는 금융기관이 취득 또는 소유한 주식의 합계액이 발행주식의 10% 이상(해당 기업이「문화산업진흥 기본법」제2조제12호에 따른 제작자 중 법인이면 자본금의 7%)인 기업.

ii) 중소기업창업투자회사 등 벤처패피탈회사의 투자총액이 자본금의 20% 이상 기업

iii) 전년도 매출액에 대한 연구개발비 비율이 5% 이상인 기업

iv) 특허권, 실용신안, 의장권에 의한 권리 또는 등록출원 중인 기술로 특허청장이 인정하는 기술을 바탕으로 사업화하려는 기업 등

⑥ 가맹사업(프랜차이즈)

일반적으로 많이 불리어 지고 있는 용어인 프랜차이즈 사업이란 법률용어로는 가맹사업이라 하며, 가맹사업 진흥에 관한 법률(2007.12. 21. 제정)에 다음과 같이 규정되어 있다. 가맹사업은 가맹본부가 가맹점사업자로 하여금 자기의 상표, 서비스표, 상호, 휘장(휘장) 또는 그 밖의 영업표지를 사용하여 일정한 품질기준이나 영업방식에 따라 상품(원재료 및 부재료를 포함한다) 또는 용역을 판매하도록 하면서 이에 따른 경영 및 영업활동 등에 대한 지원·교육과 통제를 하고, 가맹점사업자는 이에 대한 대가로 가맹본부에 금전을 지급하는 계속적인 거래관계를 말한다.

프랜차이즈의 어원 등에 관해 알아보면 다음과 같다.

프랑스어 franc와 francher에 어원을 둔 '프랜차이즈(franchise)'라는 말은 원래 '자유를 주다'는 의미를 가지고 있으며, 직역하자면 특허, 특권, 독점권, 판매권 등으로 해석될 수도 있다. 국제 프랜차이즈 협회에서는 프랜차이즈 사업이란 프랜차이저(Franchisor)와 프랜차이즈(Franchise) 사이의 계약관계이고, 프랜차이저는 노하우와 훈련 등의 업무에 관하여 계속적으로 이익을 제공하고 또는 이를 유지할 의무를 지며, 프랜차이지는 프랜차이저의 소유 또는 관리(control) 하에 있는 공통의 트레이드 네임 포맷 및 수순에 따라 영업을 하며, 프랜차이지의 사업에 대하여 자신의 자본을 실질적으로 출자하는 자를 말한다라고 정의되어 있다.

즉 프랜차이즈란 가맹본부는 가맹점과의 계약에 의해 일정지역 내에서의 독점적 영업권을 부여하는 동시에 상품이나 광고, 인테리어, 서비스, 교육, 경영지원, 판촉지원 등 경영전반에 관한 노하우를 제공하고 가맹점은 본부의 명성과 부여받은 권리를 이용하여 독자적으로 사업을 영위하는 대신 가맹비, 로열티 등의 형태로 일정한 비용을 지불하는 형태의 일종의 비즈니스 시스템이라 할 수 있다. 이때 상호, 상표, 노하우 등을 제공하는 자를 프랜차이저(가맹본부)라 하고, 프랜차이저로부터 권리를 부여받은 자를 프랜차이지(가맹점)라 한다.

쉬 / 어 / 가 / 기

Q&D) 국내 프랜차이즈 산업의 현황? (규모, 업체수 등)

2) 기업의 결합

기업결합이란 기업의 외부적 성장의 대표적 형태로서, 개별기업의 경제적 독립성이 소멸됨으로써 사업활동에 관한 의사결정권이 통합되는 기업간의 자본적, 인적, 조직적 결합을 말한다.

기업결합은 개인 대주주 중심의 경영에 대한 폐해를 시장기구를 통해 감시하고 아울러 기업의 생산성과 자원배분의 효율성을 향상시킬 수 있다는 장점이 있다. 그러나 오히려 독과점 형성과 경제력 집중 심화를 초래할 우려가 있다는 단점도 있다.

기업결합 형태를 다음과 같이 분류할 수 있다.

(1) 기업의 거래관계에 따라

① 같은 거래관계에 있는 동종 또는 유사상품을 공급하는 경쟁사간의 수평결합
② 다른 거래단계의 기업간의 수직결합
③ 전혀 관련성이 없는 회사간의 혼합결합 등이 있다.

(2) 결합의 방법과 수단에 따라

① 주식취득 ② 임원겸임
③ 회사의 합병 ④ 영업양수
⑤ 새회사 설립에 참여 등이 있다.

(3) 기업의 결합의 강도 및 조직에 따라

① 카르텔(cartel) : 각각의 기업들이 법률적·경제적으로 독립성을 유지하면서 특정의 목적을 위해서 공동보조를 취하는 약한 결합형태로서 결합은 용이하나 위약성은 면할 수 없다.
② 트러스트(trust) : 기업이 완전히 합체하여 형성되는 것으로 개별 기업의 경제적, 법적 지위의 소멸은 물론 별개의 새로운 대리업을 탄생시키는 강한 결합 형태이다.
③ 콘체른(concern, Konzern) : 금융적으로 형성된 집중형태이다. 기업의 법적 독립성은 유지되지만, 주로 금융적 방법에 의해 결합을 주도한 특정기업의 지배하에 놓이게 되어 경제적 독립성을 잃게 된다. 방법으로는 대부관계 또는 주식참여가 가능하다. 일반적으로 주식참여의 방법에 의한 경우를 말한다. 대기업이 다른 여러기업의 주식을 보유하여 지배하는 경우 뿐만 아니라 여러 기업이 각자의 주식을 상호교환 함으로써 결합하는 경우도 있다.

쉬 / 어 / 가 / 기

Q&D) 기업인수합병

기업인수합병(M&A, merger and acquisitions)이란 기업의 외적 성장을 위한 발전전략으로, 특정 기업이 다른 기업의 경영권을 인수할 목적으로 소유지분을 확보하는 제반과정이다.

M&A가 발전하게 된 동기는 기존 기업의 내적 성장한계를 극복하고 신규 사업 참여에 소요되는 시간뿐만 아니라 투자비용 절감, 경영 노하우 및 전문인력 확보, 기업의 대외 신용확보 등 경영전략적 측면에 있다.

미국을 비롯한 일본에서도 이미 본격화되어 있으며, 우리나라에서도 1994년 증권거래법 제200조(주식의 대량소유의 제한 등)의 폐지를 골자로 한 거래법 개정안의 시행에 즈음해 많은 기업들이 M&A에 관심을 기울이고 있다.

증권거래법 제200조는 그 동안 기업주가 소유권 침해에 대한 걱정 없이 기업경영에 전념하게 한 긍정적인 측면도 있었으나, 일반투자자의 주식매매자유를 제한하고 대주주의 방만한 기업운영과 소액주주의 권익침해를 유발하는 등 자본시장 발전에 좋지 않은 영향을 미친 것도 사실이었다.

그러나 1997년 외환위기 이후 외자유치를 위해 대폭적으로 규제를 완화함에 따라 내국인간의 적대적 인수합병은 물론 외국인들의 국내기업 매입이 활성화 되었다.

2. 경영자

경영자란 조직을 이끌고 그 결과에 책임을 지는 사람이다. 예로서 기업의 회장, 사장, 영업부장, 공장장 뿐만 아니라 식당 주인, 대학총장도 경영자이다. 직위와 명칭은 다르더라도 인적, 물적, 제자원을 계획하고 조직화, 지휘, 조정, 통제하는 점에서는 다를 바 없다.

기업체의 발전과 관련하여 경영자를 다음과 같이 분류할 수 있다.

1) 소유경영자

소유와 경영이 분리되지 못한 상태로 소규모 기업에서 볼 수 있다. 경영관리직능을 기업가 자신이 담당하는 기업이다. 기업 발전의 초기단계에서 주로 나타나는 기업이다.

2) 고용경영자

기업의 규모가 커짐에 따라 기업가 스스로 경영직능 전부를 감당하기 어려운 상태에 이른다. 이때에 타인을 고용하여 경영상의 일부분인 지휘, 감독직능을 담당하게 하는 즉 기업가의 대리인으로서의 경영업무를 담당한다.

3) 전문경영자

대규모화된 기업에서 경영에 대한 전문지식이 있는 경영자가 기업을 경영하게 된다. 전문경영자는 독자적인 최고의사결정권을 가진다. 소유경영자는 자본을 바탕으로 기업을 지배 및 경영한다면 전문경영자는 전문적인 지식과 기술을 기초로한 경영관리로 기업을 지배하는 것으로 볼 수 있다. 또한 경영자는 쓰러져 가는 회사를 회생시키기도 하고 튼튼한 회사를 쓰러지게 할 수도 있는 매우 중요한 자리임에는 틀림없다.

미국 경영학의 주된 관점은 직접적으로는 생산과정에 있어서의 관리나 재무적 관리라는 실천적인 요구에 부응하게끔 전개되었으며, 경영관리의 이론을 시대별 나누어 보면 다음과 같다.

1. 전통적 관리론

전통적 관리론인 고전이론은 1910~1930년대에 정립되었다. 경영학에 있어서 초기이론에 해당하며 매우 합리적이고 기계적인 사고방식에 입각하여 문제를 해결하려는 입장이었다. 생산성, 효율성이 강조되고 공식조직의 원리와 원칙에 충실 치충한 결과 인간을 고려하지 않는 이론이라는 공격을 받기도 하였다. 그러나 조직은 기본적으로 효율적 경영과 합리적 생산체계를 지향하고 있기 때문에 경영학의 근본을 이루고 있는 이론이라 할 수 있다.

이들 이론의 대표적인 것으로 테일러(*F.W. Taylor*)의 과학적 관리법, 페이욜(*H. Fayol*)의 경영관리론, 베버(*M. Webber*)의 관료이론 등을 들 수 있다.

1) 과학적 관리법(principles of scientific management)

과학적 관리법은 미국의 공장들이 점차적으로 대량생산체제를 갖추면서 성장에 따라 필요성이 대두되는 상황에서 효율적인 경영과 생산체제를 갖추기 위해 테일러(*F.W. Taylor*)에 의해 정립되었다. 그 후에 길브레드(*F. Gilbreth*) 부부에 의해 인간의 생리적, 심리적 면을 고려함이 강조되고 또한 작업여건, 작업환경 개선과 동작연구를 하여 스블릭(therblig) 기호를 창안하였다. 그리고 간트(*H. Gantt*)는 테일러와 함께 일한 경험과 함께 테일러의 사상을 지지하였다. 그리고 계획의 수행에 있어 계획내용과 달성한 내용을 한 눈에 확인 가능한 오늘날에도 생산일정 계획에 널리 사용되는 간트차트를 개발하였을 뿐만 아니라 기본임금을 보장해주고 초과 달성된 성과에는 성과급을 주는 과업상여금 제도를 창안하였다. 이는 테일러의 차별성과급 제도를 더욱 보완한 제도였다.

과학적 관리법에 대해서 일반적으로 심리학적이고 사회학적인 접근방법이 결핍되어 있다는 비판이 있으나, 생산성과 조직의 효율이 결코 경시될 수 없다는 점에서 경영학에서 차지하고 있는 비중은 크다. 전반적으로 과학적 관리법은 주로 공장경영을 대상으로 생산성을 극대화시킬 수 있는 효율적인 방법을 모색하고 이를 구체적인 관리기법으로 제시함으로써 체계적인 경영조직 연구에 선구적 역할을 한 점은 부인할 수 없다. 이어서 과학적 관리법의 주요 내용을 살펴보기로 한다.

(1) 과업관리

첫째 원리로는 경영자와 근로자의 직책이 분업화 되어야 한다는 원리로서 경영자는 근로자의 직무연구와 직무수행방법을 기획하는 업무에 치중해야 하고 근로자는 경영자가 설정한 직무를 그대로 수행하는 것이 그들의 과업으로 보았다.

그러므로 시간연구 및 동작연구를 통하여 직무내용은 물론 직무수행에 사용되는 도구 등 작업환경 등의 표준화를 통한 합리적인 직무수행방법을 설계하고, 이를 기준으로 표준생산량을 설정하는 등 경영자의 기획기능을 강조하였다.

(2) 과학적 선발과 훈련

둘째 원리는 동작연구에 의하여 설계된 직무내용과 합리적인 직무수행방법을 바탕으로 직무의 만족스런 수행을 위한 근로자의 자격조건으로부터 근로자를 선발하고 훈련을 시켜야 한다는 원리이다.

(3) 성과에 의한 보상

근로자에게 지급하는 보상에 있어서 성과에 비례한 임금을 지불해야 한다는 것이다. 테일러는 근로자의 성과를 생산량으로 측정했고 이를 기준으로 성과급제를 주장하였다. 그러나 단순히 생산량에 정비례하여 지불하는 순수성과급제보다는 일정한 표준량을 설정하고 표준량을 초과하는 부분에는 더 높은 임금률을 적용하는 차별성과급제를 창안하였다. 이와 같이 성과급제로써 근로자의 경제적인 동기를 유발시키므로 생산성을 극대화하려는 것이 과학적 관리법의 주요 내용이다.

(4) 노사간의 화합

경영자와 근로자 서로의 화합 관계의 중요성을 주장하였다.

(5) 기능적 감독제도

테일러는 일선감독자들 이 생산성에 가장 중요한 역할을 담당하지만 일선감독자에게 주어진 임무가 너무 많을 때에 관리 기능이 제대로 발휘되지 못하게 되고 생산성 저하 요인이 될 수 있다고 보았다. 그러므로 감독자의 직무에도 분업의 원리를 적용할 것을 제안하였다. 즉 일선감독자는 부하근로자의 생산을 감독하는 감독업무에만 치중하도록 하며, 생산계획, 품질점검, 근로자훈련 등 기타 관리업무를 전문적으로 취급하는 감독자들을 채용하여 맡겨야 한다는 기능적감독자제도를 제안하였다.

2) 일반관리이론(general management principles)

테일러가 미국에서 공장경영을 중심으로 과학적 관리법을 제안하는 동안에 프랑스에서는 페이욜이 자신의 기업경영을 중심으로 기업경영의 일반원리를 연구하였다. 페이욜은 경영관리의 보편성을 주장하였으며, 이를 체계화시켜 합리적인 경영관리를 통해 조직의 효율성을 높였을 뿐만 아니라 경영관리 교육의 필요성을 주장하였다.

그는 경영을 기술적 행위, 상업적 행위, 재무적 행위, 안전행위, 회계행위와 관리행위로 구분하였고 관리행위를 계획, 조직, 명령, 조정, 통제로 구분하였다. 이것은 지금의 경영학에서도 대부분 인용되고 있다. 다음은 이 이론에 대해 알아보기로 한다.

(1) 분업의 원리

페이욜은 조직의 성장과 발전에 가장 기본적인 것으로 노동의 전문화를 생각하였으며, 아담 스미스(Adam Smith)의 분업의 원칙을 조직체에 적용하게되었다. 즉 조직체 내의 업무를 세분화하고 구성원 각자에게 세분화된 직무를 담당시키므로 조직의 능률과 생산성을 향상시키고 사회도 함께 발전할 수 있다고 생각했다.

(2) 연결계층의 원리(scalar chain principle)

조직체는 위에서 아래까지 구성원 모두가 수직적 권한으로 연결되어 계층구조를 형성해야 하고, 계층별 권한이 발휘되고 정보가 흐름으로써 의사결정이 질서 있게 행해질 수 있다는 원리이다. 그러나 조직체에서 수직적계층에 의하여 의사결정 만이 있다면 신속한 의사결정이 어려울 때가 있으므로 페이욜은 같은 지위계층에서 일하는 구성원들 사이에는 수직적인 계층 경로를 거치지 않고 상사의 양해를 얻어서 업무를 처리할 수 있는 지름길 원리도 제시하였다.

(3) 명령통일의 원리

조직 내 각 구성원은 반드시 단 한 사람의 상사로부터 명령과 지시를 받아야 한다는 원리이다. 만약 구성원이 상위계층의 여러 사람으로부터 명령을 받게 된다면 권한체계에 혼동이 있을 수 있고 따라서 조직의 질서가 유지될 수 없기 때문에 각 구성원은 단지 한 사람의 상사만을 가져야 한다고 페이욜은 주장하였다.

(4) 권한과 책임의 원리

직무에는 권한이 부여되어 상위계층은 하위계층에 대하여 명령과 지시의 권한이 있고, 하위계층으로부터의 복종을 요구할 수 있다. 권한에는 반드시 책임이 수반되어 권한과 책임간에는 균형관계가 성립됨으로써 많은 권한이 부여되면 책임도 그만큼 커져야 된다는 것이 권한과 책임의 원리이다.

(5) 집권화 원리

페이욜은 하위계층에 부여되는 권한이 제한되어 하위계층의 중요성이 감소되는 상태를 집권화라고 하였다. 관리자는 조직의 질서와 성과를 목적으로 적절한 집권화체계를 형성해야 한다는 것이 집권화의 원리이다.

(6) 지휘의 통일

조직내의 업무는 통일된 명령과 지시에 의하여 수행되어야 한다. 따라서 통일된 명령계통과 통일된 계획에 의하여 모든 업무활동이 수행되어야 한다는 원리이다.

(7) 질서의 원리

조직체의 자원은 질서가 있어야 한다. 구성원의 경우는 설정된 직무내용 뿐만 아니라 상호간의 연결에서 질서도 조직도표에 표시되고, 모든 활동이 질서 있게 전개되어야 한다는 것이다.

8) 조직체와 구성원과의 관계

구성원의 목적은 조직체의 목적에 귀속되어야 하는 한편, 조직체는 구성원의 화합적 관계를 유지하면서 구성원의 충성심과 공헌도에 상응하는 공정한 대우를 주장하였다.

(9) 경영관리기능

페이욜은 경영자가 수행해야 할 기본관리기능으로서 계획(planning), 조직(organizing), 지휘(commanding), 조정(coordinating), 통제(controlling)를 제시했다. 일반적으로 경영자의 관리기능은 상위계층일수록 계획기능의 역할이 크고 하위계층일수록 지휘와 통제기능에 치중하게 된다. 페이욜은 근본적으로 경영자는 계층을 막론하고 모두가 이 다섯 가지의 관리기능을 수행하고 있으며, 경영자가 이들 관리기능을 얼마나 잘 발휘하느냐에 따라 조직의 성장과 발전이 결정된다고 주장하였다. 또한 자신의 오랜 기간에 걸친 기업경영을 토대로 일반적으로 적용될 수 있는 기업경영원리를 체계적으로 제시한 것이다.

3) 관료이론(bureaucracy theory)

관료이론은 과학적 관리법 및 일반경영이론과 더불어 경영조직에 관한 중요한 고전이론이다. 이 이론은 19세기 말경에 독일의 사회학자인 베버(*M. Webber*)에 의하여 발표되었다. 그러나 시간이 지난 후인 1940년대에 와서야 미국을 비롯한 다른 나라에 널리 알려지게 되었다.

관료이론은 크게 나누어 공식조직, 특히 대규모조직을 관료제로 보는 베버의 구조적 입장과 정치권력의 관계를 통해서 보는 라스키(*H. Laski*)의 기능적 입장, 구조적인 면과 기능적인 면을 아울러 보려하는 릭스(*F. Riggs*)의 입장 등으로 크게 나눌 수 있으나, 대부분 대규모조직에서 관료제성을 찾아보려 하는 것이 공통된 현상이며, 일반적으로 이 개념의 기원을 베버에서 찾고 있다. 관료제는 카리스마적 지배조직이나 전통적이고 봉건적인 지배조직에 비해서 합리적인 조직이다. 관료이론의 주요 내용을 살펴보면 다음과 같다.

(1) 합법적인 직무배정과 직무수행

조직 구성원 각자의 직무는 조직의 규정에 의하여 합법적으로 설정되어야 하고, 책임과 권한이 분명히 주어져야 하며, 배정된 직무는 그대로 정확히 수행되어야 한다는 것이다. 따라서 베버는 배정된 직무의 수행에서 조직의 규율을 잘 지키도록 하기 위하여 이에 대한 상벌의 권한이 상위관리자에게 부여되어야 한다고 주장하였다.

(2) 직무의 전문성과 능력에 의한 계약고용

조직의 효율성 향상을 위해 직무는 가능한 한 세분화되어 전문성을 가져야 한다. 전문화된 직무내용을 중심으로 객관적인 능력과 자격에 의하여 계약고용이나 승진이 이루어져야 한다.

(3) 계층에 의한 관리

전문화된 직무는 여러 계층으로 구성되어 계층에 따른 권한과 책임이 부여되므로 상하간의 통솔과 복종관계가 성립되어야 한다.

(4) 규칙과 문서에 의한 경영관리

조직경영의 공정성을 기하기 위하여 조직구성원 각자의 권한과 책임 그리고 경영관리에 관한 규정과 규칙을 문서화하고, 이 규정과 규칙에 따라 조직경영이 이루어지고 결과가 문서화되어야 한다. 이는 개인의 임의적인 의사결정을 방지하고, 공정하고 일관성 있는 조직경영이 이루어질 수 있다.

(5) 경력의 보장

조직에 종사하는 것은 직업으로서 안정이 보장되어야 한다. 설정된 규정과 규칙에 의하여 맡은 임무를 성실히 수행하여 조직에서 기대하는 효과를 달성함으로써 경제적 보상과 안정된 직업 등 혜택을 받을 수 있다.

(6) 기타, 관료이론의 장단점

관료제조직은 전문화된 직무, 규칙에 따른 직무기능, 명확한 권한, 계층에 따른 관리, 문서주의와 같은 특징을 지니고 있다. 이와 같은 합리성에 따른 조직구조는 직무를 합리적으로 배정하고 권한과 책임을 분명히 하여 조직의 효율성을 높인다는 점에서는 설득력이 있다.

조직경영에 있어서 합법성과 공정성 그리고 객관성이 중요한 공공기관과 행정기관에는 이러한 관료이론이 많이 적용되고 있는 것을 볼 수 있다. 그러나 관료이론은 조직구조가 기계적이고 경직성을 띠어 비인격적인 행동패턴을 형성한다는 단점 또한 안고 있다.

Table 1. 경영이론 개요

연 대	이 론	주장 학자	인간관	관심영역
1900~1930	과학적 관리법 일반관리이론 관료이론	*Taylor* *Fayol* *Webber*	기계적 인간 경제적 인간	직무강조, 생산성, 효율성, 공식조직, 합리성, 관리과정
1930~1960	인간관계론	*Mayo* *Rothlisberger*	사회적 인간	인간강조, 집단규범,비공식조직, 종업원의 만족, 민주적 리더십
1960~1970	행동과학 의사결정론 시스템이론 상황이론	*McGregor* *Simon* *Parsons* *Woodward* *Thompson* *Perrow*	사유적 인간 자아실현 인간 복잡한 인간	인간과 직무강조, 의사결정, 상황적합 통합적 사고, 상황적 리더십
1970~1980	후기상황이론	*Hickson* *March* *Salancik* *Yuchtman*	복잡한 인간 투쟁하는 인간	투쟁관계강조, 정보, 전략, 자원확보, 비공식성, 비합리성 정치화, 존속
1980~	신경영이론			

2. 인간관계론

인간관계론은 메이요(*G. E. Mayor*) 등이 1930~1950년대에 정립하였으며, 노동자의 심리적인 측면도 고려하기 시작하게 되었다.

인간관계론의 발단은 호손(Hawthon)실험으로부터이다. 이 실험은 1924년부터 8여년간 실시되었으며, 미국 서부전기회사 호손공장에서 실시되었다. 이 회사는 우량기업으로 임금, 복지제도, 노동시간 등에서 높은 수준의 회사나 종업원들의 불평의 증가의 원인을 연구하게 되었다. 연구에 참여한 메이요와 뢰스리스버그에 의해 밝혀진 내용은 다음과 같다.

생산력의 증가는 임금만이 아닌 종업원의 사기와 부하에 대한 감독태도, 공식조직이 아닌 비공식 조직, 조직 구성원의 만족 등 인간관계에 있다는 결과를 얻었으며, 기존의 하나의 부품처럼 노동자를 대하던 관리방식에의 문제점이 제시되었다. 이로 인해 인간 행동에 대한 과학적 접근의 필요성이 대두되고 행동과학의 발달의 계기가 되었다.

3. 행동과학

행동과학이란 용어는 1951년 포드재단이 행동과학 프로그램 명칭의 연구비지원계획에 처음 사용되었으며, 조직내의 인간의 행동 보편적 원리를 밝히고자 연구하게 되었다.

대표적인 연구자와 이론으로는 맥그리거의 XY이론, 아지리스의 미성숙 및 성숙이론, 매슬로우의 욕구이론, 알더퍼의 욕구이론, 허즈버그의 동기-위생요인인 2요인 이론, 맥클리랜드의 성취동기이론 등이 있다. 이들 이론들은 종업원의 동기부여와 깊은 연관이 있으며, 인적자원관리에서 다시 한번 언급하기로 한다.

4. 시스템이론(system theory)

시스템 이론은 1937년에 이론 생물학자인 베르탈란피(*L. v. Bertalanffy*)가 주장한 것으로서 하나의 시스템은 각 요소들의 단순한 집합체도 아니고, 각 요소들을 초월한 추상적 총체도 아니며, 상호 연관되는 각 요소들에 의해 구성된 통일체라고 보는 견해이다. 제2차 세계대전 후에 여러 학문분야를 통합할 수 있는 공통적인 틀을 찾는 것으로부터 일반시스템이론이 등장하였다. 어떤 합목적성을 지향하는 조직을 시스템으로 설명하게 되었다. 카스트(*F.E. Kast*)와 로젠즈바이그(*J.E. Rosenzweig*)는 하나의 조직화된 것이라 정의하였으며, 시스템을 두 개 이상의 하위조직이 상호 의존적으로 구성되어 시스템을 이룬다고 하였다. 시스템 내부 만 고려한 경우와 주변환경까지 고려한 시스템을 생각할 수 있으며, 각각을 폐쇄적 시스템(closed system)과 개방적 시스템(opened system)으로 분류할 수 있다.

5. 상황이론(contingency theory)

상황이론 또는 상황적합이론(*contingency theory*)이라 불리어 진다. 경영이론에서 보편타당한 원리를 찾고자 하나, 모든 상황에서 적용 가능한 경영이론은 찾을 수 없으며, 상황에 따라 적합한 원리가 적용되어야 한다는 이론이다. 이 이론은 리더십 과정에도 상황에 따라 다르게 적용하여 한다는 피들러(F.E. Fielder)의 이론에서 근거한 것이다.

6. 경영의 신조류

1) 글로벌 경영

세계를 하나의 시장으로 생각하면서 한 나라에서만 국한되지 않는 경영이다. 생산, 판매 뿐만 아니라 연구, 개발 등 모든 부분에서 비교우위에 있는 각 나라의 제 자원을 이용하는 경영이다.

외식분야에서의 예로서 *KFC*, 맥도날드, *TGI Friday's* 등 다양한 외국기업들의 국내진출 또는 프랜차이즈 경영 방식으로 국내외로 진출기회가 늘어나는 실정이다.

2) 정보경영

컴퓨터, *IT*, 인터넷 등 정보획득이 가능한 산업의 발달로부터 입수한 정보를 바탕으로 제품의 생산, 판매 등 경영전반에 적용하여 경쟁력을 강화할 수 있다. 대표적으로 전자상거래인 e-커머스 유형과 기업의 전사적자원관리(ERP, Enterprise Resource Planning)를 예로 들 수 있다. ERP란 기업의 경영 및 관리에 관한 업무를 위한 컴퓨터 시스템으로 기업에서의 여러 가지 자원의 흐름을 관리 할 수 있으며, 경리, 영업, 재고 관리 등의 전반적인 관련 자료를 수집하고 해석하여 보다 정확한 경영 판단을 할 수 있다.

3) 지식경영

지식경영이란 조직 구성원들이 가지고 있는 지식을 최대한 발굴하여 경영활동에 활용하고자 하는 전략이다. 우선 정보를 공유할 수 있는 조직구조와 함께 공유하고자 하는 마음가짐 리더십이 요구된다. 급변하는 상황에서 소수 인원의 지식과 경험보다는 많은 사람의 지식과 경험을 공유함으로 경쟁우위를 점할 수 있다는 생각이다.

4) 품질경영

고객이 만족할 좋은 품질을 갖추는 것은 당연한 일이다. 품질운동 중에서도 혁신적인 품질 개선운동의 하나가 6시그마(6 sigma)운동이다. 통계적 의미로는 불량품이 발생할 확률이 3.4 ppm(parts per million, 백만분윤), 즉 100만개 당 3.4개 이내의 불량만을 허용한다는 고품질을 요구하는 수준이다. 특히 사람이 먹는 음식의 경우에 고객불만, 불량식품 등이 전혀 발생되지 않는 것이 원칙이겠으나, 그렇지 못한 상황이므로 이와 같은 품질경영에 관심을 가져야 할 것이다. 현재 많은 기업에서 불량품을 최소화하기 위해 6시그마 운동을 도입하여 관리하고 있다.

기업이 시장에서 성공하기 위해서는 적절한 가격과 품질로 경쟁해야 한다. 일반적인 품질경영의 정의를 살펴보면 다음과 같다. 품질을 통한 경쟁력 우위확보에 중점을 두고, 고객만족, 종업원존중, 사회적 공헌을 중시하여, 최고 경영자의 방침에 의거 전 종업원이 체계적인 개선활동을 전개하여, 기업의 장기적 성공을 추구하는 경영방식이라 할 수 있다.

국제표준기구인 ISO의 품질경영(QM)의 정의(ISO 8402)는 품질방침, 목표 및 책임을 결정하고 이들을 품질계획(QP), 품질관리(QC), 품질보증(QA), 품질개선(QI)과 같은 수단에 의해 품질 시스템에서 실행하는 전반적인 관리 기능에 관한 모든 활동으로 정의하고 있다. Fig. 1에서 보는 바와 같이 품질경영을 식으로 나타내면 다음과 같다.

$$QM = QP + QC + QA + QI$$

[Quality Management = Quality Plan + Quality Control + Quality Assurance + Quality Improvement]

경영 (Management)	품질경영 (QM, Quality Management) QM = QP + QC + QA + QI	품질 (Quality)
경영이념 경영철학 경영전략		고유기술 품질이념 생산기술

Fig. 1. 품질경영

품질경영 모델은 여타의 경영혁신 제도나 기법을 상당수 그 안에 포함할 수 있을 정도로 포괄적인 특성을 지니고 있으므로 모든 경영혁신의 근간이 될 수 있다. 품질경영은 고객주도형 품질, 최고경영자의 리더십, 전원참여와 능력개발, 설계 품질의 향상과 예방, 장기적인 관점 중시, 사실에 입각한 경영, 지속적인 개선, 사업경영성과를 중시한다. 품질경영시스템은 Fig. 2 에서 보는 바와 같다.

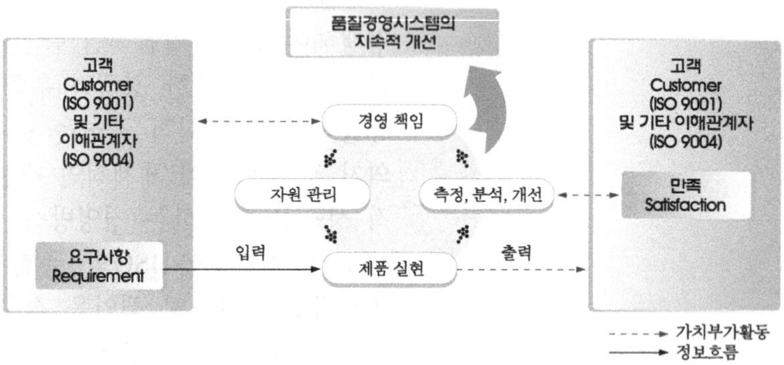

Fig. 2. 품질경영시스템(출처: 한국능률협회인증원 자료)

쉬 / 어 / 가 / 기

Q&D) 서비스산업에서의 품질, 즉 서비스 품질의 정의로부터 측정방법 등에 대해 토론해 봅시다.

5) 환경경영시스템(ISO 14001) 및 녹색경영시스템

국제표준화기구(ISO)에서 제정한 환경경영시스템은 기업활동의 전 과정에 걸쳐 지속적 환경성과를 개선하는 일련의 경영활동을 위한 인증이다. 즉 조직이 구축한 환경경영시스템이 이 규격에 적합한지를 제3자의 인증기관에서 객관적으로 평가하여 인증해 주는 제도이다.

ISO 14001은 여타의 국제 환경규제와는 달리 기업 활동 전반에 걸친 환경경영시스템을 평가하여 객관적인 인증을 부여하는 것으로서, 해당 환경법규 또는 규제기준 준수 차원을 넘어 환경방침, 추진계획, 실행 및 운영, 점검 및 시정조치, 경영 검토, 지속적 개선 등의 포괄적인 환경경영을 얼마나 실시하고 있는가를 평가하는 제도이다.

최근에는 Fig. 3에서 보는 바와 같이 환경경영인증체제에서 한 단계 더욱 발전한 녹색경영인증체제로 나아가고 있는 실정이다. 녹색경영이란 녹색성장기본법 제2조 7항에 기업이 경영활동에서 자원과 에너지를 절약하고 효율적으로 이용하며 온실가스 배출 및 환경오염의 발생을 최소화하면서 사회적, 윤리적 책임을 다하는 경영이라 정의하고 있다.

이는 세계적인 트렌드이며, 이에 발맞추기 위해 우리나라도 2020년까지 세계 7대, 2050년까지 세계 5대 녹색 강국 진입을 비전으로 설정하고 노력 중이다. 이에 대한 법적근거로는 녹색성장기본법에 근거하며, 환경친화적 산업구조로의 전환촉진에 관한 법률 일부를 개정하여 2011년 7월부터 녹색 경영체제 인증을 실시할 예정으로 있다.

녹색경영시스템을 실시하기 위해서 조직은 녹색경영시스템의 실행의 정도를 측정하고 평가하기 위한 녹색성과지표를 선정하고 활용하기 위한 절차를 수립, 실행 및 유지하여야 하며, Table 2에서 보는 바와 같이 조직은 업종에 따른 녹색성과지표를 선정할 때, 규정된 공통 필수지표와 필수지표를 포함하도록 규정되어 있다. 이외에도 조직의 의도와 목적에 따라 추가적인 지표를 녹색성과지표로 고려할 수도 있다.

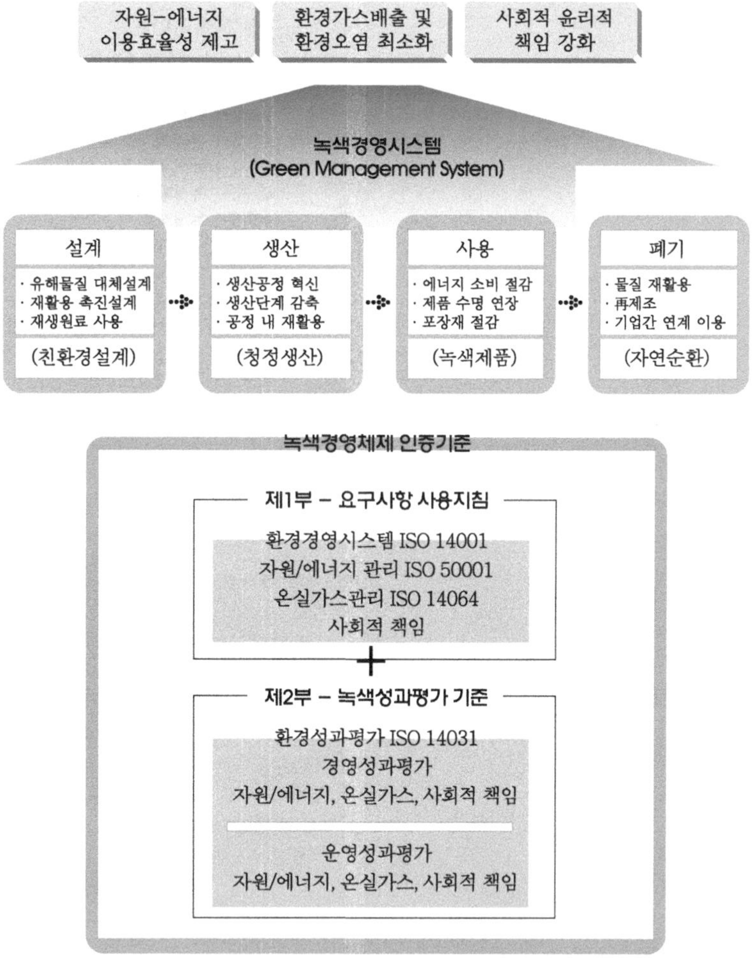

Fig 3. 녹색경영시스템(출처: 한국표준협회 자료)

Table 2. 녹색경영 필수지표

구분	경영성과지표(MPI)	운영성과지표(OPI)
공통 필수지표	M1-1-1 녹색목표 수립율 M1-1-2 녹색목표 달성율 M1-2-1 MRO 제품에 대한 녹색구매 비율 M1-3-1 원·부자재에 대한 녹색구매 비율 M1-4-1 녹색제품 투자 비율 M1-5-1 녹색제품 비율 M1-6-1 녹색제품 매출액 비율 M1-7-1 교육훈련시간 M1-8-1 의견 및 이의제기 M1-9-1 법규 준수 M1-10-1 제품·서비스 공급 관련 법규 준수 M1-11-1 녹색경영보고서 발간 주기	O1-1-1 에너지 사용량 O1-1-2 에너지 사용량 원단위 O1-2-1 직접온실가스 배출량 O1-2-2 직접온실가스 배출량 원단위 O1-3-1 간접온실가스 배출량 O1-3-2 간접온실가스 배출량 원단위 O1-4-1 용수 사용량 O1-4-2 용수 사용량 원단위
업종별 필수지표	M2-1-1 녹색공정 투자 비율	O2-1-1 원부자재 사용량 원단위 개선율 O2-2-1 폐기물발생량 원단위 O2-3-1 폐기물 재활용율 O2-4-1 대기오염물질 배출량 원단위 O2-5-1 수질오염물질 배출량 원단위 O2-6-1 유해화학물질 사용량 원단위

MRO 제품: 정비(Maintenance), 수리(Repair) 및 운영(Operation)에 사용되는 각종 사무용기기 및 소모품

	녹색성과지표						
인증수행범위	M2-1-1	O2-1-1	O2-2-1	O2-3-1	O2-4-1	O2-5-1	O2-6-1
01 농·수산업		V	V	V	V	V	V
03 식음료 및 담배	V	V	V	V	V	V	V
30 숙박 및 음식업				V	V	V	

6) 식품안전경영시스템(ISO 22000)

식품의 모든 취급단계에서 발생할 수 있는 위해요소를 효과적으로 관리하기 위한 ISO 22000은 Fig. 4에서 보는 바와 같이 ISO/TC34/WG8 주도로 ISO 회원국 및 CODEX(국제식품규격위원회), GFS(국제식품안전협회), BRC(영국 대형도매협회) 등 식품공급기관이 공동으로 개발한 국제규격 식품공급사슬 내의 모든 이해관계자들이 적용할 수 있도록 CODEX의 HACCP 원칙과 ISO 경영시스템을 통합한 인증규격으로써 식품안전 위해요소 관리 능력을 실증하기 위한 식품안전경영시스템의 요구사항을 규정한 제도이다.

조직의 규모에 상관없이 식품공급사슬의 모든 분야에 관련되며 안전한 제품을 지속적으로 제공하는 시스템을 실행하고자 하는 모든 조직에 적용 가능하다. 핵심요구사항으로는 상호

의사소통, 시스템 경영, HACCP 원칙, 선행요건 프로그램이 요구된다. 필요성으로는 소비자들의 식품안전성 요구에 적극적으로 대응 가능하며, HACCP 및 기타 기존 식품안전 프로그램의 한계 극복할 수 있으며, 국제적 통용성 ISO 9001, 14001 규격 등과의 병용성으로 인해 기 인증업체들의 전환 또는 확장이 용이한 장점이 있다.

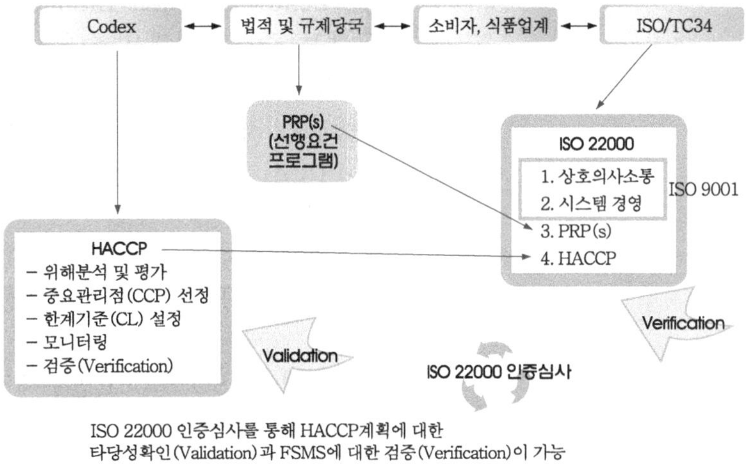

Fig 4. ISO 22000시스템(출처: 한국식품정보원 자료)

7) 지속가능경영(Sustainability Management)

21세기의 새로운 트렌드로서 경제적 성과만을 중시하는 기업은 쇠퇴·몰락하고 있으며, 경제적, 사회적, 환경적 성과를 함께 고려하여 지속가능한 경쟁 우위를 확보하는 기업만이 시장에서 선택 받고 있는 실정이므로, 지속가능경영은 기업과 이해관계자의 의사소통을 증진하고 기업의 경제적, 사회적, 환경적 지속가능성을 추구하여 기업의 가치를 제고하고자하는 경영활동이다. 최근의 경향으로는 경제, 사회, 환경면에서의 지속가능경영 성과의 정보 요구 증대 및 기업의 지속가능성 평가 확산이 예상된다. 금융위기 이후 미국, 유럽은 공정무역을 표방하고 있어, ISO 26000 국제표준을 통해 지속가능경영이 또 하나의 장벽으로 활용될 가능성이 높다. 지속가능경영은 인류의 지속가능한 발전 개념을 기업 경영활동에 접목시키려는 21세기의 새로운 경영 패러다임이자 기업 가치를 높이는 경영전략이 될 것으로 여겨진다.

8) 에너지경영시스템(EnMS, Energy Management System, ISO 50001)

조직이 원가절감을 위해 에너지효율 향상 활동을 통합적이고 체계적인 경영전략으로 구축하여 전사적 지속적으로 추진할 수 있는 기술측면과 경영측면이 조화된 에너지관리 시스템 표준이다.

과학적인 에너지 절감/효율개선을 통한 Cost Leadership 창출, Leading Green Enms는 전사적 에너지관리: 에너지 공급부문 중심관리에서 수요처인 생산부문으로 포괄하는 전사적 접근방식,

중장기 지속적 개선활동: 에너지성과개선에 대한 경영시스템적(PDCA)접근과 국내외 법규제 대응: 온실가스/에너지 목표관리제,

전과정 에너지 관리:구매/설계 및 에너지 사용을 포함한 전과정적 접근을 통하여 이루어진다.

이외에도 ISO 37001(반부패경영시스템), ISO 55001(자산경영시스템) 등이 있다.

제 3장.

경영계획 및 통제

1. 경영계획

경영계획(business planning)의 수립은 경영관리를 위한 첫 단계이며, 경영자가 수행하는 경영관리 중에서 매우 중요한 부분이다. 예로서 건물을 짓기 위한 설계도 작성에 해당하는 부분으로 생각할 수 있다. 또한 수립된 경영계획은 관리의 최종 과정인 통제(controling) 과정과도 연결되므로 충실한 계획수립이 요구된다.

1) 경영계획의 원칙

경영계획의 원칙에 대한 다양한 주장이 있으나, 일반적으로 많이 인용되고 있는 쿤츠(*H. Koontz*) 등이 주장하는 경영계획의 원칙은 다음과 같다.

(1) 합목적성

수립된 계획은 조직의 목표와 일치되고, 구성원의 의식적인 협동을 유인할 수 있어야 하며, 동시에 수행자에게 적합하고 이해하기 쉬운 내용으로서 의욕적인 기업에 대한 공헌의식을 조장시켜야 한다는 것으로 이를 합목적성의 원칙이라고 한다.

(2) 계획우선의 원칙

경영계획은 경영활동보다 우선하며, 상위에 있는 개념이다. 즉 관리기능을 수행하기 위한 근본적인 목표가 된다. 그러므로 계획이 없는 관리활동은 통제가 불가능하며, 계획은 수립단계에서 관리활동의 지표이면서 표준이고 통제의 기준이 되게 우선적으로 수립되어야 한다.

(3) 계획의 일반성 원칙

경영계획은 특정 경영계층에만 속하는 경영기능이 아니며, 모든 경영계층에서 유기적, 협동적으로 수행해야 하는 기본적인 기능이다. 그러므로 설정단계에서는 기밀 보장이 요구될 수 있으나, 시행단계에서는 전반적인 경영관리계층에 파급되어 공동적으로 인식되는 수준에서 일반화되어야 한다.

(4) 계획 효율성의 원칙

경영계획은 주어진 예산과 환경의 범위 내에서 최대의 효율을 얻을 수 있는 경제성을 가진 내용이어야 한다. 다시 말해 확정된 계획은 다른 대체안보다 그 효율성이 안정되어야 하며 동시에 수행과정에서도 경제성이 입증되어야 한다.

2) 계획의 분류

(1) 계획기간에 따른 분류

계획은 기간에 따라 장기, 중기, 단기계획으로 나눌 수 있으나, 설정기간에 대한 일치되는 견해는 없다. 급변하는 여건으로 인해 점차 설정기간이 짧아지고 있는 실정이다.

① 장기계획

일반적으로 5년 이상의 계획을 말하나, 급변하는 여건 등으로 3~5년으로 보는 경우도 있다. 장기계획은 주로 신규사업 착수 및 기존사업 철수 등 구조적 변화를 포함하는 계획이 주로 해당된다. 상위경영층이 주로 담당하며, 전략계획으로도 불리어지는 매우 중요한 계획이다.

② 중기계획

일반적으로 중기계획은 1~2년 또는 2~5년 정도의 계획으로 중기계획의 예로는 생산시설의 확장이나 축소에 따른 설비, 가동계획, 각 부문별, 인력조정, 인력모집 계획 등을 들 수 있다. 중간관리층이 주로 담당하며, 전술계획으로도 불리어지는 계획이다.

③ 단기계획

일반적으로 단기계획은 1년 이내의 계획을 의미하지만, 이것이 절대적인 기준은 아니며 기업자체의 특성 또는 목표에 따라 다를 수 있다.

단기계획은 구체화된 생산시설의 가동률을 변경하여 효과가 나타날 수 있을 정도의 계획이라고 할 수 있다. 부서내 인력 재배치, 필요 인력 요청, 식재료 조정 등을 예로 들 수 있다. 하급관리층이 주로 담당하며, 운영계획 또는 업무계획으로도 불리어진다.

(2) 계획의 성격이나 내용에 따른 분류

① 전략계획

외부환경 변화에 대응하기 위한 경영구조의 혁신을 꾀하는 계획이다. 즉 외부환경의 변화에 발맞추어 전략적 문제나, 기회를 발견하고, 그 문제를 해결하거나 이용하고자 하는 경영목표와 그 목표를 달성하기 위하 경영전략을 결정하는 것이다. 경영의 다각화, 시장개척, 신제품 개발 등을 들 수 있다.

전략계획은 대부분 장기계획에 해당되며, 결정은 일반적으로 최고경영층이 담당하며, 전략계획 수립에 필요한 정보는 주로 기업의 외부환경 관한 것이므로, 복잡성과 정보의 불확실성도 높다. 그러나 좀더 정확성을 높일 수 있는 방법의 강구 뿐만 아니라 정확한 미래의 예측 판단여부에 따라 기업 또는 조직의 운명이 결정될 수 있는 매우 중요한 계획이다.

② 관리계획

관리계획은 전략계획에서 설정된 방침과 틀 속에서 조직전반에 대한 경영목표와 경영전략의 실행을 위한 계획이다. 즉, 인원, 자금, 자재, 설비, 기술 등의 조달, 운영, 개발 등을 위한 계획으로, 인원계획, 예산계획, 설비계획 등으로 나눌 수 있다. 관리계획 수립을 위해서는 조직 내의 과거 정보 등을 활용할 수 있는 경우가 많은 편으로 정확도는 높은 편이다. 주로 단기계획이 많으며, 계획 설정 관계자는 라인관리자와 최고경영층이다.

③ 업무계획

업무계획은 특정업무의 능률적 수행을 위한 것이다. 예로서 일상적인 생산, 판매, 재고관리 등에 대한 설정된 목표 달성을 위한 계획이다. 즉 단기적인 생산계획, 판매계획, 재고계획 등이다. 예로서 식재료 등 특정재료 또는 제품에 대한 기준재고수준에 맞추어 관리하기 위한 보충조달 등이다. 반면에 공장 전체의 재고관리는 관리계획이다.

관리계획과 업무계획을 합하여 업무실행계획으로 부르기도

한다.

(3) 범위별 구분

사명(mission), 비전(vision), 경영목표, 목적(goal, objective), 방침(police), 절차(procedure), 방법(method), 규칙(rule) 등을 들 수 있다.

Table 3. 계획의 범위별 구분

계획의 종류	내용	담당계층
사명(mission)	조직의 사명을 함축된 문장으로 표현, 또는 조직의 장기적인 목표나, 목적을 함축적으로 표현	최상위 경영층
비전(vision)	사명을 좀더 구체화한 계획	최상위 경영층 상위 경영층
목표, 목적 (goal, objective)	조직의 사명을 이루기 위해, 조직에서 활동이 지향하는 궁극적인 것으로 측정가능하도록 설정하는 것이 좋다.	상위 경영층
방침(police)	조직내 의사결정에서 지침이 되는 것으로, 방침 또는 지침으로도 부른다. 예로서 인사방침, 교육방침, 구매방침 등	중간 관리층
절차(procedure)	일의 진행을 위해 시간적 순서로 계획된 것 발주절차, 창고내 입출고 절차 등	중간 관리층 하급 관리층
방법(method)	절차를 진행하는 각 단계의 계획으로서 절차보다 상세한 계획. 예로서 검수방법, 표준 조리법 등	하급 관리층
규칙(rule)	꼭 지켜야할 내용으로 특별히 요구되는 행동이나, 해서는 안될 행동 등의 기록이다. 예로서 작업장 내 금연규칙, 조리원 위생규칙 등	전 관리층

3) 계획수립

계획 수립을 위해서는 일반적으로 다음의 단계로 진행된다.

첫째로 조직의 사명, 경영목표, 전략의 바탕에서 시작된다.

모든 조직은 사명 즉 조직의 존재 의의가 있다. 다시 말해 사명은 우리 산업체가 우리의 조직이 하는 사업의 이유가 무엇인가라는 물음에 대한 대답이라 할 수 있다. 조직의 사명을 정의하는 것은 경영자나 소비자에게 기업의 제품이나 서비스의 범주를 확인 가능하게 할 수 있다.

둘째로 내부 제자원의 분석이 필요하다.

조직 내의 자원으로서 자본, 전문적인 경영자, 기술력 및 숙련된 노동자와 직무상의 활동 수행능력 즉 인적자원관리 능력, 마케팅 능력, 제조 능력, 정보관리 시스템 등의 명확한 평가가 필요하다. 그리고 이들 제자원의 강점(strength), 약점

(weakness) 그리고 핵심역량 뿐만 아니라 조직문화까지 파악하는 것이 중요하다.

셋째로 외부요인의 분석이 필요하다.

외부 환경 요인으로 긍정적인 요인인 기회(opportunity)와 부정적인 요인인위협(threat)에 대한 철저한 분석이 요구된다.

넷째로 전략 수립 및 기타 단계이다.

SWOT 분석과 외부환경에 대한 분석자료를 바탕으로 전략수립을 한다. 그리고 수립된 계획은 실행되고 성과평가와 통제 등으로 이어진다.

즉 계획수립은 현재 상황 뿐만 아니라 과거의 자료 등 정확한 자료와 정보의 바탕에서 미래를 예측하고서 수립되어야 한다. 우선 계획수립에 필요한 자료와 정보를 얻는 기법의 몇 가지를 살펴본다.

(1) SWOT 분석

어떤 기업의 내부 환경을 분석하여 강점과 단점을 발견하고, 외부환경을 분석하여 기회와 위협을 찾아내어 이를 토대로 강점은 살리고 약점은 죽이고, 기회는 활용하고 위협은 억제하는 마케팅전략을 수립하는 것을 말한다. 네가지 요소로는 장점(Strength), 단점(Weakness), 기회(Opportunity)와 위협(Threat)이며, 약자로 SWOT라고 한다.

어떤 학자는 기업 자체보다는 기업을 둘러싸고 있는 외부환경을 강조한다는 점에서 위협, 기회, 단점, 강점의 순서로 TOWS로 부르기도 한다.

강점은 경쟁기업과 비교하여 소비자로부터 강점으로 인식되는 것은 무엇인지, 단점은 경쟁기업과 비교하여 소비자로부터 단점으로 인식되는 것은 무엇인지, 기회는 외부환경에서 유리한 기회요인은 무엇인지, 위협은 외부환경에서 불리한 위협요인은 무엇인지를 찾아낸다. 기업 내부의 강점과 단점을, 기업 외부의 기회와 위협을 대응시켜 기업의 목표를 달성하기 위한 계획수립에 이용될 수 있다.

Table 4. SWOT 분석의 예

강 점(strength) - S	약 점(Weakness) - W
① 로열티 지불 없는 한국 토종의 브랜드 ② 샐러드바 위주의 다이어트 음식(웰빙) ③ 메뉴의 다양성(뷔페 형태) ④ 품격 있는 분위기, 넓은 실내 공간 ⑤ 다 브랜드 전략 ⑥ 임대료가 싼 지역의 입점 ⑦주차시설 확보(1층을 주차장으로 이용) ⑧ 고객 위주의 서비스 ⑨ 글로벌 기업으로 가기위한 노력 ⑩ 고객 관리 시스템 구축 ⑪ 효율적 매장 및 인력 관리	① 고객 편의 시설 부족 ② 인지도가 낮다 ③ Family restaurant 후발 주자 ④ 시장포화로 인한 매출 둔화 ⑤ 각종 불상사 (소속계열사의 급식파문, 입찰실패, 먹을거리 소송 등)
기 회(opportunity) - O	위 협(threat) - T
① 패밀리 레스토랑의 급성장 ② 한식에 대한 세계의 관심 증가 ③ 음식문화 변화 (웰빙, 슬로우 푸드) ④ 주 5일 근무제 ⑤ 중국 진출 가능성 증가 ⑥ 사회트렌드에 따른 외식업의 수요증가 ⑦ 외식산업진흥기본법 제정추진 ⑧ 주방기기와 로봇기술의 발달	① 경제 불황 ② 패밀리 레스토랑 시장의 경쟁 업체 증가 ③ 외식 경영 환경의 악화 ④ 각종 세금, 환경, 위생 정책의 강화 ⑤ 세계 원맥가격 급등으로 밀가루가격 급상승 ⑥ 외식산업의 성장으로 인한 과다경쟁 ⑦ 급식(외식)업체의 인력난 ⑧ 광우병, 구제역, 조류독감(AI) 등 재해

또한 SWOT분석방법은 계획수립 이외에도 마케팅 전략 수립에도 많이 이용되고 있다. Table 4.에 한 급식(외식)업체의 SWOT분석 예에서 보는 바와 같이 SWOT분석에서 각 항목을 바탕으로 세운 마케팅 전략을 살펴보면 다음과 같다.

① SO전략(장점-기회전략) : 장점과 시장기회 최대한 활용할 전략을 선택한다. 즉, 장점을 이용할 수 있는 시장기회의 포착 또는 포착된 시장기회에서 장점을 최대한 활용할 수 있게 한다.

② ST전략(장점-위협전략) : 시장의 위협을 회피하기 위해 장점을 최대한 사용하는 전략을 구상한다.

③ WO전략(단점-기회전략) : 약점을 극복함으로써 시장의 기회를 활용하는 전략을 선택한다.

④ WT전략(단점-위협전략) : 시장의 위협을 회피하고 단점을 최소화하는 전략을 선택한다.

(2) 벤치마킹(benchmarking)

① 벤치마킹 정의

벤치마킹의 정의는 다양하다. 전혀 부끄러움이 없이 훔치는 것에서부터 남보다 우수한 경영성과를 위해 현저히 우수한 실무를 끊임없이 찾아내고 도입하여 활용하는 프로세서 등 다양한 주장이 있다.

이와 같이 벤치마킹은 우수한 기업 또는 업무수행에서 우수한 점을 파악하고 이것을 바탕으로 또는 기준으로 삼아서 자신의 조직에 적용하고자 하는 과정으로 정의할 수 있다.

이와 같은 벤치마킹은 즉, 모든 학습은 통찰력을 발견하고 행동의 새로운 가능성을 만들어 냄으로써, 행동을 유발하고 통찰력을 이끌어내는 결과를 관찰하는 일련의 과정이라는 교육학자 듀이(*J. Dewey*)의 학습이론과 함께 데밍(*E. Deming*)의 품질철학을 바탕으로 하고 있다.

② 벤치마킹 원칙

성공적인 벤치마킹을 위한 원칙은 다음과 같다.

첫째로 사전준비 원칙, 철저한 사전준비가 요구된다. 자신의 약점을 파악하고 있어야 한다. 이를 바탕으로 상대방에게 무엇을 원하는지를 알 수 있도록 해야 한다.

둘째로 이해와 행동 원칙, 벤치마킹 조사 전에 우리회사와 상대방 회사 사이에 어떠한 식으로 정보를 취급하고 사용하길 원하는지 파악하고 합의가 이루어져야한다.

셋째로 당사자 접촉 원칙, 상대방 회사에서 접촉창구로 임명된 담당자와 접촉을 통하여 프로세스 책임자와 접촉으로 벤치마킹을 시작한다.

넷째로 적법성 원칙, 적법하게 진행되어야 한다.

다섯째로 교환원칙, 상호교류의 결과로 진행함이 바람직하다. 벤치마킹 개시 전에 기대와 목적을 분명히 밝힌 다음 중요한 정보항목이나 속성이 드러나도록 한다. 상대방의 대외비 정보는 요구하지 않아야 한다.

여섯째로 이용 및 비밀보장 원칙, 상대방으로 구한 정보는 회사 내에서 업무개선을 위해서 사용하며, 상대방의 사전허가 없이 다른 회사에 제공해서는 안된다.

일곱째로 종결 원칙, 서로가 만족하고 수긍이 가는 결과를 가져올 수 있도록 종결되어야 한다.

③ 벤치마킹 절차

데밍의 4단계 모델에 따른 것으로 1단계인 벤치마킹 프로젝트 계획 단계, 2단계인 필요정보 및 데이터 수집 단계, 3단계인 성과차이(Performance gap) 및 동인(enabler)분석 단계 그리고 4단계인 프로세스 동인채택으로 인한 개선 단계로 요약할 수 있다

→ 1단계 : 계획단계 : 벤치마킹 프로세스 모델의 계획 단계에서는 다음의 3가지 사항을 고려하여야 한다.

첫째, 기업은 반드시 자사의 핵심성공요인, 핵심 프로세스, 핵심 역량 등을 파악해야 한다.

둘째, 벤치마킹되어야 할 중요한 프로세스는 반드시 문서화 되어야 하고 그 프로세스의 특성이 정확히 기술되어져야 한다.

셋째, 벤치마킹 파트너 선정을 위해 필요한 요구조건도 반드시 작성되어야 한다.

위의 3가지 사항을 고려하여 다음과 같은 업무를 수행한다.

자사의 전략적 프로세스, 핵심 프로세스, 핵심 성공 요소를 판단한다.

·벤치마킹 수행 대상 프로세스를 결정하고 측정단위 등 조작적 정의를 작성한다.
·벤치마킹 파트너 선정을 위하여 정보를 수집한다.
·프로세스 오너의 참여를 확보한다.
·벤치마킹 팀을 편성한다.
·프로세스 흐름 분석 및 성과 측정단위를 설정한다.

→ 2단계 : 자료 수집 단계

내부 및 외부 자료 수집단계이다. 자사 프로세스의 절차 및 성과 등을 프로세스 맵 등을 통하여 분석한다. 내부적 자료수집이 끝나면 가능한 벤치마킹 대상 기업을 선정하고 2차로 자료 및 문헌 조사를 실시한다. 이 단계에서는 관련 잡지, 학술지 혹은 언론 매체, 컨설팅 기관 등을 통하여 초우량 프로세스에 관한 연구조사를 실시한다. 벤치마킹 대상 기업이 선정되면 외부 데이터 수집을 수행하여야 한다. 외부 데이터 수집 방법은 전화 인터뷰, 설문지 작성, 면접, 인터뷰 등이 사용될 수 있다. 궁극적으로는 현장방문으로 실무를 느끼고 프로세스 형태와 성과 등을 관찰해 보는 것이 필요하다.

→ 3단계 : 분석단계

벤치마킹 프로세스 모델의 분석단계에서는 데이터 분석, 근본 원인 분석(root cause analysis), 결과 예측, 동인 판단

등의 업무를 수행하여야 한다. 분석단계의 목적은 벤치마킹 수행을 위해 개선 가능한 프로세스 동인들을 확인하기 위한 것이다. 이 단계에서는 경쟁회사의 프로세스 성과 차이에 대한 분석을 수행하여야 하며 어떤 프로세스 혹은 프로세스 내의 어떤 활동들이 성과차이에 영향을 미치는가를 분석하기 위한 심층연구를 하여야 한다.

→ 4단계 : 개선 단계

올바른 목표의 설정은 프로세스 향상을 위한 필수적인 요소이다. 기업은 개선 단계에서의 목표를 단기 목표(short-term goal), 등가 목표(parity goal), 리더십 목표(leadership goal)의 3단계로 설정할 수 있다. 단기목표는 벤치마킹 활동을 하지 않을 경우에도 자사 업무의 분석으로 인해 얻어질 수 있는 개선 목표를 말한다. 등가 목표는 벤치마킹 파트너의 프로세스 및 동인을 분석하여 적용함으로써 얻어질 수 있는 목표를 말하고, 리더십 목표는 여러 회사를 벤치마킹한 장점의 효과를 살리고 시너지 효과를 올려서 경영자가 경쟁사의 성과 이상으로 책정한 성과 목표를 말한다.

개선 단계의 궁극적인 목표는 자사의 핵심 프로세스를 개선함으로써 벤치마킹결과를 현실화 시키자는 것이다. 이 단계에서는 벤치마킹 연구를 통해 얻은 정보를 활용함으로써 향상된 프로세스를 조직에 적응시켜 지속적인 향상을 유도하여야 한다.

(3) 목표관리법(MBO, Mnangement by Objective)

경영관리 방식에는 두 가지의 유형이 있다. 한 가지는 과업에 의한 관리유형이며, 다른 한 가지는 목표·결과에 의한 관리유형이다.

과업관리에 의한 관리유형은 경영이론에서 살펴본 바와 같이 테일러의 과학적관리 방법이 전형적인 형태이다. 즉, 종업원이 담당하는 일을 과학적으로 측정하여 과업을 정하고 이를 수행하기 위한 가장 합리적인 작업방법이나 작업시간을 규정하는 관리방식으로 인간성이 전적으로 무시되며, 자발적인 활동의욕이나 창의력의 발휘 등은 기대하기 거의 힘들 것으로 생각된다. 이와 같은 과업관리를 드럭커(*P.F. Drucker*)는 강요에 의한 관리(management by drive) 또는 위기관리(management by crisis) 라고 표현하였다.

과업관리에 의한 관리가 아닌 목표·결과에 의한 관리유형은 다음과 같다.

① 목표에 의한 관리(MBO, Management by Objective)

정해진 업무목표를 지시하고서 그 달성방법은 종업원에게 맡기는 관리방법이나, 한걸음 더 나아가 목표 설정까지도 종업원에게 맡기는 경우도 생각할 수 있다. 드럭커는 새로운 관리방법으로 목표에 의한 관리(MBO)를 주장하게 되었다. 목표관리법은 조직원의 활동의욕이나 창의력을 발휘하여 높은 성과를 거두기 위해서는 스스로 목표를 정하고 목표를 달성하도록 관리하여야 한다는 주장이다.

② 결과에 의한 관리(MBR, Management by Results)

또한 슈레히는 기업이 기대하는 결과를 종업원 각자에게 할당하고 그 결과를 달성하는 과정이나 방법은 스스로 선택한다는 내용의 관리방법인 결과에 의한 관리(MBR)를 제안하였다.

③ 목표 및 결과에 의한 관리(MOR, Management by Objectives and Results)

모리세이는 목표에 의한 관리(MBO)와 목표 및 결과에 의한 관리(MOR) 두 가지 주장의 비슷한 점을 통합하여 목표 및 결과에 의한 관리 (MOR)로 통합하여 주장하게 되었다. 즉, 종업원 스스로 목표와 달성목표를 설정하고서 이 목표를 달성하기 위해 스스로 계획을 세우고 달성하도록 자신의 활동까지 스스로 통제하는 종합적인 관리방식이다. 이와 같은 방법은 인간성이 중시되고 직무만족을 통한 생산성 만족으로 이어질 수 있다고 생각된다. 이와 같은 방법은 조직의 거대화에 따른 종업원의 무기력화를 방지하고 근로의욕을 향상시킬 수도 있는 관리방법으로 생각된다.

④ 목표관리시스템(MAP, MBO action program)

비전, 워크숍, 목표, 업적평가 등을 통해 실질적인 성과와 질의 경영을 추구하는 내부경쟁 프로그램이다. MAP는 MBO를 우리나라 기업 실정에 맞게 개선한 종합적인 혁신 프로그램으로 그 바탕은 '인간에 대한 신뢰'에 바탕을 두고 있다. 즉 MAP는 기존의 MBO가 지나친 경쟁을 유발하고 톱다운식으로 진행되며, 수평적인 업무 흐름보다는 수직적 구조가 강조되어 지나치게 경직적이라는 문제점을 극복하기 위한 프로그램으로 개발되었다. 즉, 인간의 잠재력은 그에 대한 신뢰 여부에 따라 결정되며, 알맞은 동기부여와 성취감 여부에 따라 구성원들이 더욱 자발적으로 회사에 대한 기여도를 높일 수 있다는 신념을 기본 바탕으로 하고 있다. MAP에서는 전략적 관점이 강조되고 고객 중심적이며 시스템 자체가 유연성을 지니며 톱다운 보다는 보텀업이 강조되며 개인보다는 집단이 강조되어 있다. 특히 MAP는 목표의 설정에서 실시, 평가 및 피드백의 전 과정에 조직구성원이 충분히 참여할 수 있도록 워크숍 프로그램이 활성화되어 있다.

2. 산업체의 전략경영

전략이란 무엇이며, 산업체에서의 전략경영의 예를 살펴본다.

1) 전략 정의

① 손자는 손자병법에서, 전략이란 생존에 중요한 역할을 하는 것으로써 삶과 죽음의 문제이기도 하며 안전과 존망에 영향을 미치는 것이며, 어떠한 경우라도 전략을 소홀히 여겨서는 안 된다고 주장하였다.

② *Alfred D. Chandler Jr*는 Strategy and Structure에서, 전략이란 기업의 장기적인 목표의 결정과 그 목표를 달성하기 위한 행동을 결정하고 경영자원을 배분하는 것이다라고 주장하였다.

③ *Kenneth Andrews*는 The Concept of Strategy에서, 전략이란 기업의 목표와 그 목표를 달성하기 위한 여러 가지 계획이나 정책을 말하며, 또한 전략은 그 회사가 어떤 사업분야에 참여하고 있어야만 하고 그 회사가 어떠한 성격의 회사이어야 하는가를 결정하는 중요한 이론이라 주장하였다.

④ *Kenichi Ohmae*는 The Mind of the Strategist에서, 경영전략

이란 한 마디로 어떻게 하면 경쟁자에 비해서 경쟁우위를 가질 것인가 하는 문제로서 경영전략은 효율적인 방법으로 경쟁자에 비해서 그 기업의 경쟁우위를 상승시키는 노력이라고 주장하였다.

2) 산업체의 경영

다음의 Fig. 5와 Table 5는 산업체의 비전 체계도와 경영계획의 예이다.

Fig. 5. 산업체(S)의 비전 체계도

Table 5. 산업체의 경영계획의 예

산업체	미션(Mission), 경영이념	비전(Vision)	경영방침	핵심가치
O기업	We Enrich Human Life (고객의 삶을 풍요롭게 만들고 일상의 즐거움과 만족을 선사하는 기업)	NEW XX 2015 (2015년까지 우리 모두가 달성해야 할 목표)	고객: 최고의 고객가치 창조 회사: 실행과 효율중심의 사업역량 구축 구성원: 도전과 열정의 프로인재 육성	Speed Challenge Creativity
P기업	인간과 자연을 함께 사랑하는 Global LOHAS기업	2013 DP 5	제품/서비스 혁신 품질혁신 프로세스혁신	TISO (Trust, Integnity, Solidanty Openness)
LOHAS는 자신의 건강과 지구 환경의 지속가능성을 함께 생각하는 의식있는 라이프 스타일				

3. 의사결정(decision making)

의사결정이란 조직의 목표달성을 위한 여러 관리과정에서 여러 가지의 대안 중에서 하나를 선택하여 적용하는 과정이다. 의사결정은 문제해결 과정 중의 하나이다.

1) 의사결정유형

의사결정유형을 살펴보면 다음과 같다. 계층과 범위에 따라서 상위 경영층의 전략적 의사결정, 중간 관리층의 관리적 의사결정 그리고 하위 관리층의 업무적 의사결정이 있다. 내용에 따라서 정형적 의사결정과 비정형적 의사결정으로 나눌 수 있다. 정형적 의사결정은 일상적 반복되거나 일정한 절차나 규칙에 따르는 경우로서 주로 하위 관리층에서 많이 다루어진다. 비정형적 의사결정은 비일상적인 전례가 없는 경우를 말하며 주로 하위 관리층 보다는 중간관리층 및 상위 경영층에서 자주 발생된다.

2) 상황에 따른 의사결정

(1) 확실성하의 의사결정

확실한 상황 하에서 의사결정을 하는 경우이다. 예로서 공개경쟁입찰로써 업체를 선정하고 할 경우에 입찰에 응한 확실한 결과를 바탕으로 가장 좋은 조건의 업체를 선정할 수 있다. 이와 같이 확실한 바탕위에서 의사결정을 할 수 있는 경우는 그리 흔지 않다. 대부분의 경우는 불확실이 큰 상황 아래서 의사결정을 하여야 한다.

(2) 불확실성하의 의사결정

의사결정을 위한 불확실성의 정도는 다를 수 있다. 그러나 불확실성으로 인한 잘못된 의사결정이 되지 않도록 노력을 하여야 한다. 예로서 식수를 결정하여 할 경우에 기존의 판매자료를 이용하여 식수를 예측한다면 의사결정에서 오류를 줄일 수 있을 것이다.

그리고 어떤 경우에는 개인 혼자서 의사결정을 하기보다는 많은 지식과 정보에 근거하여 또는 많은 사람들이 의사결정에 참여하는 집단의사결정으로써 결정에 오류를 줄일 수 있는 경우도 있다. 다음은 집단의사결정의 방법에 대한 설명이다.

① 델파이법(delphi method)

미국의 랜드 코퍼레이션이 1964년 개발한 기술미래예측의 방법으로 기원전 7세기 아폴론 신전이 있던 고대 그리스 도시 델포이(Delphoi)가 어원이다. 사회과학의 조사방법 중 정리된 자료가 별로 없고 통계모형을 통한 분석을 하기 어려울 때 관련 전문가들을 모아 의견을 구하고 종합적인 방향을 전망해 보는 기법이다.

이 기법은 미래 과학기술 방향을 예측하거나 신제품 수요예측을 위해 보다 정교하게 다듬어지면서 사회과학 분야의 대표적인 분석방법 중 하나로 자리 잡게 되었다. 즉 전문가 집단의 의견과 판단을 추출하고 종합하기 위하여 동일한 전문가 집단에게 설문조사를 실시하여 집단의 의견을 종합하고 정리하는 기법이다. 진행 절차는 다음과 같다.

- ·계획안에 대한 설명과, 예측이 필요한 사항에 관한 설문이 포함된 문서 작성한다.
- ·계획대안에 관한 다수의 전문가 집단 선정
- ·선정된 전문가 집단에게 작성된 문서를 보내 응답토록 한다.
- ·설문을 회수하여 응답을 집계하고 합의된 응답을 이끌어 낸다.
- ·합의에 도달하지 못한 사항에 대해서는 수집·요약된 응답 결과와 함께 전문가 집단에 보내어 전문가 들이 자신의 견해나 평정을 수정한 응답을 받는다. 개인들은 면대면으로 만나지 않기에 익명을 보장받을 수 있어 쉽게 반성적 사고를 하게 되며, 새로운 의견이나 사상에 대해 솔직해질 수 있다는 근거에 따른 것이다.
- ·이와 같은 과정을 합의에 도달할 때까지 반복적으로 실시한다.

② 브레인 스토밍(brain storming)

아이디어를 얻는 회의방법의 한 종류로서 1939년 미국의 모 광고회사 부사장인 오스본(*Osborn*)이 창안한 방법으로서, 두뇌에 폭풍을 일으키듯이 아이디어를 낸다 뜻을 가진다. 회의의 구성원은 10명 이내로 한 주제에 대해 10~60분 정도 리더를 두고 진행하여 좋은 아이디어를 선택한다. 기본 원리로는 한 사람보다는 다수인이 제기되는 아이디어가 많을 것이며, 일반적으로 아이디어 많을수록 질적으로 우수한 아이디어가 나올 가능성이 높을 것이므로 어떠한 내용의 발언이라도 그에 대한 비판을 해서는 안 되며, 오히려 자유분방하고 엉뚱하기까지 한 의견을 출발점으로 해서 아이디어를 전개시켜 나가도록 하고 있다. 즉, 일종의 자유연상법으로 진행하는 회의라고 할 수 있다.

개인의 독단적인 의사결정은 자칫 팀 분위기를 폐쇄적으로 유도할 수 있기 때문에 개방적이고 활발한 분위기에서 이루어질 수 있는 브레인스토밍 기법은 팀의 창조성을 촉진할 수 있는 좋은 회의 방법이 될 수 있다.

좋은 결과를 얻기 위해서 지킬 사항으로는 다음을 들 수 있다.

i) 평가의 금지 및 보류

자신의 의견이나 타인의 의견에 대하여 일체의 판단이나 비판을 하지 않는다. 아이디어를 내는 동안에는 어떠한 경우에도 평가를 해서는 안 되며 아이디어가 다 나올 때까지 평가는 보류하여야 한다.

ii) 자유분방한 사고

어떤 생각이든 자유롭게 표현할 수 있으며 또 어떤 생각이든 거침없이 받아들여야 한다.

iii) 양적 우선

질보다는 양에 관심을 가지고 무조건 많이 내려고 노력한다.

iv) 결합과 개선

자기의 아이디어나, 남들이 내놓은 아이디어를 결합시키거나 개선하여 제3의 아이디어를 내도록 노력한다.

③ 명목 집단법(nominal group)

회의에 참석한 사람들이 무기명으로 각자의 아이디어를 적어 제출한다. 제출된 아이디어를 수합하여 기록하고서 제출한 의견들에 대해 토론을 거쳐 최종안을 선택하는 방법이다. 이 방법은 브레인 스토밍 방법을 확장한 방법으로 생각할 수 있다.

4. 통제(control)

1) 통제의 정의 및 의의

통제라는 용어는 명령 등 권한의 행사의 의미, 억제·규제·제한을 가하는 의미, 점검 또는 확인하는 의미, 표준과 비교하는 의미 등으로 다양하게 사용되고 있다.

쿤츠(*H. Koontz*)와 오도널(*C. O'Donnell*)은 통제의 정의를 어떠한 일의 성취도를 계획에 비추어 측정하고서 계획상의 목표 달성을 보장할 수 있도록 계획으로부터의 차질을 시정하는 조치라고 정의하였다. 즉, 관리과정에서의 통제는 활동과정을 조사하여 계획 또는 표준과 비교하여 이에 대한 차이점이 발견될 경우는 시정조치를 위한 명령을 통하여 실제활동을 조절하거나 억제하여 계획 또는 표준에 일치시키기 위한 것이다.

기업에 있어서 관리직능으로 통제는 조직적으로 이루어진다.

목표의 달성정도를 파악할 수 있는 방법으로는 효과성, 수익과 비용의 비율로부터의 능률성인 효율성, 종업원의 사기를 나타내는 만족도 등 항목별 표준의 설정과 측정방법 등은 다양하다.

또한 시시각각으로 변하는 제 요인들에 의한 결과로부터 현상을 파악하고 피드백과 함께 전체 활동에서의 균형을 유지하기 위해서는 조직적인 통제가 가능하여야 하며, 통제시스템은 관리시스템의 중요한 일부분인 것이다.

2) 통제의 원칙

통제의 목적을 효율적으로 달성하거나 책임소재를 명확히 하기위해 통제의 성격과 관련한 원칙으로 다음 네 가지를 들 수 있다.

(1) 목적확실성 원칙

경영목적 달성을 위한 수단으로 통제가 존재한다. 즉 목적달성을 위한 계획으로부터 벗어난 경우 조속히 시정조치를 취하여 목적을 달성하도록 한다.

(2) 통제 효율성의 원칙

통제는 최소의 비용으로 최대의 효과를 얻을 수 있도록 해야 한다. 이를 위해 적절한 통제기법에 대한 연구가 요구된다. 즉 능률적으로 통제가 이루어져야 한다. 예로서 적시적기의 물품인도를 방해할 수 있는 구매통제, 인적자원의 사기를 저하시키는 예산통제, 쇄신을 저해하는 비효율적인 통제 등이 있다.

(3) 통제 책임의 원칙

계획집행의 책임을 지는 관리자에 의해 통제가 실시되어야 한다. 즉, 권한과 책임으로 통제할 수 있게한다.

(4) 사전통제 우선원칙

편차가 발생된 후에 사후적으로 취하는 간접적인 통제보다는 발생가능한 편차를 미리 방지 할 수 있는 사전통제 방법을 우선으로 함이 바람직하다.

3) 통제의 유형

조직 성과를 위한 통제의 유형으로 다음의 세 가지를 들 수 있다.

(1) 사전통제

실제 활동에 앞서서 취해지기 때문에 예상되는 문제를 방지하는 데 초점을 둔 가장 바람직한 통제이다.

(2) 동시통제

활동이 진행 중인 과정에서 실시하는 통제이다. 업무가 완료된다면 돌이킬 수 없는 경우는 중간 과정에서 통제가 이루어져야한다. 즉 업무가 완료되기 전에 시정초치를 위한 통제이다.

(3) 사후통제

활동이 끝난 후에 실시되는 통제이다. 정보를 얻는 시점에 문제는 발생하여 낭비 또는 손실로 이어지지만 많은 활동에서 있어서 피드백은 유일하게 이용 가능하고 실용적인 유형의 통제이며, 피드백을 제공함으로써 동기부여가 가능하다. 예로서 재무제표, 손익계산서 등을 들 수 있다.

4) 통제 과정

통제 과정을 다음과 같이 세 부분으로 나눌 수 있다.

(1) 표준 설정

성과를 측정할 수 있는 표준을 설정한다. 가능한한 정량적인 측정이 가능하도록 하며, 양적인 표현 방법이 어려운 질적인 것의 측정을 위한 표준도 제시한다.

(2) 실적의 측정

실적의 정확한 자료를 측정하도록 노력해야 한다. 측정을 위한 정보 수집방법으로는 통계 보고, 구두 보고, 문서 보고 및 개인적 관철 등이 있다.

(3) 편차의 수정

편차가 확인되면 즉시 편차를 시정하기 위한 통제가 요구된다. 즉, 즉각 수정조치를 취하거나, 편차의 원인분석으로 원인을 제거하거나, 발생된 편차가 비현실적인 표준 때문일 경우는 표준의 수정까지 고려함이 바람직하다.

5) 통제 방법

(1) 전통적 통제관리 기법

전통적인 통제관리 기법으로는 통계적 자료이용, 판매 실적자료 이용, 손익분기점 이용, 인간행동을 이해하고 개인의 능력, 잠재능력, 개성 등을 측정하여 활용하는 개인적 관찰 그리고 예산을 통한 예산차이분석, 이익계획을 바탕으로 통제가 이루어지는 방법 등이 사용되고 있다.

(2) 근대적 통제관리 기법

① 경영정보시스템(MIS; Management Information System)법

이 시스템은 경영계획의 정보요소의 전제로부터 관리활동이 전개된다. 따라서 관리통제과정에서 경영정보시스템을 활용하여 제반 정보를 수집, 분류, 정리, 분석, 평가, 이용, 축적 또는 폐기 등 전 과정을 통해서 효율성을 높이는 통제관리 기법이다. 즉 보다 신속한 정보처리를 위해서 컴퓨터 사용을 기반으로 계산시스템, 제어시스템과 통신시스템의 결합으로 이루어진

종합적 네트워크의 바탕위에서 이루어진다.

② OR(Operations Research)

OR 기법은 수학의 이론을 활용한 계량적 모델을 설정하고서 경영관리에 도입하여 관리의 효율적 통제와 평가에 유용하게 활용되고 있다. 목적을 가진 시스템들의 행태를 관찰, 이해, 예측에 전념하는 실험적인 응용과학으로서 경영자가 이용할 수 있는 대체안들과 그 결과들을 체계적으로 찾아내어 검토함으로 의사결정자들의 선택에 도움을 줄 수 있다.

③ PERT-CPM 기법

PERT(Program Evaluation and Review Technique)-CPM(Critical Path Method)

계획수립과정에 대한 통제 기법의 하나로서 미국 해군의 미사일 개발프로그램에 처음으로 사용되었으며, 프로젝트의 시간관리 목적으로 시작되었으나, 후일 산업계에서 비용, 노력면으로 확장하여 통제가 가능하도록 개발하였다.

PERT 분석절차는 공정별 처리순서도 정의하고서 작업 기대시간을 추출하고서 기대시간의 신뢰성을 검증하고서 가장 신뢰도가 높은 것을 주공정으로 선정한다.

CPM 분석절차는 단축활동의 초과직접비 산출하고 기간단축으로 간접비 감소의 합이 최소화 되는 프로젝트 기간 산출한다. 즉 PERT는 공기단축을 주목적으로 경험이 없는 대상에도 적용이 가능하며, 확률론적으로 위험성을 최소화함에 있으며, CPM은 원가절감을 목적으로 경험이 있는 분야에서 알려진 자원과 기술을 바탕으로 하고 있다.

6) 종합적 성과 통제

종합적 성과의 통제는 전체적인 계획인 목표에 대한 성과를 바탕으로 목표에 합치여부를 측정하여 통제하는 것이다.

종합적 통제 수단으로는 총괄예산(budget summary), 손익통제(profit and loss control), 투자수익통제(return on investment method) 및 인적자원통제(human resourse control) 등을 들 수 있다.

1. 경영조직의 개념

조직(oranization)의 정의로서 바나드(*C.I. Barnard*)는 일정한 목적을 달성하기 위해 의식적으로 조정된 복수의 인간의 활동 체계로 정의하고 있다. 샤인(*E.H. Schein*)은 공통적인 목적 달성을 위해 노동과 직능에 대한 권한과 책임을 부여한 일정 계층을 통하여 여러 사람들의 활동을 합리적으로 조정하는 것으로 정의하였다. 이와 같이 조직은 공동의 목적을 달성하도록 조직된 복수 인간의 협동 시스템으로 정의할 수 있다. 예로서는 기업, 군대, 병원, 대학 등 모든 것들이 조직으로 형성되어 있는 실정이다.

2. 경영조직의 제원칙

1) 명령일원화 원칙(priciple of unity of command)

효율적으로 업무를 수행하기 위해서는 조직 내에서 규율과 질서가 유지되어야한다. 어떤 직무를 효율적으로 수행하기 위해서는 명령이 한 곳에서 나와야 한다는 원칙이다.

2) 권한위양의 법칙(principle of delegation of authority)

상위자가 권한의 범위 내에서 그 일부분을 하위자에게 부여하는 것이며, 위양 권한은 일반적으로 결정권한이다.

권한위양은 경영규모가 커짐에 따라 요구된다. 이유로는 위양으로 상위자의 관리 부담을 경감하므로 중요 업무에만 충실할 수 있으며, 하위자에게는 자기 책임 하에서 판단하고 처리하는 관리 능력을 배양할 수 있는 교육효과 뿐만 아니라 자신의 주도하로 업무를 처리하므로 얻을 수 있는 효과를 생각할 수 있다. 그리고 분권적 관리체제에 의한 업무 능률화를 기할 수 있기 때문이다. 이는 책임이 존재하는 데에 권한이 함께 있어야 함이다.

3) 기능화 원칙(principle of unity functionalization)

조직은 경영목적 달성을 위하여 수행할 일을 중심으로 만들어져야 한다는 원칙이다. 사람중심으로 조직이 만들어지지 않도록 한다는 것이다. 즉 경영조직은 기능의 체계를 바탕으로 형성되어야 한다는 원칙이다.

4) 계층단축화 원칙(principle of hierarchy)

조직의 계층은 최소화 되어야한다는 원칙이다. 계층이 많아짐에 따라 명령이나 정보의 신속한 전달이 어려워질 수 있으며, 의사소통에도 애로점이 있을 수 있다. 그리고 더 많은 인건비 지출도 따른다. 그러나 다음의 감독한계의 법칙과 조화롭게 운영되어야 한다.

5) 감독한계의 원칙(principle of span of cotrol)

한 사람의 상사가 지휘, 감독할 수 있는 사람의 숫자는 한계가 있다는 원칙이다. 많은 부하를 지휘, 감독하기 곤란하며, 너무 적은 수의 부하일 때는 지나친 감독으로 인해 발휘할 수 있는 자주성과 창의성을 방해할 수 있다.그러므로 적정 인원을 지휘, 감독함이 바람직하다.

6) 전문화 원칙(principle of specialization)

조직의 구성원은 가능한 한 단일의 전문화된 업무를 담당함으로 능률을 높일 수 있다는 원칙이다. 즉 숙련이나, 전문적의 습득이 용이하고 여러 가지 활동에 종사하기보다 특정한 한정된 활동에 노력을 집중한다는 원칙이다.

전문화 원칙에 따라 경영활동을 분할하여 부문을 만드는 것을 부문화(departmentation)라 한다. 부문화의 예를 들면 다음과 같다.

제품별 제조 및 판매를 위한 전문화, 판매지역별 전문화, 생산시설의 공정별 또는 시설별 전문화, 고객별 전문화, 그리고 생산부, 영업부, 총무부, 경리부 등으로 부문화된 직능별 전문화 등을 들 수 있다.

전문화 원칙에 따라 만들어진 부문별 활동이 조직전체로 보아서 문제점이 있을 때는 다음의 조정 원칙에 따라야 한다.

7) 조정 원칙(principle of coordination)

분화된 부문별 경영활동은 조직 전체의 목적 달성을 위해서 통합조정되어야 한다는 원칙이다. 각 부문의 활동에서 부조화로운 부분이 있을 때에 조정이 되지 않을 경우 조직전체의 종합적인 힘을 발휘할 수 없을 수 있기 때문이다.

8) 사기와 리더십의 원칙(principle of morale and leadership)

조직 구성원의 능력이 충분히 발휘될 수 있도록 인재를 적재적소에 배치하고서, 사기를 제고 시킬 수 있는 모든 방법을 필요로 한다.

특히 서비스업에서는 인적자원의 중요성이 요구되는 실정이다.

9) 예외의 법칙(principle of exception)

상위 관리자는 반복적 일상 업무 내지 정형적 의사결정과 같은 업무는 하위자에게 위양함으로써 예외적, 우발적인 비정형적 의사결정의 처리에 전념할 수 있다는 것이다.

3. 경영조직의 분화

기업에서 업무활동의 분화에는 업무의 종류에 따른 수평적 분화와 업무의 계층에 의한 수직적 분화로 나누어진다.

1) 직능의 수평적 분화

기업의 규모가 커지고, 업무내용이 복잡 다양화됨에 따라 다음과 같이 분화가 일어난다.

(1) 과정적 분화

예로서, 제조업에서 경영활동의 순환적 과정으로 재료구매, 제조, 판매의 활동과정에 따라 분화된 1차적 분화이다. 이와 같은 분화로서 구매부, 제조부, 판매부 등의 부문화가 일어났다. 이들은 생산과 판매에 관련된 부문이며, 라인(line)부문이라 부른다.

(2) 요소적 분화

기업의 경영활동에 필요한 요소에는 사람, 자금, 물자, 기술 등이다. 이와 같은 경영활동에 필요한 요소에 의한 분화로서 2차적 분화라 한다. 예로서 인사부, 경리부, 총무부, 기술부 등을 들 수 있다. 이와 같이 요소적 분화로 생긴 부서를 전문스탭(special or technical staff)부문이라 하며, 라인부문에 전문적인 조언을 해주는 역할을 한다.

(3) 관리과정에 따른 분화

경영관리의 직능으로는 계획화, 조직화, 지휘, 조정, 통제가 있다. 직능에 따른 분화로서 3차적 분화라 한다. 예로서 계획화에 따른 기획부, 통제화에 따른 관리부 등을 말한다. 이와 같이 분화된 부문을 관리스탭(management staff)이라 한다.

(4) 단위적 분화

하나의 사업체를 여러 개의 독립된 사업부로 분할하는 방법이다. 경영활동의 기본이 되는 조달, 제조, 판매 등 모든 활동을 포함한 독립체로 분할하는 것이다. 예로서 업무를 지역별, 제품별, 고객별 사업부로 나눈다.

2) 직능의 수직적 분화

기업의 규모가 커짐에 따라 경영직능이 수직적으로 분화된다. 이 과정에서 관리 및 작업의 기능에서 계층적으로 분화가 일어나서 관리조직과 작업조직으로 분화되었다. 분화된 관리조직으로는 최고경영층, 중간관리층, 하위관리층이 있다.

4. 조직구조의 유형

1) 전통적 조직구조

(1) 라인조직(line organization)

라인조직은 분화가 되지 않은 초보적인 조직이다. 업무의 결정과 실행을 담당하는 부서만으로 된 조직이다. 이러한 라인조직은 산업화 초기에 많이 볼 수 있었던 조직형태이다. 오늘날에도 창업단계의 기업이나 중소기업에서 많이 찾아볼 수 있다.

라인 조직에서는 조직구성원들 간에 가족적인 분위기 하에서 서로 협력하며 조직의 사명감과 일체감을 갖고 목표를 달성하고자 하는 열망이 높은 편이다. 일반적으로 라인 조직에서는 구성원들간에 직접적인 접촉관계 속에서 함께 일을 하는 경우가 많아 비공식적, 비관료적인 성격을 띠는 경우가 많고 커뮤니케이션도 비공식적인 경로를 통하는 경우도 많은 편이다.

좀더 조직이 커지면서 라인조직은 위계질서 및 분업의 원리에 따라서 부서가 나누어지는 분화가 일어나는 동시에 동일하거나 유사한 기능을 한데 모아 통합, 관리하는 부문화가 이루어진다. 예로서 생산을 주로 담당하는 생산부, 영업을 담당하는 영업부 등의 기능별로 조직이 분화된다.

라인 조직의 장점으로는 Table 6에서 보는 바와 같이 신속한 기동성을 가지고 있으며 강력한 추진력을 가지고 있다는 점, 의사결정을 빨리 내릴 수 있다는 점, 관리자로서의 개인능력 발휘의 기회가 제공된다는 점, 일사불란한 명령지휘가 가능하여 개별부서의 조정이 용이하다는 점 등이 있다. 그러나 단점으로는 경영환경변화를 탐지하는 능력에 한계가 있다는 점, 혁신적인 태도를 촉진하는 데 한계가 있다는 점, 시너지효과를 기대하기 힘들다는 점 등이 있다. 이런 장단점을 고려해 볼 때, 라인조직은 경영환경이 불안정적이거나 불확실성이 높은 상황, 규모가 큰 상황에서는 그렇지 않은 상황에서보다 덜 효과적이다.

Table 6. 라인조직의 장단점

장 점	단 점
- 명령계통이 단순하여, 책임, 권한의 구분이 명확하다. - 신속한 의사결정 및 집행이 가능하다. - 상급자의 통솔력, 권한이 강해진다. - 하급자의 훈련 및 직무평가가 용이하다.	- 경영관리자의 독단 가능성이 높다. - 조직구성원의 의욕과 창의력의 저하 우려가 있다. - 부문간 협조의 어려움이 있을 수 있다. - 총괄경영자 양성의 어려움이 있다.

(2) 직능(기능)식 조직

관리자가 담당하는 일을 전문화하고 부문별 전문관리자를 두어 작업자를 지휘, 감독하는 조직형태이다. 이 직능(기능)식 조직은 테일러가 라인조직의 결함을 시정하기 위해 제창한 조직이다. 즉 한 사람의 만능 직장이 아닌 여러 사람의 직능별 직장이 자기의 특수부문을 관리하므로 종업원은 전문가의 지도를 받아 단기간에 좋은 교육결과를 나타낼 수 있으나, 명령일원화 원칙 적용이 어려움 등이 있다.

(3) 라인-스탭 조직

라인조직과 라인조직에 조언을 하고 돕는 스탭전문가를 결합시킨 조직구조이다. 창업 후에 성장하여 어느 정도 시장점유율이 높아지고 조직원도 많아지면 경영자 혼자서 조직을 관리하기 어려워진다. 즉, 조직의 규모가 커지고 제품계열의 수가 많아지면서 기존의 라인기능만으로는 모든 업무수행이 불가능하기 때문에 라인업무를 지원할 수 있도록 스탭 기능이 분화되어 발달하게 된다.

스탭은 기업에서 흔히 최고경영자가 개인스탭을 두거나, 규모가 큰 기업의 경우에는 최고경영자가 경영정책을 수립하고 주요 결정을 행하는 데 도움이 되도록 종합조정실, 경영기획실, 비서실 등과 같은 스탭 부서를 두기도 하거나 경영연구소 또는 경제연구소기업문화연구소 등과 같은 방식으로 독립성을 강화한 조직을 두기도 한다.

라인-스탭 조직의 특징은 명령통일의 원칙과 전문화의 원칙을 조화시켜 경영의 대규모화, 즉 경영관리기능의 복잡화에 대응할 수 있도록 만들어진 조직이다. 또한 많은 부문들을 효과적으로 조정, 통합하기 위해서 개인적 통제가 아닌 공식적인 통제가 실시된다.

예를 들어 최고경영층과 현장부문들 간에 조정과 통제를 위한 정보시스템이 설치, 이용되며, 커뮤니케이션이 문서를 통해 이루어지는 등 공식화된다. 이러한 공식화와 함께 전략적인 조직운영 및 업무와 일상적인 조직운영 및 업무 간에 과업의 분화가 정착된다. 즉, 최고경영자는 계획과 전략만을 담당하고, 운영에 관계되는 것은 중간관리자에게 권한위양이 된다.

이러한 라인-스탭 조직은 Table 7에서 보는 바와 같이 종합적인 의사결정을 위한 정보의 축적뿐만 아니라 활용이 가능하고, 라인은 스탭으로부터 유익한 조언과 권고를 받을 수 있고, 추진업무에 전념할 수 있는 장점이 있다.

그러나 단점으로 나타날 수 있는 것으로 라인과 스탭 간에는 대립이나 갈등이 발생할 가능성이 높고, 효율성과 생산성을 증대시키기 위해 많은 부문과 계층이 생겨나면서 조직이 비대해지고 관료화가 촉진된다. 이런 관료제화가 과도하게 진전되면 조직이 경직되어 조직구성원의 창의성이 억제되고 결과적으로 조직발전의 원동력이라 할 수 있는 혁신성이 위축되고 비능률 상황에 이를 수 있다. 라인-스탭 조직은 조직이 대규모화되는 초기상황과 경영환경이 안정적이고 확실성이 높은 상황에서 효과적일 수 있다.

Table 7. 라인-스탭 조직의 장단점

장 점	단 점
- 스탭 전문적 지식과 경험 활용용이 - 스탭 도움으로 라인관리자의 부담경감	- 스탭 활용으로 비용 증대 - 라인과 스탭의 갈등 발생 가능성 있음 - 라인의 스탭 의존에 따른 의사결정 지연 있음

2) 근·현대적 조직

(1) 팀형 조직(team organization)

팀 조직은 심화된 경쟁체제 하에서 환경변화에 신속하게 대응하기 위한 조직 구조이다. 전통적인 기능중심의 조직과 계층형 조직 구조를 탈피하여 수평조직화와 슬림화된 조직으로서, 1990년대 이후에 주목받기 시작하였다.

일반적으로 업무, 과제, 주제 등으로 팀을 형성하고 팀 간에 유기적 연결관계를 갖도록 조직을 편성한다. 팀 조직은 Fig.6.에서 보는 바와 같이 과잉 관리업무를 과감하게 폐지하거나 축소시키며, 이사나 부장, 차장들이 팀장으로 되어 결재단계를 파격적으로 축소시킴으로써 조직구조상의 계층을 대폭적으로 축소시키고, 슬림화된 조직구조를 갖추게 된다. 그러므로, 전통적인 수직적 조직에서 관리업무를 주로 맡았던 과장·부장과 같은 중간관리자들은 팀 조직에서 담당업무의 전문가로서의 역할을 수행하게 된다.

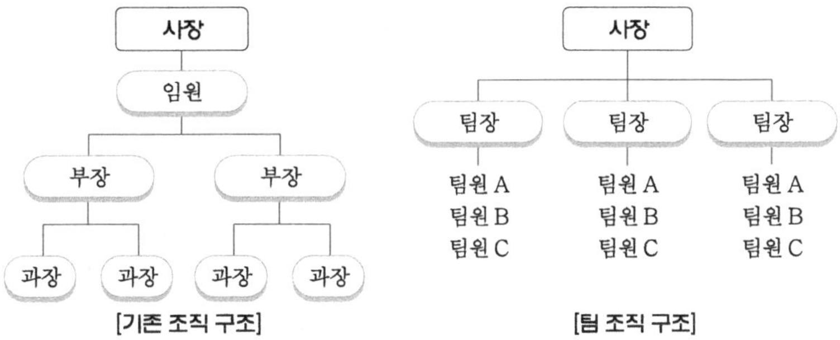

Fig. 6. 기존조직 및 팀 조직 구조

이러한 팀 조직의 장단점은 Table 8에서 보는 바와 같이 업무중심의 조직이므로 의사결정의 신속성과 민첩성을 향상시킬 수 있으며, 간부들의 전문성을 활용할 수 있는 장점이 있다. 단점으로는 수평적 팀원 간의 갈등, 승진기회 박탈 등에 의한 사기저하 및 고용 안정성 약화 가능 등을 들 수 있다.

팀 조직의 장단점은 Table 8과 같다.

Table 8. 팀 조직의 장단점

장 점	단 점
- 의사결정에서의 신속, 민첩 - 간부직 사원들의 전문성 활용 가능 및 인력활용 효율성 증대	- 수평적 팀원 간의 갈등 심화 시, 갈등 관리 능력 확보 요구 - 팀 업무에 대한 통제 및 감시의 한계 - 팀 성과에 대한 무임승차의 방지 필요 - 승진기회 박탈 등에 의한 사기저하 및 고용 안정성 약화 가능

(2) 프로젝트 조직(project organization)

경영조직의 기본 형태인 라인스탭 조직이나 사업부제 조직을 유지하면서도 그것들이 갖는 경직성을 극복하기 위해 유연성을 가진 임시적 조직을 편성운영하기도 한다. 이러한 필요성에 따른 조직의 한 가지가 프로젝트 조직 형태이다.

즉, 프로젝트 조직은 기존의 관련부서 직원들이 어떤 목적을 달성하기 위해서 파견되어 구성되는 임시조직으로 프로젝트 팀(project team) 또는 태스크 포스(task force) 팀으로도 불린다. 따라서 대부분의 프로젝트 조직은 과업이 끝나면 그 구성원은 다시 본래 소속되어 있던 부서로 돌아가게 된다. 프로젝트 조직은 조직의 여러 계층으로부터 파견된 숙련된 전문가들로 구성되며, 풍부한 상호작용과 집단문제해결 방식을 통하여 임무를 수행함으로써 일정한 과업에 인력과 자원을 집중할 수 있다는 장점이 있어 특히 기술개발업무, 신규사업, 경영혁신사업 등 다양한 영역에 활용될 수 있다.

프로젝트 조직을 위해서는 프로젝트 관리자 뿐만 아니라 능력 있고 팀워크를 존중하는 팀원의 확보가 중요하다. 원활한 임무수행을 위해서는 최고경영자를 포함한 전사적인 지지가 요구된다. 특히 프로젝트 관리자는 팀의 편성부터 해산에 이르는 동안 팀의 모든 책임과 권한을 가지며, 또한 기술적인 판단뿐 아니라 사업적 판단도 잘 내릴 수 있어야 하기 때문에 종합적인 능력을 갖추어야 한다.

(3) 매트릭스 조직(matrix organization)

단순라인 조직이나 라인-스탭 조직과 같은 효율성 지향의 조직과 사업부제 조직이나 프로젝트 조직과 같은 유연성 지향의 조직 사이에서 기업은 상충되는 효율성목표와 유연성목표를 동시에 달성할 수 있는 조직형태에 관심을 갖게 된다. 이러한 의도를 최초로 담고 있는 경영조직의 기본형태가 매트릭스 조직이다.

매트릭스 조직이란 효율성과 유연성을 동시에 향상시키고자 하는 목적으로 Fig. 7에서 볼 수 있는 바와 같이 조직구성원이 기능부서에 소속됨과 동시에 프로젝트팀에도 소속되는 조직이다.

이러한 조직의 형태는 기능식 조직과 프로젝트 조직이 합쳐진 형태라고 할 수 있다. 즉, 프로젝트 조직으로부터 발전된 조직형태가 매트릭스 조직이다.

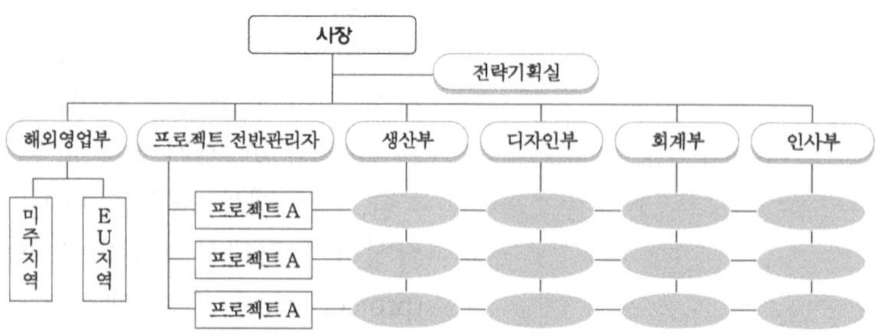

Fig. 7. 매트릭스 조직 구조

매트릭스 조직에서 조직구성원들은 어떤 한 기능부서에서 일하면서 자기부서의 상사에게 보고하고 동시에 특정 프로젝트에 속하여 프로젝트 관리자에게도 보고하는 이른바 이중지휘체계하에 놓이게 된다. 즉, 전통적인 조직운영의 원리인 명령일원화의 원리를 파기한 것이다.

이러한 매트릭스 조직은 고객의 요구나 시장에서의 급격한 변화에 신속하게 대응하고, 조직구성원의 능력과 재능을 최대한 활용할 수 있기 때문에, 조직의 기능적 효율성과 조직구성원의 만족 및 성과를 동시에 높일 수 있는 장점이 있다. 또한 서로 충돌하는 부서 및 프로젝트의 목적을 조화시킴으로써 조직의 유연성을 제고시킬 수 있다.

매트릭스 조직의 장단점은 Table 9와 같다.

Table 9. 매트릭스 조직의 장단점

장 점	단 점
- 환경변화에 신속, 유연한 대응 - 부서간, 계층간 불협화음의 제거 - 다양한 전문지식 활용으로 문제해결 - 개별 구성원의 창의력과 사기 제고	- 명령 다원화 체계로부터의 문제점 - 정보 및 권한의 공유 미흡시 문제점 발생 - 원활한 운영이 되지 못할 시 또 다른 사업부로의 변질가능성

(4) 사업부제 조직(divisionalized organization)

사업부제 조직은 전통적인 기능적, 집단적 조직형태와는 달리 단위적 분화의 원리에 따라 사업부단위를 편성하고서 각 단위에 대하여 독자적인 생산과 영업 및 관리 권한을 부여한 조직이다. 제품별, 시장별, 지역별 사업단위로 독립채산제를 실시하는 조직형태이다. 사업부제 조직에서는 각 사업부가 모든 과업의 계획, 집행, 그리고 성과분석에 이르기까지 마치 하나의 개별기업을 운영하는 것과 유사한 경영활동을 하게 된다.

Table 10. 사업부제 조직의 장단점

장 점	단 점
- 목표달성을 위한 책임경영체제 - 평가 및 통제의 용이 - 고객과 시장욕구에 대한 관심제고 - 사업부간 경쟁에 따른 단기적 성과 제고 - 조직구성원에게는 동기부여 그리고 관리자에게는 능력개발이 용이하다	- 사업부간 자원의 중복으로 능률저하 - 사업부의 이익실현이 우선시 되어 사업부별 과당경쟁으로 인해 조직전체의 목표달성에 저해될 경우도 있음 - 최고경영자의 권한 약화 위험 - 단기 업적 위주로 흐를 위험성

사업부제 조직의 장단점으로는 Table 10에서 보는 바와 같다. 장점으로는 업무수행에 대한 통제와 평가가 용이하다는

점, 사업단위별로 책임경영과 자율경영을 실시할 수 있다는 점, 이에 따라 미래의 최고경영자를 양성할 수 있는 학습기회가 제공된다는 점, 조직구성원에 대한 동기부여와 능력개발을 촉진할 수 있다는 점 등을 들 수 있다. 그러나 사업부제 조직은 사업부간의 과다한 경쟁으로 인한 역기능인 갈등이 나타나기 쉽고, 각 사업단위의 자율경영으로 전체조직의 일관성이 상실되며, 전체적으로 볼 때 과업의 중복이나 중복투자가 증가할 수 있으며, 자원의 분산이나 관리비의 증대와 같은 요인들 때문에 능률이 저하될 수 있다는 단점이 있다.

사업부제 조직은 조직의 규모가 대규모이면서 시장환경의 변화가 빨라 불안정적이고 예측하기 힘든 상황, 시장을 제품별 또는 지역별로 세분화가 가능한 상황에서 효과적인 조직형태이다.

(5) 집권적 조직과 분권적 조직

집권적 조직은 의사결정 및 관리권한이 조직계층의 상층부에 집중되어 있는 조직이며, 이에 반하여 분권적 조직은 의사결정 및 관리권한이 하위계층에도 분산이 잘된 조직이다.

집권적 조직은 소규모기업 또는 단위조직에서 관리, 감독이 용이함과 최고경영층 개인의 경험과 능력이 조직 하위계층까지 전파, 활용이 용이한 장점이 있으나, 계층의 확대에 따른 의사결정의 지연과 조직구성원의 창의력 및 사기 저하 등의 단점도 있으므로 조직의 실정에 적합하게 운영되어야 한다.

(6) 공식조직과 비공식조직

① 공식 조직(formal organization)

근대관리론의 시조인 바너드의 정의는 둘 이상의 사람들에 의해 의식적으로 조정된 모든 활동이나 힘의 체계를 공식조직이라 하였다. 조직이 커짐에 따라 단위조직이 결합한 복합조직의 형태를 취한다.

공식조직은 공식적인 권위에 의해 직무와 권한이 배분된다. 조직도, 사규, 직제에 규정된 조직이다. 기업의 조직은 상황변화에 유연하게 대처할 수 있는 조직구조로 발전되어야 한다. 다음의 우연히 발생한 비공식 조직과의 조화로움이 요구된다.

② 비공식 조직(informal organization)

직장 등에서의 개인적인 접촉이나 상호작용을 통해 자연적으로 생성된 조직이다. 비공식조직은 공통의 목적도 명확한 구조관계도 가지지 않으나 조직전체에 상당한 영향을 미치는 것으로 호손실험(Hawthorne Experiment)에서 밝혀진 바가 있다.

5. 조직의 조정(coordination) 및 통합(integration)

조직의 수직적, 수평적 분화는 조직목표의 효율적 달성을 위한 주요 수단이 될 수 있다. 그러나 분화된 조직에서 단절을 초래하여 조직 전체의 목표달성을 저해할 경우도 있다. 특별히 수평적 분화에 의한 단절에 의한 영향을 중요하게 고려하여 한다.

결국 조직의 목표를 효율적으로 달성하기 위해서는 분화와 함께 각 부문을 하나의 유기적 결합으로 묶을 수 있는 조정 및 통합이 중요한 과제가 된다. 조정 및 통합의 수단으로는 조직계층의 활용, 기획조정실과 같은 스탭직의 활용, 위원회제도의 도입 또는 매트릭스(matrix) 조직의 활용 등이 요구될 수도 있다.

지휘(leading)와 조정(coodinating)은 관리자가 수행하는 중요한 역할의 하나이다. 지휘란 관리자가 리더십을 발휘하여 의사소통과 동기부여로써 종업원에게 최대한의 능력을 발휘함과 더불어 협력적 체계 속에서 효과적, 효율적으로 조직전체의 목표달성을 위한 인적자원관리를 의미한다. 그리고 조정이란 각기 다른 업무를 맡고 있는 종업원들이 상호 협력할 수 있도록 갈등을 조정하는 것을 의미한다. 그러므로 종업원의 협력체계 확립을 위한 행동과학이론을 중심으로 한 동기부여(motivation), 리더십(leadership), 의사소통(communication) 등에 대해 살펴본다.

1. 동기부여(motivation)

1) 동기부여 의의

동기부여란 개인이 목표달성을 위해 지속적인 노력을 자발적으로 하는 과정이라 정의할 수 있다. 어떤 조직에서나 어떤 사람은 의욕적, 적극적으로 열심히 일을 하는 데 반해 어떤 사람은 마지못해 억지로 일을 하는 경우를 종종 볼 수 있다. 각 조직에서 무엇 때문에 또는 어떤 조건에서 자발적으로 열심히 일을 하며, 자신이 하는 일로부터 재미를 느끼고 보람을 얻을 수 있겠는가에 대한 연구를 바탕으로 동기부여가 이루어져야 한다.

이러한 동기부여의 개념은 조직구성원 개인 입장에서와 조직의 경영 입장에서의 살펴볼 수 있다. 동기부여는 *Tosi, Robert & Hunt, Kreitner & Kinicki*의 주장에 따르면, 개인이 어떤 목표의 달성 또는 욕구충족을 위해 자발적이고 목표지향적인 행위를 시작하고 방향 짓고 유지하는 과정을 말한다. 또한 조직 또는 경영자의 입장에서 보면, 동기부여는 종업원이 직무수행과정에서 업무목표달성을 위한 종업원의 자발적이고 지속적인 노력을 효과적으로 발동시키는 과정으로 정의하였다.

이러한 두 입장을 종합해 보면 동기부여란 한편으로는 구성원 개개인이 어떤 직무를 수행하는 과정에서 자기 자신의 욕구를 충족시키고, 업무목표달성을 위해 자발적이고 지속적인 노력을 기울이며, 다른 한편으로는 조직의 경영자들이 구성원들로 하여금 그러한 행동을 하도록 촉진하는 일련의 활동과정으로 정의할 수 있다.

그리고, 동기부여에는 내재적 동기부여와 외부적 동기부여의 두 종류로 나눌 수 있다. 내재적 동기부여(intrinsic motivation)이란 업무담당자와 일 그 자체와의 직접적 관계에서 발생하는 것으로서, 예를 들어 일을 수행하면서 얻어지는 성취감, 도전감, 확신감 등과 같은 내재적 보상들에 의해 동기가 부여되는 것을 말하며, 외부적 동기부여(extrinsic motivation)이란 일 그 자체가 아닌 일의 외부요인인 직무환경으로부터 발생하는 것으로서, 예를 들어 급여, 부가급부, 승진, 감독권 위양 등과 같은 외재적 보상들에 의해 동기가 부여되는 것을 말한다.

2) 동기부여 이론

개인의 욕구에 대한 이해상식적으로 우리들은 사람은 자신의 욕구 충족을 위해 자발적으로 업무수행을 열심히 하려 한다고 여긴다. 이것을 경영자의 입장에서 다시 생각해 보면 종업원이 열심히 일을 하도록 하기 위해서는 그 사람이 원하는 바가 무엇인지를 알고 그것을 충족시켜 주어야 함을 의미한다. 즉 개인의 욕구를 충족시킬 수 있는 것들을 조직이 제시할 때, 사람이 더욱 열심히 일하게 된다는 것이다. 그런데 개인의 욕구는 그 내용과 정도 면에서 개인마다 차이가 있다.

우선 내용면에서 보면, 예를 들어 어떤 사람은 경제적인 욕구에 대한 갈망을 하는 반면 어떤 사람은 다른 사람과 사귀어 집단에 소속되어 있기를 바란다. 전자의 사람에게는 높은 임금이나 후생복지 프로그램이 제공되도록 하고, 후자의 사람에게는 집단주의적인 분위기가 강한 부서에 배치되도록 하는 것이 그 사람이 열심히 일하도록 하는 자극제가 될 수 있다. 또 같은 내용의 욕구일지라도 그 정도에서 차이가 날 수 있다. 예를 들어 몹시 허기진 사람에게 음식을 주면서 일을 열심히 하라고 하면 열심히 할 가능성이 크지만, 배부른 사람에게 음식을 주면서 열심히 일을 하라고 하면 그렇지 않을 것이다. 따라서 조직에서도 욕구의 개인차를 고려하여 그에 적합하게 욕구충족을 해 줄 수 있어야 사람들로 하여금 열심히 일을 하도록 할 수 있다.

사람들을 동기부여하려면 인간의 욕구에 대한 이해가 필수적이라고 할 수 있다.

(1) 매슬로우(A.H. Maslow)의 욕구단계설(need hierarchy theory)

인간의 욕구에 대해 통찰력을 제공해 주는 동기부여이론으로서 가장 널리 알려진 이론이다. 매슬로우는 인간을 동기부여시킬 수 있는 욕구가 계층을 형성하고 있는 것을 파악하였다. 이러한 욕구들이 낮은 데서부터 높은 데로 순서가 정해질 수 있으며, 각 단계의 욕구가 만족됨에 따라 이전단계의 욕구는 더 이상 동기부여의 역할을 수행하지 못하고 더 높은 다음 단계의 욕구가 행위를 동기부여 요인으로 작용하게 된다고 가정하였다.

매슬로우의 욕구 5단계와 함께 식생활 발전단계를 Fig. 8에 나타내었다.

인간의 욕구를 강도에 따라 제 1단계는 생리적 욕구, 제 2단계는 안전욕구, 제 3단계는 소속감과 애정욕구, 제 4단계는 존경욕구, 제 5단계는 자아실현욕구로 위계를 이루고 있으며, 아래 단계의 욕구가 만족되면 윗단계로 옮겨가며, 아랫단계 욕구는 더 이상 동기부여를 일으킬 수 없다고 주장하였으며, 각 단계별 내용은 다음과 같다.

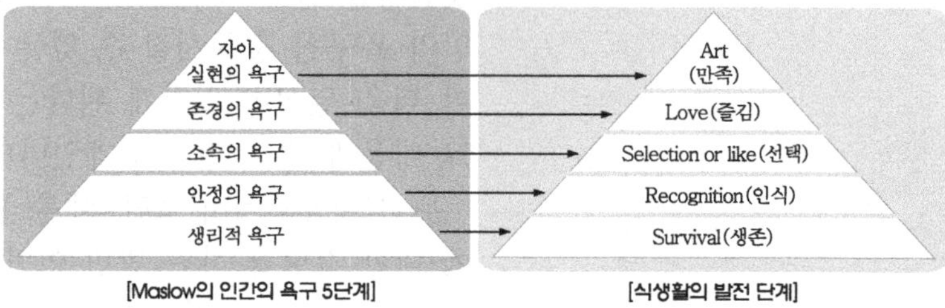

Fig 8. 매슬로우 욕구 5단계 및 식생활 발전단계

① 생리적 욕구(physiological needs)

생리적 욕구는 삶 그 자체를 유지하기 위한 기초적인 인간의 욕구이다. 예를 들어 음식, 의복, 거처에 대한 욕구와 같은 것들이다. 매슬로우는 이러한 기초적인 욕구들이 신체의 충분한 활동을 위해 필요한 정도로 만족될 때까지는 사람들의 행위의 대부분은 아마도 생리적 욕구수준에 머물러 있을 것이고 다른 수준의 욕구들은 거의 자극을 주지 못할 것이라고 보았다.

② 안전욕구(safety needs)

일단 생리적인 욕구가 어느 정도 충족되면 안전의 욕구가 나타난다. 이 욕구는 근본적으로 신체적인 위험과 기초적인 생리적 욕구의 박탈로부터 자유로워 지려는 욕구이다.

③ 소속감과 애정욕구(belongingingness and love needs)

이는 친교욕구(affiliation needs)라고도 불리는데, 일단 생리적 욕구와 안전욕구가 어느 정도 충족되면 소속감이나 애정의 욕구가 지배적인 것으로 나타나게 된다는 것이다. 인간은 사회적인 존재이므로 어디에 소속하거나 다른 집단에 의해서 받아들여지기 바라는 욕구를 가지고 있으며, 동료와 여러모로 친교를 나누고 싶어하고 또 이성간의 교제나 결혼을 갈구하게 된다.

④ 존경욕구(esteem needs)

인간은 어디에 속하려는 그의 욕구가 어느 정도 만족되기 시작하면 어느 집단의 단순한 구성원 이상의 것이 되기를 원한다. 즉, 그는 존경을 받고자 하는 욕구를 느끼게 된다. 여기에는 자존심과 아울러 다른 사람으로부터 인정을 받는 것이 포함된다. 이 존경의 욕구가 만족되면 자신감, 명예심, 힘, 통제력 등이 생긴다.

⑤ 자아실현욕구(self-actualization needs)

일단 존경의 욕구가 어느 정도 충족되기 시작하면 다음에는 자아실현욕구가 나타난다. 이는 계속적인 자기발전을 위해서 자신의 잠재력을 극대화하려는 욕구이며, 보다 더 자기 본래의 모습을 찾고자 하며, 자기가 바라는 바대로 되고자 하는 욕구이다.

(2) 알더퍼(Alderfer) ERG 이론

알더퍼의 ERG 이론은 매슬로우의 순차이론을 비판한 이론이다. ERG는 생존 욕구(Existence needs), 관계 욕구(Relatedness needs), 발전 욕구(Growth needs)의 첫 글자를 나타내고 있으며, 각 욕구는 다음과 같다.

① 생존 욕구(Existence needs)

모든 물질적, 생리적인 욕망의 다양한 형태들을 포함한다. 배고픔과 갈증은 생존 욕구에 있어서 부족을 나타낸다. 임금, 부가 급부, 물리적 작업 환경은 생존 욕구의 다른 형태들이다. 매슬로우의 생리적 욕구와 안전 욕구와 비슷한 내용이다.

② 관계 욕구(Relatedness needs)

다른 사람들과 좋은 관계를 이루려는 욕구이다. 매슬로우의 안전 욕구 중 대인관계의 안전 및 사회적 욕구와 비슷한 내용이다.

③ 발전 욕구(Growth needs)

자신과 환경에 대한 창조적이거나 생산적인 노력과 관련된 모든 욕구를 포함한다. 발전 욕구의 만족은 어떤 문제를 해결하는데 있어 자신의 모든 능력이 사용될 때 느낄 수 있으며, 자신이 또 다른 능력들을 발달시켜야 함을 요구받는 것도 포함될 수 있다. 매슬로우의 자아실현 욕구나 존경 욕구와 비슷한 내용이다.

알더퍼는 생존 욕구가 가장 구체적이며 발전 욕구가 가장 덜 구체적이라는 구체성의 위계를 주장했다. 알더퍼 이론이 매슬로우 이론과 차이점은 위계가 절대적인 것이 아니며, 사람들은 동시에 다른 수준의 욕구들에 의해 동기 부여될 수 있다고 하였다. 또한 위계의 아래로 내려갈 수 있는 수단을 제공하고 있는데 이를 좌절(frustration), 회귀(regression) 과정으로 설명하고 있다. 또한 알더퍼 이론은 관계와 발전의 욕구가 만족되면 이러한 요구는 강화된다고 주장하였다.

(3) 허즈버그(Herzberg)의 2요인 이론(two-factor theory)

허즈버그는 산업현장에서의 직무수행 중 특별히 만족스러웠던 경우와 불만족스러웠던 경우, 그리고 그에 대한 직접적인 이유가 무엇인지를 심층면접조사를 실시하였으며, 그 결과로서 2가지 요인이 있음을 알았다. 그리고 요인에 따라 일에 대한 만족감을 느껴 동기부여 정도를 높이는 요인과 일에 대해 불만족감을 느껴 동기부여 정도를 낮추는 요인들이 있다는 것을 알았다. 두 가지 요인은 Table 11에서와 같이 위생요인(hygiene factor)과 동기요인(motivation factor)이다. 위생요인은 주로 자기가 수행하는 일과 관련한 주변 환경과 연과된 것으로 임금, 안정적 고용, 작업조건, 상호 인간관계, 감독, 회사정책과 고용관계 등으로 나타났으며, 동기요인은 자기가 하는 일 그 자체와 관련된 요인으로 승진, 인정, 성취감, 일 자체 등으로 나타났다.

허즈버그는 인간이 자신의 일에 만족감을 느끼지 못하게 되면 위생요인에 관심을 기울이게 되고 이들에 대해 만족하지 못할 경우에는 일의 능률이 크게 저하된다고 주장했다. 또한 위생요인은 충분히 충족된다 해도 작업능률을 다소 높일 수 있는 불만은 해소되지만 자아실현을 통한 일의 성취를 기대할 수 없다는 것이다. 반면에 자신의 일 자체에 만족을 하고 있는 사람은 위생요인이 다소 충족되지 못하다 해도 이를 받아들이고 자신의 일 자체를 즐거워하고 보람되게 생각해서 일의 성취를 위해 도전한다는 것이다. 그러므로 위생요인을 불만요인 또는 유지요인으로, 동기요인은 만족요인으로도 부른다.

Table 11. 허즈버그 2요인 이론

위생요인(hygiene factor)	동기요인(motivation factor)
[미충족 시 불만족 요인으로 작용]	[충족 시 만족 요인으로 작용]
임금 및 안정적 고용	성취감
근무조건	인정
상호 인간관계	일 자체
감독	책임
회사정책과 경영방식	승진 및 성장

또한 허즈버그는 위생요인을 아무리 개선해도 조직구성원의 욕구는 충족되지 못하므로 장기적으로 동기부여를 유지하여 생산성을 높이기 위해서는 동기요인의 충족에 관심을 가져야 한다고 주장하였다. 이런 관점에서 허즈버그의 이론은 매슬로우의 이론을 한 단계 발전시킨 이론이라고 할 수 있다.

(4) 맥그리거(McGregor) XY이론

맥그리거(*Doulglas McGregor*)는 인간의 본성에 대한 두 가지 구별되는 견해를 제시하였다. 즉 인간의 본성에 대한 부정적인 관점인 X이론과 긍정적인 관점인 Y이론이다.

① X이론 하에서 경영자가 가지고 있는 종업원에 대한 가정은 다음과 같다.

· 원래 종업원들은 일하기 싫어하며 가능하면 일하는 것을 피하려고 한다.
· 종업원들은 일하는 것을 싫어함으로 바람직한 목표를 달성하기 위해서는 통제되고 위협되어야 한다.
· 종업원들은 책임을 회피하고 가능하면 공식적인 지시를 바란다.
· 대부분의 종업원은 작업과 관련된 모든 요소에 대하여 안전을 추구하며, 야심이 거의 없다.

② Y이론 하에서 경영자들이 종업원들에 대하여 가지고 있는 가정은 다음과 같다.

· 종업원들은 일하는 것을 놀이나 휴식과 동일한 것으로 볼 수 있다. 종업원들은 조직의 목표에 관여하는 경우에 자기지향과 자기통제를 행한다.
· 보통 인간들은 책임을 수용하고 심지어는 구하는 것을 배울 수 있다.
· 훌륭한 의사결정의 능력은 모든 사람들이 가지고 있으면, 경영자들만의 영역은 아니다.

동기부여에 관한 맥그리거의 분석은 매슬로우의 욕구 5단계에 잘 표현되어 있다. X이론은 저차원 욕구에 의한 지배하며, Y이론은 고차원 욕구에 의한 지배로 가정한다. 맥그리거는 Y이론의 가정이 X이론의 가정보다 타당하다고 믿고서 의사결정, 책임, 그리고 도전적인 직무에 종업원들을 참여시키는 것은 직무 동기를 대화시킨다고 주장하였다.

(5) 아지리스(Agyris) 성숙, 미성숙 이론

인간에서 보듯이 어린아이가 어른으로 성장하면서 성숙해 가는 과정에서 나타나는 성격의 변화와 같이 종업원들의 특성을 파악하여 동기부여를 하여야한다는 주장이다. 미성숙 및 성숙 특성은 Table 12와 같다.

Table 12. 아지리스 미성숙 및 성숙 이론

미성숙 특성	성숙 특성
자아의식 결여	자아의식 강함 및 자기통제 가능
수동적	능동적
의존적	독립적
제한된 행동	다양한 행동
약한 관심	강한 관심
근시안적 시각	원시안적 시각
하위지위	상위 또는 대등 지위

아지리스는 효과적인 관리자 혹은 지도자는 사람들이 미성숙상태로부터 성숙상태로 발전하도록 도와주어야 한다고 주장하였다. 만일 조직이 종업원들에게 성숙할 수 있는 기회와 성숙한 개인으로서 취급받을 수 있는 기회를 제공해 주지 못한다면 좌절감과 분노를 느낄 것이며, 조직목표에 역행하는 행동을 할 수도 있을 것이다.

(6) 맥클리랜드(McClelland) 성취동기 이론(achievement motivation theory)

맥클리랜드는 모든 사람이 공통적으로 비슷한 욕구의 계층을 가지고 있다고 주장한 머슬로의 주장을 비판하면서, 개인의 행동을 동기화시키는 잠재력을 지니고 있는 욕구는 학습되는 것이므로, 개인마다 그 욕구의 계층에 차이가 있다고 주장했다.

사람의 행위를 유발할 수 있는 잠재력을 가진 제 요소들 즉 성취욕구, 권력욕구, 친교욕구로 구성되어 있다고 보았다. 이들 중에서 성취욕구(need for achievement)를 중시하여 인간의 행동을 설명하였다.

맥클리랜드의 성취동기이론은 성취욕구, 권력욕구, 귀속욕구의 세 가지 욕구 또는 동기로서 다음과 같이 정의할 수 있다.

① 성취욕구(need for achievement)

목표를 달성하고 목표를 능가하려는 욕구이다.

② 권력욕구(need for power)

타인을 자신이 원하는 방향으로 행동하게 하려는 욕구이다. 즉, 권력욕구는 타인에 대하여 영향력을 행사하려고 하는 욕구이다.

③ 친화욕구(need for affiliation)

다른 사람들과 친근하고 밀접한 관계를 맺으려는 욕구로서 귀속욕구라고도 한다.

맥클리랜드는 조직의 성과를 향상시키기 위해서는 성취욕구가 높은 직원을 선발하거나 기존직원의 성취욕구를 향상시켜야 한다고 주장하였다.

한편, 맥클리랜드의 성취동기 이론에서 주장하는 성취욕구가 학습될 수 있는 것이라는 주장은 인간의 욕구체계가 대부분 어릴 때 판가름 나기 때문에 성인의 경우 학습으로 쉽게 변하지 않는다는 연구결과 들과는 배치되며, 또한 획득된 욕구가 영구적으로 지속되는 것인가 하는 문제 뿐만 아니라 훈련에서 습득된 것이 직무상에서도 유지될 수 있는가에 대해서도 비판도 있다. 그러나 성취동기 이론은 창업초기의 조직이나, 성취욕구적 행동이 중요하게 요구되는 조직에 적용될 수 있다.

(7) 브룸(Vroom)의 기대이론(expectancy theory)

개인의 특정 행동에 대하여 동기부여가 어떻게 일어나는지에 대한 관점에서 초점을 두고 있다. 다음의 3가지로 설명된다.

① 노력-성과 관련성

노력하면 성과를 얻을 수 있다는 기대감(expectancy)이며, 성과 없을 경우인 0으로부터 확실한 성과를 기대할 수 있는 1 사이 값으로 나타낼 수 있다.

② 성과-보상 관련성

얻어진 성과에 따라 임금인상, 승진 등 보상이 주어질 것으로서의 기대감.

③ 보상의 가치

성과의 결과로 받은 보상이 가치가 있다고 생각하는 정도로서 유인성이라 할 수 있다.

이에 대한 예로서, Table 13에서 보는 바와 같이 조직구성원이 승진을 원하지만 자기 자신의 능력에 자신이 없거나, 또는 자기 능력에 자신감을 갖고 있더라도 경영층이 성과를 승진결정에 반영하지 않는다면 구성원의 동기수준은 낮게 나타날 것이다.

따라서 기대이론에 의하면 개인의 능력이 실제 성과를 거두리라고 기대하고 실제성과가 승진이나 보상 등 개인이 원하는 결과를 항상 가져오리라고 기대할수록 개인의 동기는 강하게 작용하고, 그 반면에 거둘 수 있는 성과에 의심이 많고 성과와 개인이 원하는 보상 간에 아무런 상관관계가 없다고 판단할수록 동기부여는 낮게 된다.

즉, 기대이론에 의하면 결과에 대한 가치는 물론 노력 → 성과에 대한 기대, 성과 → 결과에 대한 기대 등 개인의 지각가치에 따라서 개인의 행동방향과 동기의 강도가 정해진다고 볼 수 있다.

Table 13. 브룸의 기대이론

상황	노력-성과 관련성	성과-보상 관련성	보상의 가치(유인성)	동기
1	높음	높음	높음	높음
2	낮음	높음	높음	낮음
3	높음	낮음	높음	낮음
4	중간	중간	중간	중간
5	높음	높음	낮음	낮음
6	낮음	낮음	낮음	낮음

(8) 형평성 이론(equilty theory)

동기부여 과정에서 매우 중요한 아이디어를 제공해 주는 이론이 아담스(*J.S. Adams*)의 형평성이론 또는 공정성이론이다.

사람은 동등하게 대접받기를 원한다는 사실이다. 형평성, 공정성에 문제가 있다고 판단되면 조직 내에서 심각한 문제가 발생할 수도 있다.

형평성이론은 인간행위에 관한 기본적인 가정으로서 개인들은 자신의 사회적 관계를 평가하며, 이러한 평가는 타인들과의 비교 속에서 이루어진다는 전제를 지니고 출발한다.

구체적으로 말하자면, 사람은 자기가 일에다 투자하는 투입(inputs)과 그로부터 얻어내는 결과(outcomes)를 다른 개인의 그것들과 비교한다는 것이다. 그래서 만일 자신의 투입 대 결과의 비율이 타인의 그것과 동일하면 그 사람은 형평에 맞다 또는 조직과 공정한 교환관계가 이루어졌다고 생각하게 되고 이러한 형평성에 대한 인식은 만족을 유발한다.

그러나 반대의 경우로 형평에 맞지 않는다는 판단을 하게 되면, 그 사람은 불쾌감과 스트레스를 느끼게 되고 형평성을 회복하려는 노력을 하게 된다.

경력이나 노력이 비슷함에도 자신이 다른 사람에 비해 상대적으로 적은 보상밖에 받지 못하고 있다고 느끼는 과소보상 상태이든, 타인의 노력이나 경력에 비해 많은 보상을 받고 있다고 느끼는 과다보상 상태이든 모두 불공정함을 느끼게 하고, 따라서 불공정성을 감소시키는 방향으로 사람들은 자발적인 행동을 하게 된다.

이 때 불공정성을 감소시키기 위해 사람들은 일을 더욱 열심히 하거나, 태업을 하거나 하며, 부당한 보수를 공정한 수준의 보상지급으로 변경할 것을 요구하기도 한다. 자신에게 유리한 긍정적 불공정성은 인지적으로 합리화시키면서도 타인에게 유리한 부정적 불공정성은 참지 못하는 경우가 많다.

이러한 형평성이론으로부터 구성원들이 근로의욕을 가지도록 하기 위해서는 종업원이 땀흘려 노력한 결과에 대한 대가가 공정하게 주어지도록 함으로써 성과와 보상이 합치될 수 있도록 해야 할 것이다.

✎쉬 / 어 / 가 / 기

Q&D) 동기부여 이론에 대한 질문에 O, X로 답하세요.

① 허즈버그는 위생요인을 충족해도 동기가 충족되지 않는다고 한다.

② 매슬로우의 순차이론을 비판한 이론은 앨더퍼의 ERG이론이다.

③ 맥그리거의 이론은 인간관에 따라 다른 관리전략을 취해야 한다는 것이다.

④ 맥클리랜드는 인간욕구의 공통성을 강조하여 성취동기를 중시했다.

2. 의사소통(communication)

의사소통이란 두 사람 이상 사이에 생각이나 감정 등을 교환하는 총제적인 행위로 볼 수 있다. 즉 자신이 가지고 있는 생각, 의견, 정보 등을 전달하고 피드백으로 받으면서 상호작용하게 된다. 다양한 방법으로 전달할 수 있으나 일반적으로 말이나 글 등을 통한 언어적 요소는 물론 제스처나 자세, 얼굴표정, 눈맞춤, 목소리, 억양 등과 같은 비언어적 요소를 통해서도 이루어질 수 있다.

특히 조직 내에서 의사소통의 필요성으로는 정보의 공유, 느낌과 감정의 표현, 조직목적, 업무지시, 의사결정, 문제해결을 위해서 뿐만 아니라 지휘활동에서 동기부여 및 리더십을 위해서도 매우 중요하다.

1) 의사소통 유형

(1) 방향에 따라

일반적으로 동일한 부서 내에서 계층간에서의 의사소통을 의미하나, 다른 부서와 부서 사이에도 의사소통이 일어날 수 있다.

① 하향식(downward communication) : 조직의 상위 계층으로부터 하위계층으로의 의사소통이다. 주로 업무와 관련된 명령, 업무지침 시달, 공문발송 등이 있다.

② 상향식(upward communication) : 하위 계층으로부터 상위계층으로의 의견 전달로서 업무보고, 제안 등이 있다.

③ 수평적(horizontal communication) : 조직 내의 부서와 부서간 또는 같은 부서 내에서 동등한 부서 또는 직급간 의사소통을 의미한다.

(2) 공식적 및 비공식적 의사소통

① 공식적 의사소통 : 공식적 네트워크인 조직도를 따라 행해지는 업무 관련 의사소통이다.

② 비공식적 의사소통 : 조직 내의 취미클럽, 향우회, 동아리 등 비공식 조직 네트워크를 통해서 행해지는 의사소통을 말한다. 비공식 조직에 의한 왜곡된 정보의 급속한 확산

은 조직에 심각한 해를 줄 수도 있다.

2) 의사소통 과정

의사소통 과정은 Fig.9에서 보는 바와 같이 의사의 전달과 의미의 이해가 발생하는 제공자(source)와 수용자(receiver) 사이의 다음과 같은 단계(steps)에 따라 진행된다.

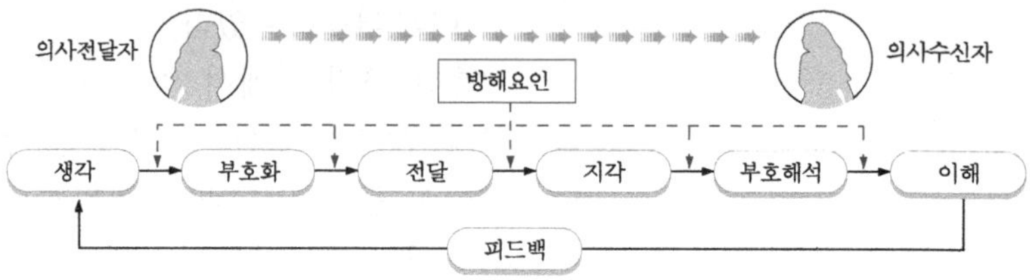

Fig. 9. 의사소통 과정

① 의사전달자 : 의견을 보내는 사람의로서 정보전달자(source)라 부르기도 한다.
② 생각 : 전달하려는 생각이나, 정보 내용으로 메시지(message)라 부르기도 한다.
③ 부호화 : 의견 정보를 형상화, 기호화(encoding)
④ 의사전달 : 의사전달망(channel)을 통하여 정보를 전달
⑤ 지각 : 전달된 부호를 의미 있는 정보로 변환, 의미해석(decoding)
⑥ 의사수신자 : 의견을 받는 사람(receiver)
⑦ 피드백(feedback) : 의사수용자가 의사전달자에게 보내는 응답
⑧ 방해요인 : 의사소통을 방해하는 소음(noise)

3) 효과적인 의사소통 조건

(1) 신뢰성

의사소통은 믿을 수 있는 분위기에서 시작되어야한다. 수신자는 전달자를 신뢰하고 있어야 하며, 전달자의 의사를 정확히 숙지하여야 한다.

(2) 상황

의사소통 계획은 그 처한 상황과 일치되어야 한다. 처한 상황과 일치되지 않은 의사소통은 제대로 이루어지지 못한다.

(3) 내용

메시지의 내용은 수신자에게 의미가 있는 것이어야 한다. 따라서 그와 관련되는 특정 성격을 지닌 것이어야 한다.

(4) 명확성

메시지는 명료한 용어로 표현되어야 하며 용어는 전달자나 수신자에게 동일한 뜻을 갖는 것이어야 한다. 복잡한 문제들을 단순성과 명확성을 지니고 있는 주제들로 요약되어야 한다. 그리고 메시지라 먼 곳으로 보내져야 할 경우는 더욱 더 단순화되어야 한다.

(5) 계속성 및 일관성

의사소통은 계속적이고 반복적인 과정이다. 그것이 효과적으로 전달되기 위하여 반복되어야 한다. 그리고 의사소통 전달은 모순이 없이 일관되어야 한다.

(6) 채널

의사소통은 수신자가 사용하고 있고 중요하게 생각되는 의사소통 채널을 이용하는 것이 좋다. 새로운 의사소통 채널을 만들어 낸다는 것은 많은 제약이 따르고 또 거기에 숙달하기가 어렵다. 각기 다른 의사소통 채널은 서로 다른 효과를 지니고 있는 것이다.

(7) 수용능력

의사소통 과정에서는 수진자의능력을 참작해야 한다. 의사소통은 수신자의 노력이 가장 적게 투입되었을 때 가장 효과적으로 수용된 것이다. 따라서 수신자의 능력, 관심, 습관, 지시 등의 모든 요소에 적합해야 하는 것이다.

4) 조직에서의 문서

조직에서 문서와 관련된 내용은 하향식(downward communication) 의사소통의 예에서 알아본 바와 같이 주로 업무와 관련된 명령, 업무지침 시달, 공문발송 등이 있다. 그리고 상향식(upward communication) 의사소통에서는 주로 업무보고 제안 등을 들 수 있다.

문서는 조직 내에서 뿐만 아니라 대외적으로 여러 종류의 공문이 수신 및 발송되고 있으므로 문서에 관한 종류, 서식 등을 알 필요가 있다. 그러므로리나라 공문서 관련 주무부서인 행정안전부의 사무관리규정 시행령 및 시행규칙 등을 통하여 문서에 대해 학습한다.

(1) 문서의 종류

① 작성 주체에 따라

공문서와 사문서로 나누어지며, 다음과 같다.

i) 공문서 : 행정기관 내부 또는 상호 간이나 대외적으로 공무상 작성 또는 시행되는 문서(도면, 사진, 디스크, 테이프, 필름, 슬라이드, 전자문서 등의 특수매체 기록을 포함) 및 행정기관이 접수한 모든 문서.

ii) 사문서 : 개인의 사사로운 의사 또는 심경을 표시하는 문서로 안내장, 추천장, 매매 계약서등.

② 유통대상에 따라

대내문서, 대외문서 및 전자문서로 나누어지며, 다음과 같다.

i) 대내문서 : 당해 기관내부에서 지시, 명령 또는 협조를 하거나 보고 또는 통지를 위하여 수발하는 문서.

ii) 대외문서 : 국민이나 단체 또는 다른 행정기관 간(소속기관 포함)에 수발하는 문서.

iii) 전자문서 : 컴퓨터 등 정보 처리 능력을 가진 장치에 의하여 전자적인 형태로 작성, 송, 수신 또는 저장된 문서.

③ 문서의 성질에 따라

법규문서, 지시문서, 공고문서, 비치문서, 민원문서, 일반문서로 나누어지며, 다음과 같다.

i) 법규문서 : 법규사항을 규정하는 문서로 헌법, 법률, 대통령령, 총리령, 부령, 조례, 규칙 등에 관한 문서를 말한다.

ii) 지시문서 : 행정기관이 그 하급기관 또는 소속 공무원에 대하여 일정한 사항을 지시 또는 명령하는 문서로 훈령, 지시, 예규, 일일명령 등이 있다.
훈령은 상급기관이 하급기관에 대하여 상당한 (장기간) 기간에 걸쳐 그 권한의 행사를 일반적으로 지시하기 위하여 발하는 명령이다. 지시는 상급기관이 하급기관에 대하여 직권 또는 하급기관의 문의에 대하여 개별적, 구체적으로 발하는 명령이다. 예규는 법규문서 이외의 문서로 행정사무의 통일을 기하기 위하여 반복적 행정사무의 처리기준을 제시하는 문서이다. 일일명령은 당직, 출장, 시간 외 근무, 휴가등 일일 업무에 관한 명령이다.

iii) 공고문서 : 고시, 공고 등 행정기관이 일정한 사항을 일반에게 알리기 위한 문서를 말한다.
고시는 법령이 정하는 바에 따라 일정한 사항을 일반에게 알리는 문서로 일단 고시된 사항은 개정이나 폐지가 없는 한 그 내용의 효력이 계속된다. 공고는 일정한 사항을 일반에게 알리는 문서로 입찰공고, 시험시행공고 등과 같이 그 내용의 효력이 단기적이거나 일시적인 것을 말한다.

iv) 비치문서 : 비치대장, 비치카드 등 행정기관이 일정한 사항을 기록하여 행정기관 내부에 비치하면서 업무에 활용하는 문서를 말한다.

v) 민원문서 : 민원인이 행정기관에 대하여 허가, 인가, 기타 처분 등 특정한 행위를 요구하는 문서 및 그에 대한 처리문서를 말한다.

vi) 일반문서 : 이상의 문서에 속하지 않는 모든 문서로 회보, 보고서 등이 있다.
회보는 행정기관의 장이 소속 공무원 또는 하급기관에 업무 연락, 통보 등 일정한 사항을 알리기 위한 경우에 사용하는 문서이다. 보고서는 특정한 사안에 관한 현황 또는 연구 및 검토 결과 등을 보고하거나 건의할 때 사용하는 문서이다.

(2) 문서의 양식

다양한 문서의 양식이 있으나, 공문서 중에서 기안양식(행정안전부 자료)을 예로 들면 다음과 같다.

[별지 제1호의2 서식] 〈개정 2010.4.1〉

행정기관명

수신자 ( )
(경유)
제목

발신명의 [인]

기안자(직위/직급) 서명 검토자(직위/직급) 서명 결재권자(직위/직급) 서명
협조자(직위/직급) 서명

시행 처리과명-일련번호(시행일자) 접수 처리과명-일련번호(접수일자)

우 주소 / 홈페이지 주소
전화( ) 전송( ) / 공무원의 공식 전자우편주소 / 공개구분

210mm×297mm(보존용지(2종) 70g/㎡), (일반용지 60g/㎡(재활용품))
또는 (보존용지(1종) 70g/㎡)

〈처리요령〉

(이 난은 서식에 포함하지 아니함)

1. 행정기관명 : 그 문서를 기안한 부서가 속한 행정기관명을 기재한다.

2. 수신자 (   ) : 수신자명 또는 수신자기호를 먼저 쓰고, 이어서 괄호 안에는 처리할 자(보조기관 또는 보좌기관을 말한다)의 직위를 쓰되, 처리할 자의 직위가 분명하지 아니한 경우에는 ○○업무담당과장 등으로 쓰며, 수신자가 많아 본문의 내용을 기재할 난이 줄어들어 본문의 내용을 첫 장에서 파악하기 곤란한 경우는 두문의 수신자란에 "수신자 참조" 라고 쓰고, 결문의 발신명의 밑의 왼쪽 기본선에 맞추어 수신자란을 설치하여 수신자명 또는 수신자기호를 표시한다.

3. (경유) : 경유문서인 경우에 (경유)란에 "이 문서는 경유기관의 장은 ○○○ (또는 제1차 경유기관의 장은 ○○○, 제2차 경유기관의 장은 ○○○)이고, 최종 수신기관의 장은 ○○○입니다."라고 표시하고, 경유기관의 장은 제목란에 "경유문서의 이송"이라고 표시하여 순차적으로 이송하여야 한다.

4. 제목 : 그 문서의 내용을 쉽게 알 수 있도록 간단하고, 명확하게 기재한다.

5. 발신명의 : 합의제 행정기관 또는 행정기관의 장의 명의를 기재하고, 보조기관 또는 보좌기관 상호간에 발신하는 문서는 그 보조기관 또는 보좌기관의 명의를 기재한다.

6. 기안자·검토자·협조자·결재권자의 직위/직급(직급의 경우에는 각급 행정기관이 6급 이하 공무원의 직급을 대신하여 사용할 수 있도록 정한 대외직명을 포함한다. 이하 이 서식에서 같다) : 직위가 있는 경우에는 직위를 온전하게 쓰고, 직위가 없는 경우에는 직급을 온전하게 쓴다. 다만, 기관장과 부기관장의 직위는 간략하게 쓴다.

7. 시행 처리과명-일련번호(시행일자) 접수 처리과명-일련번호(접수일자) : 처리과명(처리과가 없는 행정기관은 10자 이내의 행정기관명의 약칭)을 기재하고, 일련번호는 연도별 일련번호를 기재하며, 시행일자와 접수일자란에는 연월일을 각각 온점(.)을 찍어 숫자로 기재한다. 다만, 민원문서인 경우로서 필요한 경우에는 시행일자와 접수일자란에 시·분까지 기재한다.

8. 우 주소: 우편번호를 기재한 다음, 행정기관이 위치한 도로명 및 건물번호 다음에 괄호하여 주소를 기재하고, 사무실이 위치한 층수와 호수를 괄호안에 기재한다.

(예) 우110-034 서울특별시 종로구 효자로 39(창성동 117) (2층 208호)

9. 홈페이지 주소 : 행정기관의 홈페이지 주소를 기재한다.

(예) www.mopas.go.kr

10. 전화( ) 전송( ) : 전화번호와 모사전송번호를 각각 기재하되, (   )안에는 지역번호를 기재한다. 기관 내부문서의 경우는 구내 전화번호를 기재한다.

11. 공무원의 공식 전자우편주소 : 행정기관에서 공무원에게 부여한 전자우편 주소를 기재한다.

12. 공개구분 : 공개, 부분공개, 비공개로 구분하여 표시한다. 부분공개 또는 비공개인 경우에는 「공공기록물 관리에 관한 법률 시행규칙」 제18조에 따라 "부분공개( )" 또는 "비공개( )"로 표시하고, 「공공기관의 정보공개에 관한 법률」 제9조제1항 각 호의 번호 중 해당 번호를 괄호 안에 표시한다.

13. 관인생략 등 표시 : 발신명의의 오른쪽에 관인생략 또는 서명생략을 표시한다.

※ 기안자·검토자 및 결재권자(직위/직급) 서명 : "기안자·검토자 및 결재권자"의 용어는 표시하지 아니하고, 기안자·검토자 및 결재권자의 직위/직급을 쓰고 서명한다.

※ 협조자(직위/직급) 서명 : "협조자"의 용어를 표시한 다음, 이어서 직위/직급을 쓰고 서명한다.

※ 전결 및 서명표시 위치 : 사무관리규정 제16조제2항 및 동규정시행규칙 제19조제1항의 규정에 의하여 결재권이 위임된 사항을 전결하는 경우에는 행정기관의 장의 결재란을 설치하지 아니하고 전결하는 자의 서명란에 "전결" 표시를 한 후 서명한다.

※ 전결·대결 및 서명표시 위치 : 사무관리규정 제16조제3항 및 동규정시행규칙 제19조제2항의 규정에 의하여 위임전결사항을 대결하는 경우에는 행정기관의 장의 결재란을 설치하지 아니하고 전결하는 자의 서명란에 "전결"표시를 한 후 대결하는 자의 서명란에 "대결" 표시를 하고 서명하며, 위임전결 사항이 아닌 사항을 대결한 경우에는 행정기관의 장의 결재란을 설치하지 아니하고 대결하는 자의 서명란에 "대결" 표시를 하고 서명한다.

※ 발의자(★)·보고자(◉)의 표시는 직위 또는 직급 앞 또는 위에 한다.

※ "수신자"는 "받는 자"로 사용할 수 있다.

3. 리더십(leadership)

1) 리더십의 의의

유능한 리더란 어떤 사람일까 생각해봅시다. 소설인 소년 표류기에서 보면, 무인도에 표류하게 된 15명의 소년들이 생존이라는 공통의 목표를 달성하기 위해 어떤 한 나이 많은 친구를 리더로 삼고 그의 지시에 따라 다른 소년들이 일사불란하게 먹을 것과 입을 것을 구해 오고 주거지를 만드는 것을 볼 수 있다. 이처럼 리더가 일정한 상황에서 구성원들이 집단의 공동목표를 달성하려는 행위를 하도록 다른 구성원에게 영향을 미치는 과정을 리더십이라 한다. 즉 리더십은 리더가 집단목표를 달성하기 위해 집단이 처한 상황과 집단구성원의 특성이나 기대를 고려하여 자신의 특성과 행위를 개발함으로써 구성원들에게 영향력을 행사하는 과정을 말한다.

우리는 통념적으로 또는 규범적으로 기업조직에서 상급자의 위치에 있는 사람이 리더십을 발휘해야 한다고 생각한다. 그러나 현실을 들여다보면 때로는 상급자가 효과적으로 리더십을 발휘하지 못함으로써 부하들의 근로의욕을 꺾는다거나 부하들이 무엇을 할지 모른다거나 하는 문제가 발생하고 있다. 흔히 직장에서 사람들이 상사의 리더십 부족 등으로 인한 스트레스에 시달리며 업무를 효과적으로 수행하지 못하는 경우도 있다. 특히 권위적이고 일방적인 결정을 하며 지배성향이 강한 리더는 조직을 경직화시키고 종업원들에게 좌절감을 주어 근로의욕을 하락시킬 수도 있다.

또한 기업에서 상급자의 지위와 권한을 가진 위치에 있다고 하여 반드시 자연스럽게 리더십을 발휘할 수 있는 것은 아니다. 리더십은 조직의 경영에서 중요하다.

리더십의 핵심적인 기능은 다음 두 가지로 집약할 수 있다. 그 하나는 어떤 집단이나 조직에서, 리더가 얼마나 효과적으로 리더십을 발휘하는가는 그 집단이나 조직의 성과는 물론 구성원들의 성과나 태도에 직접적이고 커다란 영향을 미치는 것이다. 효과적인 리더십은 무엇보다도 부하들이 목표달성에 적극적으로 기여할 수 있도록 동기를 부여한다. 즉, 리더십은 조직의 구성원들에게 영향력을 발휘하여 그들이 조직목표달성에 공헌할 수 있도록 사기를 앙양하고 그들의 잠재적인 능력을 활성화시킬 수 있다.

리더십이 효과적이지 못할 때에는 집단의 성과가 좋지 못할 뿐만 아니라 다른 하나는 리더십이 경영환경 변화상황에서 집단 및 조직이 무엇을 목표로 어떻게 해야 할 것인가에 대한 조직의 사명과 역할, 또는 조직이 추구하는 목적 및 목표를 명확히 하게 한다. 이 때 리더십을 발휘하는 리더는 조직의 대표로서 외부와 접촉에서 조직과 환경을 연결하는 연결자로서의 역할을 하며, 경영환경변화의 정보를 전달하면서 개인과 조직의 발전을 위한 새로운 아이디어나 방법을 추구하고 변화를 촉진한다.

즉, 리더란 타인에게 영향력을 행사할 수 있거나 통제권한을 갖고 있는 사람으로서 리더십을 발휘하여 조직의 목표 달성을 위해 영향력을 행사해야 한다. 경영자 뿐만 아니라 각 조직에서 리더의 역할은 매우 중요하다.

2) 리더십 이론

(1) 특성 이론

리더십의 초기 이론으로서 1940년대에 성공한 리더에 대한 특성을 조사하게 되었으며, 나타난 결과로서는 신체적 조건, 외모, 사회적 신분, 감정적 안정감, 화술, 사교성 등과 같은 개인적인 특성이 있었다. 이와 같은 특성들로부터 리더십이 나온다는 주장이다. 그러나 다양한 연구의 결과 학자들에 따라 다른 결과가 도출될 뿐 아니라 개인적인 특성만으로 리더십을 완벽하게 설명하는 것은 무리가 있다는 견해가 지배적이다.

그러나, 특성요인 중에서 추진력, 통솔 의지, 정직과 성실, 자신감, 지혜, 직무 지식 및 외향성에 대해 간단히 살펴보자.

① 추진력 : 리더들은 많은 노력을 보인다. 그들은 높은 성취열망을 갖고 있고, 비전이 있고, 열정이 있고, 끊임없이 활동하고 솔선수범하는 추진력을 가진다.

② 통솔 의지 : 리더들은 다른 사람들에게 영향을 주고 리드해가는 데 강한 의지를 갖고 있으며, 기꺼이 책임을 지려고 한다.

③ 정직과 성실 : 리더들은 진실하며, 거짓 없이 행동하며, 언행의 일관성 유지를 통해 자신과 추종자들 간에 신뢰

관계를 만든다.

④ 자신감 : 리더들은 그들의 목표와 결정을 추종자들에게 확신시키기 위해 자신감을 나타낸다.

⑤ 지혜 : 리더들은 많은 정보를 수집하고, 분석하고, 해석할 수 있는 지혜가 있어야 하고, 또 비전을 제시하고, 문제를 해결하고, 정확한 의사결정을 할 수 있어야 한다.

⑥ 직무 지식 : 유능한 리더는 기업, 산업 및 기술적 사항에 대해 잘 알고 있다. 깊은 직무 지식은 충분한 정보에 바탕을 둔 의사결정을 할 수 있게 한다.

⑦ 외향성 : 대체로 리더들은 열정적이고 활기찬 사람들이다. 그들은 사교적이고, 적극적이며, 위축되어 있지 않다.

(2) 행동이론

1950년대의 리더십의 연구는 높은 성과를 나타내는 성공한 리더는 어떻게 행동하는가에 대한 연구로서 크게 다음의 4가지 실험을 들 수 있다.

① 아이오와 대학의 연구

르웬(*K. Lwein*)은 리더를 독재적, 민주적, 자유방임적 스타일로 구분하였으며, 다음과 같은 특징을 가지고 있다.

i) 독재적 스타일 : 작업 방법을 지시하고 의사결정을 독점하고 참여를 제한하는 특징이 있다.

ii) 민주적 스타일 : 부하를 끌어들이고 권한위양을 하고 참여를 유도하는 특징이 있다.

iii) 자유방임적 스타일 : 집단에 자유를 주어 의사결정하고 작업을 완성하게 하는 특징이 있다.

실험결과에서 민주적인 스타일이 가장 효과적인 리더십으로 나타났으나, 다른 연구에서는 상반된 결과를 보인 경우도 있었다. 그러나, 일반적으로 민주적 스타일 리더의 경우에 높은 만족도를 보였다.

② 오하이오 주립대학 연구

플래쉬맨(*Fleishman*) 등의 학자들의 연구결과에서 리더십을 결정하는 요소로서 구조주도형과 인간배려형으로 구분하였다.

구조주도형 리더는 목표 설정과 작업추진 등 직무를 수행하는 방법과 절차를 정확히 지시하는 등 결과를 중시하는 성향을 가진다. 그리고 인간배려형 리더는 상호신뢰, 존중, 관계를 중요시하는 성향을 가진다.

구조주도 성향의 강함과 약함 그리고 인간배려 성향의 높고 낮음에 따라 Fig. 10에서 보는 바와 같이 네 가지 형의 리더로 구분할 수 있다.

I 유형은 높은 구조주도로 직무수 행에 철두철미하면서 인간배려도 높은 리더로서 매우 바람직한 경우로 생각된다. 그러나 많은 경우는 II 유형 또는 III 유형으로 나타나고 있다.

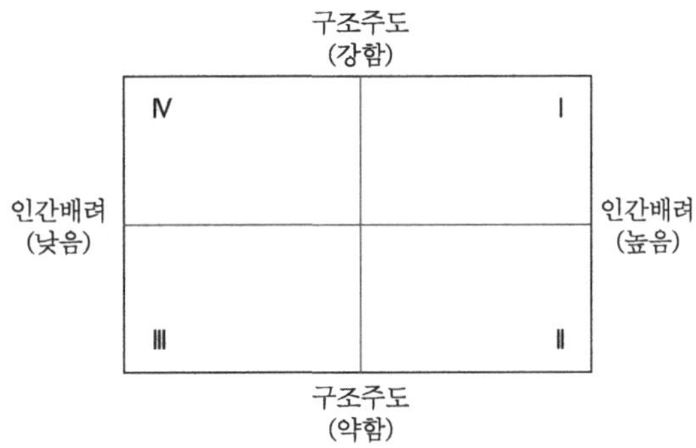

Fig. 10. 구조주도형-인간배려형 (출처: 김영규 2006)

③ 미시간 대학의 연구

리커트(*Likert*)를 중심으로 한 연구결과이다. 인터뷰, 설문조사 등으로 연구하였다. 두 가지 스타일의 리더십 유형을 확인하였다. 즉 과업적인 측면을 중요시한 생산중심과 인간관계를 중요시하고 종업원의 요구를 들어주는 종업원 중심형이다. 이 두 가지 중에서 종업원 중심의 리더가 높은 집단 생산성과 높은 직무 만족도를 보였다.

리커트의 연구결과로부터 착취적 권위형, 온정적 권위형, 협의형, 참여집단형으로 나눌 수 있으며, 각각에 대한 내용은 다음과 같다.

i) 착취적 권위형 : 관리자는 매우 독재적이며, 부하들을 거의 신뢰하지 않고, 공포나 처벌에 의하여 부하들을 동기부여한다. 또 그는 조직의 목표설정과 관리상의 의사결정을 상위계층에 제한시키며, 명령계통을 따라 그에 관한 지시를 하달한다. 따라서 그는 하향적 의사소통만을 허용한다.

ii) 온정적 권위형 : 관리자는 다소 온정적으로 부하들을 신뢰하고, 보상과 약간의 공포 및 처벌에 의하여 부하들을 동기부여한다. 또 그는 약간의 상향적 의사소통을 허용하며, 그의 부하들로부터 약간의 아이디어나 의견을 구하고, 의사결정에 관한 권한을 약간 위양하지만, 통제는 엄격히 이루어진다.

iii) 협의형 : 관리자는 부하들을 상당히 신뢰하지만 완전히 신뢰하는 것은 아니다. 그는 부하들의 아이디어나 의견을 건설적으로 이용하며, 동기부여를 위하여 보상을 하지만 약간의 참여와 간헐적인 정책 혹은 방침과 전반적인 의사결정은 상위계층에서 이루어지도록 하지만, 구체적인 의사결정은 하위계층에서 할 수 있도록 허용한다.

iv) 참여집단형 : 관리자는 모든 문제에 있어서 부하들을 완전히 신뢰한다. 그는 항상 부하들로부터 아이디어나 의견을 구하고 또 이것을 건설적으로 사용한다. 그는 목표의 설정 및 목표에 도달하기 위한 과정을 결정함에 있어서, 부하들을 참여시킴으로써 동기를 부여하려 한다. 그는 또 하향적, 상향적 의사소통 뿐만 아니라 동료들간의 수평적 의사소통도 원활히 이루어지도록 허용하며, 조직전체를 통하여 의사결정을 장려한다. 그 밖의 활동에 있어서는 자기 자신과 그의 부하들이 하나의 집단으로서 행동한다.

리커트의 연구결과 일반적으로 참여집단형의 접근방법을 그들의 직무수행에 적용하는 관리자들이 가장 성공적인 지도자가 되고 있다는 것을 발견하였다. 그는 참여집단형의 접근방법에 의하여 관리되고 있는 부문이나 회사는 목표설정과 그 목표의 달성에 가장 효과적이었다는 것과 또 생산성이 가장 높았다는 것을 발견하였다. 그는 이와 같은 리더십의 효율성은 주로 관리에 있어서의 참여의 정도와 지원관계가 유지되고 있는 정도에 의존하고 있다고 보고 있다.

④ 경영격자(managerial grid) 이론

블레이크와 무튼은 경영격자에서 생산에 대한 관심(즉, 과업성취)과 인간에 대한 관심(즉, 인간관계개선)이라는 두 가지 기준을 토대로 하여, 리더십 유형을 다섯 가지로 분류하였다. 이는 오하이오 주립대학 팀이 주도한 구조주도형 및 인간배려형 모형을 더욱 구체화 한 것으로 리더의 행동에 좋은 자료가 될 수 있다. Fig. 11에서 보는 바와 같이 다섯 가지 형의 리더는 다음과 같다.

i) 무관심형(1,1) : 관리자의 인간에 대한 관심과 생산에 대한 관심이 최소수준에 머무르는 리더십 유형이다. 즉, 관리자는 조직을 겨우 지탱해 나갈 수 있을 정도로 최소한의 노력을 기울인다. 즉, 이 경우의 관리자는 상위자로부터 하위자로 정보를 전달하는 사람에 불과하다.

ii) 친목형(1,9) : 관리자의 생산에 대한 관심은 매우 낮으나 인간에 대한 관심은 매우 높은 리더십 유형이다. 이 경우에는 관리자는 인간의 욕구를 깊이 배려하고만 있으면, 만족스러운 인간관계가 형성되고 온화하고 친근한 분위기가 조성되어 일도 잘 되어 나갈 수 있으리라고 생각한다. 따라서 그는 모든 사람들이 편하고 친근하고 즐거워할 수 있도록 환경을 개선하려고 한다.

iii) 과업형(9,1) : 관리자의 관심은 오로지 능률적인 작업에만 있으며, 인간에 대해서는 거의 관심을 가지고 있지 않다. 따라서 그는 매우 독재적인 리더십을 발휘한다.

iv) 단합형(9,9) : 관리자의 생산에 대한 관심이나 인간에 대한 관심이 모두 높은 리더십 유형이다. 따라서 그는 기업의 생산에 있어서의 요구와 개인의 욕구를 모두 충족시키고 있다.

v) 절충형(5,5) : 관리자는 인간과 생산에 대해서 절반씩의 관심을 갖는 리더십 유형이다. 따라서 그는 인간의 욕구를 만족할 만한 수준으로 유지해야 한다는 필요와 과업을 성취해야 한다는 필요를 적절히 균형시키고 있다.

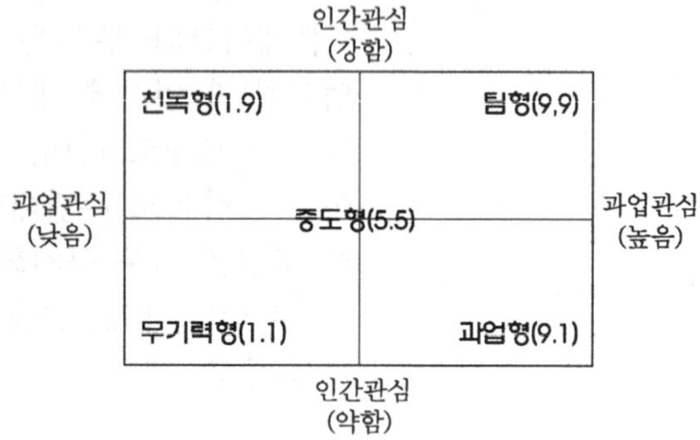

Fig. 11. 관리격자(Managerial Grid) (출처: 양일선 외 2008)

(3) 리더십의 상황이론

리더십에 관한 밝혀진 이론인 특성이론과 행동이론으로써 모든 상황에서의 효과적인 리더십을 설명할 수 없음을 인식하게 되었다. 따라서 경영 전반에 강조되던 상황이론을 적용하게 되었다. 즉 리더십에 관한 연구는 리더십 유효성을 리더, 부하, 상황, 그리고 그들간의 상호관계에 의해서 결정된다고 보고 있다. 상황이론에서는 상황요인에 따라 리더십의 유효성이 달라질 것이라고 보고 있다. 따라서 상황에 적합한 리더십 유형을 찾아내려고 한다. 이들 상황요인에는 조직구성원의 특성과 기대 및 행위, 리더의 기대 및 행위, 리더의 개성과 경험 및 기대, 조직방침 및 분위기 등이 있다.

다음은 *Fiedler*의 상황이론을 살펴본다. *Fiedler*는 리더십이 이루어지는 상황의 호의성에 따라 다른 유형의 리더십이 효과적이라는 주장을 하였다. 리더십 유형은 상황적 특성에 따라서 다른 효과를 낼 수 있다.

① 상황의 특성

*Fiedler*는 리더십이 이루어지는 상황이 리더에게 얼마나 호의적인가에 따라서 효과적인 리더십 유형이 다르다는 주장을 하였다. 상황이 리더에게 호의적인가 비호의적인가를 결정하는 리더십의 상황적 특성을 Table 14에 나타내었다.

Table 14. 리더십의 상황적 특성

상황의 호의성	호의적 ←							→ 비호의적
리더와 구성원간의 관계	좋음				나쁨			
과업의 구조화	구조화		비구조화		구조화		비구조화	
직위 권한	강함	약함	강함	약함	강함	약함	강함	약함
상 황	I	II	III	IV	V	VI	VII	VIII

i) 리더와 구성원과의 관계 : 집단 구성원들이 리더를 지원하고 있는 정도 표현.

ii) 과업구조 : 구성원들이 맡은 과업이 명확히 정의되어 있는 정도, 즉 목표의 명확성, 목표에 이르는 수단의 다양성, 의사결정의 검증가능성 등으로 결정.

iii) 리더의 직위권한 : 리더의 직위가 집단 구성원에게 명령을 수용하게 할 수 있는 정도이며, 구성원들에게 보상이나 처벌을 줄 수 있는 재량권 등을 의미.

이상의 세 가지 요소들의 조합에 의해서 리더에게 가장 호의적인 상황인 1에서부터 가장 비호의적인 상황까지 8가지의 상황이 나타난다. 여기에서 상황의 호의성이라는 것은 상황이 리더에게 자기의 집단에 대하여 영향력을 행사할 수 있는 정도로 정의하고 있다. 8가지 상황에서 리더에게 가장 호의적인 상황은 리더와 구성원들 간의 양호한 관계, 높은 과업구조 즉 명확하게 정의된 직무를 지시할 수 있는 상황, 리더가 강력한 직위권한을 갖는 상황이다.

② 리더십 유형의 분류

*Fiedler*는 그의 연구를 위하여 리더십 유형을 과업지향적인 유형(task-oriented)과 인간관계 지향적인 유형(human relations-oriented)으로 분류하였다. *Fiedler*는 리더의 유형을 알아내기 위하여 LPC(Least-Preferred Co-worker) 척도라는 개념을 개발하였다. LPC 척도는 리더에게 자신이 가장 함께 일하기를 싫어하는 동료를 생각하면서 8점 척도의 문항에 대하여 대답을 하도록 하여 이들의 점수를 합하여 리더의 유형을 결정한다. LPC 척도는 자신의 동료를 긍정적으로 평가하면 관계 지향적 리더십 유형으로 부정적으로 평가하면 과업지향적인 리더

십 유형으로 분류한다.

즉 LPC 척도에서 가장 같이 일하기 싫은 사람에 대한 척도가 리더십 판단의 기초가 된다. 과업지향적 리더십은 LPC 점수가 낮으며, 관계지향적 리더십은 LPC 점수가 높다. 다시 말하면 가장 싫어하는 동료에게까지 관대하고 호의적일 경우 관계지향적 리더십이, 그 반대일 경우 과업지향적 리더십으로 볼 수 있다. LPC 척도에 의하여 구체적으로 리더십 유형을 분류하는 방법은 어떤 리더가 만일 총점수가 64점 이상이면 관계 지향적인 유형을 가지고, 57점 이하면 과업지향적 리더십 유형을 갖는 것으로 판단하며, 58점 이상 63점 이하인 경우에는 리더 자신이 스스로 판단 할 수밖에 없다.

Tabel 15. Fiedler의 LPC(Least-Preferred Co-worker) 척도

자신이 일한 경험을 돌이켜보세요. 그 중에서 가장 함께 일하기가 어려웠던 사람을 기억해보세요. 감정적으로 싫었던 사람들을 찾는 것이 아니라 함께 일하기에 어려웠던 사람에 대한 기억입니다. 그 사람을 생각하면서, 좌우 양쪽의 질문을 읽고서 답하세요.		
도움이 되는 사람	8, 7, 6, 5, 4, 3, 2, 1	좌절을 주는 사람
거부적인 사람	1, 2, 3, 4, 5, 6, 7, 8	수용적인 사람
쾌활한 사람	8, 7, 6, 5, 4, 3, 2, 1	쾌활하지 못한 사람
열정적이지 않은 사람	1, 2, 3, 4, 5, 6, 7, 8	열정적인 사람
다정한 사람	8, 7, 6, 5, 4, 3, 2, 1	다정하지 못한 사람
긴장하고 있는 사람	1, 2, 3, 4, 5, 6, 7, 8	여유있는 사람
효율적인 사람	8, 7, 6, 5, 4, 3, 2, 1	비효율적인 사람
거리를 두는 사람	1, 2, 3, 4, 5, 6, 7, 8	친근한 사람
냉정한 사람	1, 2, 3, 4, 5, 6, 7, 8	다정한 사람
협동적인 사람	8, 7, 6, 5, 4, 3, 2, 1	비협동적인 사람
지원적인 사람	8, 7, 6, 5, 4, 3, 2, 1	적대적인 사람
따분해 하는 사람	1, 2, 3, 4, 5, 6, 7, 8	흥미있어 하는 사람
싸우기 좋아하는 사람	1, 2, 3, 4, 5, 6, 7, 8	조화를 이루는 사람
자신 있는 사람	8, 7, 6, 5, 4, 3, 2, 1	주저하는 사람
우울한 사람	1, 2, 3, 4, 5, 6, 7, 8	쾌활한 사람
개방적인 사람	8, 7, 6, 5, 4, 3, 2, 1	폐쇄적인 사람

③ 리더십 유형과 상황의 적합관계

*Fiedler*는 여러 집단을 대상으로 상황적 특성과 리더십 유형 간의 관계를 연구하였다. 연구결과 상황이 아주 호의적이거나 아주 비호의적인 경우에는 과업지향적인 리더가 효과적이며, 상황이 호의적이거나 비호의적인 경우에는 관계지향적인 리더가 효과적인 것으로 밝혀졌다.

즉,

i) LPC 점수를 낮게 얻은 리더, 즉 과업지향적인 리더는 집단상황이 리더에게 아주 호의적이던가(Ⅰ,Ⅱ,Ⅲ), 아니면 아주 비호의적인 상황(Ⅶ,Ⅷ)에서 성과가 높게 나타난다.

ii) LPC 점수를 높게 얻은 리더, 즉 관계 지향적인 리더는 집단상황이 리더에게 중간적인 상황(Ⅳ,Ⅴ,Ⅵ)에서 성과가 높게 나타난다.

④ 유효성 증대 방안

*Fiedler*는 개인의 리더십 유형은 고정되어 있다는 주장을 하였다. 따라서 리더의 유효성을 증대시키는 방법에는 두 가지가 있다고 보았다.

첫째로 리더를 상황에 맞게 바꾸는 것이다. 예로서 집단의 상황이 아주 비호의적인 상황에서 관계 지향적인 관리자에 의해서 지휘되고 있다면, 집단의 성과는 과업지향적인 리더로 교체하는 경우이다.

둘째로 현재의 리더에 적합한 상황으로 만드는 것이다. 그러한 방법은 봉급인상, 승진, 그리고 재량권과 같은 리더가 통제하기 위하여 가지고 있는 권력을 증가시키거나 감소시키고 또는 과업을 재구조화함으로써 가능하다.

피들러의 이론은 상황에 착안한 접근방법의 선험적 역할을 하였으며, 그의 업적에 대하여 긍정적인 평가를 하고 있다. 그러나 LPC 점수와 모델의 실제 이용에는 상황변수가 복잡하고, 실무자들이 접근하기가 어려우며, 실무적으로 리더와 구성원들 간의 관계, 과업을 구조화하는 방법, 리더가 가지고 있는 직위권한의 크기를 결정하기가 어려운 문제점이 있다.

3) 최근의 리더십

(1) 카리스마-비전적 리더십

① 카리스마 리더십(charismatic leadership)

카리스마(charisma)는 그리스 언어 로 신이주신 재능(gift)의 뜻이며, 일반적으로 논리적으로 설명이 쉽지 않은 권력, 권위를 뜻한다. 이러한 권위에 순종는 리더를 의미한다.

② 비전적 리더십(visionary leadership)

현재 상황을 개선하기 위해 미래의 실재적이고 믿을 만하고 매력적인 비전을 창조하고 설명하는 능력이라는 점에서 카리스마적 리더십을 능가한다. 비전은 활력을 주는 것이어서 어떤 일을 이루기 위해 기술, 재능, 자원이 동원되게 하며, 결과적으로 발전을 할 수 있는 바탕이 된다.

그러므로 비전은 사람들의 감정을 건드려서 조직의 목표를 추구하기 위해 열정을 보이도록 명확하고 강력한 상상력을 제공할 수 있의면 좋다. 고취적이고 독특한 가능성을 만들어 낼 수 있어야 하고, 조직과 구성원들을 위해 확실히 좋은 일들을 수행하는 새로운 방법을 제시할 수 있어야 한다. 명확히 설명되고 강력한 상상력을 갖는 비전들은 쉽게 감지되고 받아들여진다.

비전적 리더십을 위해 갖추어야 할 능력으로는 다음을 들 수 있다.

i) 명확한 화술 및 글로 요구되는 목표와 행동을 위해 비전을 명확하게 하고 다른 사람들에게 비전을 설명할 수 있는 능력
ii) 말만이 아닌, 행동으로 비전을 설명할 수 있는 능력이 요구된다.
iii) 다른 리더십 영역에까지 비전을 확장 또는 적용할 수 있는 능력이 요구된다.

(2) 변혁적 리더십

*Burns*와 *Bass*의 주도적인 리더십 연구인 변혁적 리더십연구는 시대적 요구에 부응하기 위하여 초기 카리스마적 리더십의 요소들인 초인성이나 자신감, 희생정신 등과 같이 혼란기의 강한 권력자적인 특징을 필요로 하는데서 출발한다.

그러나 변혁적 리더십에 대한 정의는 리더-부하간의 관계를 조건-보상의 관계로 보고 이에 따르는 리더십 특징을 거래적 리더십이라고 규정짓는 *Burns*(1978)를 중심으로 한 주장들과 결합하여 보다 구체화된 요소들로 구성되어 졌다. 즉 초기의 카리스마적 요소를 구체화하여 자부심과 존경심을 불러일으키는 리더의 강한 면모와 부하에게 적절한 권한을 부여하고 지위상승을 허용하여 신뢰감을 얻는 관대함을 협의의 변혁적 리더십 유형으로 정형화하고 상황에 따라 리더의 자의에 의해 자율적이고 방임적인 반면 조건과 보상의 실익을 따지는 거래

적 리더십의 선택 능력을 리더에게 요구함으로써 보다 넓은 의미의 변혁적 리더십 개념이 도출된 것이다(*Burns*, 1978; *Bass*, 1985). 이는 *Bass*가 변혁적 리더십에 대한 측정을 변혁적 리더십의 3개 요소와 거래적 리더십에 대한 2개 요소로 측정하는 이유를 설명하기도 한다. 변혁적 리더십에 대한 연구는 *Bass* 외에도 많은 학자들에 의해 실증 연구가 시도되었다.

변혁적 리더십이론 연구들 가운데 대표적인 *Bass*의 연구는 첫째, 대상이 성공적인 최고급 리더에게 편중되어 실패한 리더들이나 비공식적 리더십 과정으로부터의 학습 가능성을 배제하였으며 둘째, 정성적 사례보다는 계량적으로 고안된 공식적 리더들에게만 초점이 모아졌고 셋째, 변혁적 리더들은 스스로 상황을 바꿀 수 있다는 이유로 상황 분석이 필요 없다는 주장으로 인하여 상황 분석이 무시되었다는 등의 비판이 주어졌다.

변혁적 리더십 이론은 리더십의 유형을 구체적으로 개념화하였고 대중적으로 적용될 수 있는 방법을 제시하고 조직 행위 이론에 있어 이론적 틀을 마련해 주었으므로 폭넓은 분야의 연구가 계속 이루어져 조직 설계의 분권화에도 이론적 배경을 제공할 것으로 예측된다. 그러나, 변혁적 리더십 이론의 리더십 요소라고 할 수 있는 리더의 카리스마성, 변혁성, 거래성 등의 원인은 훈련이나 학습을 통해 얻어지거나 선택에 의해서 가지게 되며, 상황은 물론 인간의 본성에 의해 주어지는 특성의 규명은 배제되었다. 그러므로 리더가 리더십의 선택을 결정짓는 원인 요소의 규명은 연구 과제가 되고 있다.

변혁적 리더십의 요소들에 대한 주요내용은 *Bass*(1985)의 연구에서 명확하게 구분된다. 그는 변혁적 리더십을 5개 요소로 규정하고 있으며 이들은 변혁적 리더십 요소로서 카리스마, 개별화된 배려, 지적 자극 등 3개 요소와 거래적 리더십의 요소로서 조건적 보상과 예외 관리 요소 등 2개 요소를 포함하였다. 변혁적 리더십은 거래적 리더십의 바탕 위에 세워진다. 변형적 리더십은 거래적 리더십에서 얻을 수 있는 수준 이상으로 노력과 성과를 만들어 내며, 구성원들의 확립된 견해는 물론 리더가 갖고 있는 견해에 대해 의문을 제기할 수 있는 능력을 심어주기 때문에 카리스마 이상이다.

인적자원관리(human resource management)는 인사관리(personal management)와는 달리 조직의 제요소 중 인적요소의 자원성이 중시되며, 계발 가능성, 전략적 중요성 등으로 조직 관리자의 인적자원 개발기능이 강조되고 있다. 특히 급속히 변화하고 있는 동태적 조직 환경에서 인적자원관리와 경영 성과 간의 상관성 입증으로 효율적인 인적자원관리에 대한 관심이 높다.

조직에서의 가장 중요한 자산은 인적자원이며, 직종에 따라 다양한 능력을 가진 인적자원이 요구된다. 채용을 위해 수행해야 할 업무에 대한 상세한 조사가 선행되어야 한다. 이러한 조사를 통해 종사원으로서 직무를 수행하는데 필요한 자격과 기술, 그리고 교육훈련에 요구되는 직무명세서의 세부사항이 필요한 것이다. 채용된 종업원이 기본 교육을 이수하고 근무를 시작했을 때 종업원 자신의 노력과 성과에 대한 충분한 보상과 동기 부여의 방법으로 공정한 평가시스템 하에 평가가 이뤄져야 하고, 직무분석에 따라 적재적소에 배치되어야 한다. 그리고 일정 기간마다 공정한 인사 고과를 실시하여 직원의 성격, 능력, 근무상태를 재평가하여 전직, 승진, 강등 등으로 이동을 시킬 필요가 있다.

그리고 기업 뿐만 아니라 모든 조직에서 유능한 인재를 확보할 수 있는 방법과 제도, 이들 인재의 잠재능력을 개발하여 직무만족과 조직에 기여할 수 있게 하는 방안, 그리고 조직구성원들에게 공정성과 인센티브를 보장할 수 있는 보상관리 및 유능한 인적자원을 보존할 수 있는 유지관리를 소홀히 할 수 없다. 그러므로 인적자원의 모집·선발의 인력의 확보로부터 개발관리, 보상관리, 유지, 통합관리 및 이직관리까지 전 과정에 대해 살펴보고자 한다.

내용에 들어가기 전에, 기업이 요구하는 인재에 대한 설문조사를 실시하였으며, 기업체 인사담당자들이 요구하는 답에서 인적자원에 대한 힌트를 얻을 수 있을 것이기에 살펴보기로 한다.

쉬 / 어 / 가 / 기

Q&D) 인사담당자의 78.8% "채용 후 괜히 뽑았다고 생각하는 직원이 있다.(단위: %, 복수응답) D일보(2010. 3월)

▶ 뽑고 나서 후회 했다 [신입사원]
1위. 편한 일만 하려는 유형(45%)
2위. 가르쳐도 이해력이 떨어지는 유형(44.7%)
3위. 스펙만 좋고, 실무능력이 떨어지는 유형(39%)
4위. 말만 하고 행동하지 않는 유형(38.8%)
5위. 회사 내 예의범절을 전혀 모르는 유형(38.2%)
6위. 개인만 아는 이기적인 유형(28.7%) 등

▶ 뽑고 나서 후회 했다 [경력사원]
1위. 경력에 비해 성과가 떨어지는 유형(48.6%)
2위. 열정은 없고 편한 일만 하려는 유형(36.7%)
3위. 말만 하고 행동하지 않는 유형(34.1%)
4위. 전 직장의 장점과 계속 비교하는 유형(28.4%)
5위. 본인만 아는 이기적인 유형(24.5%)
6위. 전 직장 프로세스만 고집하는 유형(20.7%)

▶ 대처법
1위. 상담을 통해 개선토록 했다(40.1%)
2위. 주의를 줬다(38%)
3위. 인사고과를 낮게 평가했다(21.2%)
4위. 권고사직 시켰다(20.7%)
5위. 개선의 여지가 없는지 지켜만 보았다(19.4%) 등

▶ 직원을 잘못 뽑은 이유

1위. 면접에서 지원자의 말만 믿어서(31.8%)
2위. 심층면접을 진행하지 않아서(18.6%)
3위. 개인적으로 인재채용 스킬이 부족해서(15%)
4위. 스펙만 보고 평가했기 때문에(14.7%)
5위. 평판조회를 실시하지 않아서(7.2%) 등

▶ 채용 후 잘 뽑았다고 생각하는 신입사원

1위. 언제나 성실한 유형(58.9%)
2위. 책임감이 강한 유형(56.8%)
3위. 조직 융화력이 뛰어난 유형(43.8%)
4위. 궂은일도 나서서 해결하는 유형(36.7%)
5위. 새로운 일에 항상 도전하는 유형(24.4%)
6위. 애사심이 높은 유형(23.4%) 등

▶ 채용 후 잘 뽑았다고 생각하는 경력사원

1위. 책임감이 강한 유형(53.4%)
2위. 조직 융화력이 뛰어난 유형(44.8%)
3위. 성과가 뛰어난 유형(40.9%)
4위. 언제나 성실한 유형(36.5%)
5위. 위기대처능력이 뛰어난 유형(28.5%)
6위. 멀티플레이어 유형' (26.5%)
7위. 궂은 일도 나서서 해결하는 유형(25.7%) 등

1. 급식(외식)업체의 인적자원관리의 개념

급식(외식)업은 시설, 메뉴, 서비스를 주요 상품으로 판매하는 사업이다. 외식업은 서비스 산업으로 우수한 인적자원이 매우 필요로한다. 적합한 인재를 고용하고 교육과 훈련을 통해 종업원의 자질을 개발할 필요가 있다. 이와 같이 외식업 창업과정 중에서 업체의 특성과 분위기에 적합한 인재를 구하는 일이 가장 힘들고도 기업의 성패를 좌우하는 핵심적인 일 중 하나라 할 수 있다. 일반적인 인력관리의 전체적인 영역을 살펴보면 인력의 확보 → 개발관리 → 보상관리 → 유지, 통합관리 → 이직관리까지를 생각하여야 한다. 그러나 여러 가지 여건의 제약으로 인해 급식(외식)업체의 환경과 경영이념 및 방침에 적합한 유능한 인재를 확보하기 위한 모집에서부터 배치하기까지의 절차는 Fig. 12와 같다.

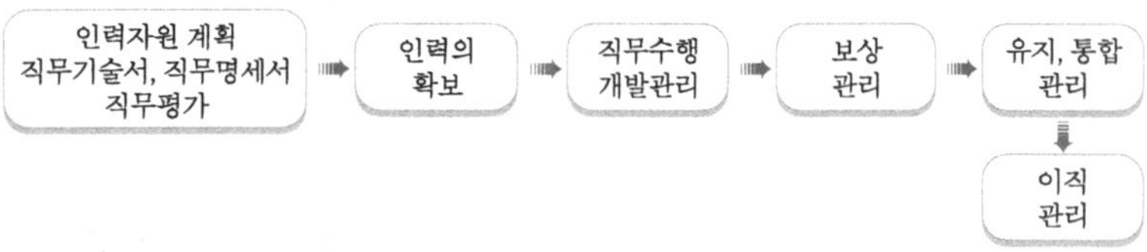

Fig. 12. 직원 모집 및 관리 절차

2. 인적자원관리의 발전과정

1) 태동기(1880~1920)

인적자원에 대한 시각은 19세기말까지는 인적자원인 노동자에 대한 시각은 단지 고용주의 필요를 위한 존재로 여기는 정도였으므로, 복지나 개별적 요구에 대한 배려는 거의 없는 상태였으며, 관리자, 정부, 법률입안자들의 대부분도 사기업에 대한 자유방임적 태도를 보인 편이었다.

(1) 사회복지차원의 배려(social welfare movement)

노조의 기세를 꺾고, 노조의 저변확대를 훼방 놓으며, 사용

인력을 효과적으로 다루기 위해 사회복지차원의 배려가 시작되어 오늘날의 복리후생의 모태가 되었다.

(2) 과학적 관리(scientific management)

늘어나는 사용 인력에 대한 효율성 증진을 위해, 사회복지 부문의 확대에 더하여 새로운 방법을 모색 중에 테일러(F. W. Taylor)에 의해 제시되었으며 내용은 다음과 같다.

생산성 증대를 위한 관리노력으로 고임금과 저노무비의 실현을 위한 수단으로 차별성과급제도를 도입하였다. 과학적 관리를 위한 4가지 기본요소로서 ①시간 및 동작 연구, ②과업 관리, ③공구의 표준화, ④기능적 직장(functional foreman) 제도를 도입하였다.

과학적 관리의 결과는 ①분업을 배경으로 확산되며, *H. Gantt, F. Gilbreth, H. Ford* 등에 의해 실천되었다. ②공정한 보상, 노사화합(communication), 과업의 합리적 할당 ③산업공학의 모태가 되었다. 과학적 관리의 문제점과 비판으로는 ①조정과 통제의 비용 증대, ②생각과 사상의 몰인간화, ③동기부여에 관한 잘못된 가정, ④노동력 착취이론 등이 있다.

(3) 초기 산업심리(industrial psychology)

심리학적 이론을 경영관리와 산업현장에 적용하기 시작하였다.

먼스터버그(*H. Munsterberg*)는 직무내용의 분석으로부터 육체적, 정신적, 감정적 요소를 측정할 수 있는 검사를 실시하여 근로자들의 과학적 선발을 시도했으며, 사고성향(accident proneness)이 높은 사람을 추려내고자 심리학적 이론과 측정도구를 사용하여, 직무, 환경, 근로자 사이의 접합관계가 잘 이루어지도록 과학적인 시도를 하였다.

2) 1920년대

생산성 향상을 위한 많은 노력이 진행되었으며, 대표적인 예로서 호손실험이다. 이 실험 연구의 결과로부터 인간관계론의 발전 계기가 되었으며, 조직에 현대적 의미의 인사관리가 도입되게 되었다.

(1) 호손 연구(1924~1932)

*Western Electric*의 호손(*Hawthorne*) 공장에서 이루어진 일련의 실험으로 세부적인 내용은 다음과 같다. 조명실험(1924~1927), 계전기 조립실험(1927~1932), 배전반 작업 실험(1931~1932), 인터뷰 프로그램(1928~1930)으로부터 얻어진 연구의 의의는 다음과 같다.

① 경영관리 측면에서 가장 중요한 것은, 좋은 작업조건이 아니라 올바른 작업조건임이 밝혀짐
② 근로자들의 개인적 상황에 따른 견해를 들어주고, 이해해주는 것이 필요함으로부터 인터뷰 기법, 고충처리과정 개발의 필요성 제기
③ 산업현장에서도 사회적 요인들이 생산성에 영향을 미치며, 특히 비공식적 조직과 생산성과의 관계에 관심을 가지게 되었다
④ 과학적 관리를 위한 *Taylor*의 전제가 잘못된 것임을 입증

(2) 인간관계론

호손 연구의 결과로부터 시작된 인간에 대한 관심 즉 인간관계론에 관한 관심이 높아졌으며, 연구자로는 메이요(*E. Mayo*), 뢰스리스버거(*F. Roethlisberger*), 딕슨(*W. Dickson*) 등이 있다. 메이요의 초기 학문적 관심은 휴식시간이나 작업의 물리적 환경이 피로, 사고 및 이직률에 미치는 영향을 밝히고자 필라델피아 방적공장의 이직률에 관한 연구, 남부 캘리포니아 비행기 조립공장의 이직률에 관한 연구 등을 수행하였다.

3) 1930년대

미국의 대 공황기는 인사관리 기능에 있어서도 변화를 초래하게 되었다. 즉 과거의 인사 담당부서의 기능은 사회복지차원의 서비스를 담당하여, 후생복지나 부가급부를 제공하는 업무였으나, 대 공황 시기에 기업의 불황으로 경비절감을 위해 그 같은 기능을 제거하는 상황에 이르렀다. 그리고 근로자들의 단체협상권을 보장하는 법안이 통과됨으로써 노조 결성 및 노조 가입자가 급증하였으며, 그 결과 인사관리의 기능에 있어 노조를 담당하는 즉, 노사관계 기능이 생겨나게 되었다.

4) 제 2차 세계대전(1940년대)

전쟁으로 인해 전투인력의 유입 증대로 노동력의 부족 현상이 발생하였으며, 부족한 자리를 여성인력과 고령자 등 미숙련 노동력의 유입이 증대하게 되었다. 그러므로 미숙련 노동인구를 위한 현장 훈련 기법(OJT, on-the-job training)이 실시되었다. 또 대학교육에 인사관리가 전공으로 생겨나게 되었다.

5) 1950년대

인간관계론이 많은 호응을 얻음으로서 새로운 학문 영역인 행동과학이 나타나게 되었다. 행동과학은 인간의 행위를 이해하기 위한 노력의 일환으로 사회과학과 생물과학이 결합한 것이며, 행동과학의 근거는 생산성이었으며, 오늘날의 조직행동의 형성에 영향을 미쳤다.

6) 정부의 개입(1960~70년대)

이 시기는 세계적으로 정부가 인적자원관리에 적극적으로 개입하게 되므로 인사관리 부서의 중요성이 재인식되었다.

우리나라의 경우는 1960년부터 20여년간 산업화가 이루어진 시기이다.

7) 1980년대

인적자원 관리자의 역할은 기본적으로 기능적 전문가로서, 내부적으로 소비되는 가치를 제공하는 서비스 기능에서 더 나아가 옹호자의 역할을 하게되었다. 즉 조직 구성원들에 대한 공정한 대우와 정의를 옹호하는 옹호자의 역할은 동기부여, 생산성, 품질 등과 밀접한 관련이 있음이 밝혀졌다.

8) 1990년대

인적관리 담당자의 역할은 인적자원의 운영 뿐만 아니라 사업, 즉 비즈니스에 관한 지식을 갖고서 회사의 사업방향, 제품, 고객, 시장에서의 경쟁적 지위 등에 대한 이해를 요구함과 함께 비즈니스 파트너의 역할을 요구하게 되었다.

9) 2000년대 : 변화담당자의 역할

인적자원관리자는 변화담당자로서 변화가 일어날 수 있도록 조직을 활성화 하며, 이를 위해 리더십, 갈등해결 능력을 갖추어야 하게 되었다. 환경변화를 예측하고 대응하기 위해 조직은 지속적으로 변화되어야 한다. 즉 일시적, 유행적인 변화가 아닌 조직에 가치를 덧붙일 수 있는 올바른 방향으로의 변화 모색이 요구되고 있다.

다양한 변화의 몇 가지 예를 살펴보자.

인력 구성면의 변화로는 전반적인 학력 인상, 여성근로자의 증가, 일하는 엄마의 증가, 외국인 근로자의 증가가 나타나고 있다. 노동인력 가치관의 변화로는 전통적인 직업윤리의 변화, 신세대와 기성세대 사이에서 나타나는 가치관의 차이에 의한 불협화음 그리고 신세대를 위한 여러 가지 새로운 접근도 고려하여야 한다. 생산성의 변화, 일자리 창출에 관한 정부의 요구, 업무량의 증대로 인한 스트레스의 증가, 경력사원 채용 선호 등을 들 수 있다.

3. 인적자원계획

인적자원관리를 위한 계획으로서 조직별로 필요한 인적자원의 수요와 수급에 관련한 계획 뿐만 아니라 인적자원의 능력개발까지를 포함한 전반적인 계획을 의미하며, 이를 위한 세부적인 사항들을 살펴보기로 한다.

1) 인적 자원의 계획화

(1) 노동력 수요 예측 기법

인적자원의 계획에서 수요 예측은 매우 중요하다. 이를 위한 방법들을 알아본다.

① 전문가 예측법(expert-estimate technique) : 전문가의 경험과 직관에 의하여 미래의 필요한 인력을 예측하는 방법이다.

② 추세분석(trend-projection technique) : 제품 판매량과 고용

량 간의 과거 관계에 대한 분석자료로부터 필요한 수요인력을 예측하는 방법이다.

③ 다변량 예측기법(modeling and multiple-predictive technique) : 추세분석보다 더 많은 여러 개의 변량들(예로서, 매출액, 생산량, 예산, 노동 시장의 수요와 공급)을 사용하여 예측하는 방법이다.

④ 실무부서 단위예측기법(unit demand forecasting technique) : 각 부서단위 별로 그 부서의 목표를 수행함에 있어서 요구되는 인력으로부터 예측하는 방법이다.

(2) 노동력의 공급 예측 기법

인적자원의 노동력 공급 예측기법에는 다음의 방법들이 있다.]

① 기능저장제도(skills inventory system) : 종업원의 과거, 현재, 미래의 직무관련 자료를 입력해두는 제도를 이용하여 공급을 예측한다.

② 관리자 승계계획(succession planning) : 종업원에게 주요 직위에 대하여 승진대상자 수를 알려주고, 승진준비를 예고하여 주며, 또 경력 쌓도록 하여 승진에 대비하게 하는 제도이다.

③ 마코브 분석법(markov analysis) : 과거에 일어난 종업원들의 직무 간 이동에 관한 자료를 분석하여 미래의 인력공급을 예측하는 방법이다.

2) 직무분석

(1) 용어 정리

우선 직무분석과 관련된 용어를 살펴보면 다음과 같다.

① 과업(課業, task, duty) : 어떤 특정목적을 달성하기 위해 인간적 노력이 주어지는 경우, 그것이 신체적이거나 정신적인 노력여부에 불구하고 그 개개의 노력을 과업이라 한다. 즉 꼭 해야할 일이나 임무를 말한다.

② 직위(職位, position) : 직위는 지위(地位)라고도 하며, 개인에게 할당된 일 내지 과업의 집합체를 말한다. 즉 개인이 과업을 수행함에 있어서 그에게 지워져 있는 의무나 책임을 포함한 일체의 정신적·육체적 활동 전체를 의미

한다.

③ 직무(職務, job) : 직무란 각자의 업무에서 그 종류와 성질이 동일하고, 그것을 수행하기 위한 요건이 동일한 경우에 그러한 일군의 직위를 일괄해서 직무라고 부른다. 직무와 직위는 다르다. 하나의 직위는 반드시 하나의 직무 안에 포함된다.

예로서 경영을 관리하는 직위를 특별히 경영(또는 관리) 직위라고 부른다. 여기에는 사장, 부사장 등은 최고관리자라 하며, 부장, 과장 등은 중간관리자, 계장, 감독자 등은 하급관리자라 할 수 있다.

④ 직군(職群, job classification) : 논리적인 기준으로 설정한 유사한 성격을 지닌 일정직무의 군으로서 이는 직무의 내용인 과업의 유사성이 높은 기능, 지식, 능력을 필요로 하는 공통 또는 상호 관계된 직무의 무리(군)이다.

⑤ 직급(職級, job rank) : 직무에 매겨진 등급을 직급이라 한다. 일의 종류나 난이도, 책임도 등에서 비슷한 직위를 한데 묶은 최하위의 구분이다. 동일한 직급에 속하는 직위에 대하여서는 임용 자격, 시험, 보수 따위의 인사 행정에 있어 동일한 취급을 할 수 있다.

외교직급(外交職級)을 예로 들면, 외교관의 직무에 따라 구분한 직급으로서 대사, 공사, 서기관, 참사가 있다.

쉬 / 어 / 가 / 기

Q&D) 한 사람이 운영하는 식당이 있다. 다음은 가게 주인이 하는 일이다.

- 운영방침과 업무계획을 세운다.
- 식재료를 구입한다.
- 음식을 조리한다.
- 고객이 오면 상품을 판매한다.
- 주문을 받으면 배달을 한다.
- 판매액을 계산하고 기장한다.

Q. 1) 직위(position)는 몇 개인가?, 직무(job)는 몇 가지인가?.

Q. 2) 가게가 번창하여 주인 혼자서 일을 수행할 수 없게 되었다. 판매원과 배달원을 한 사람씩 고용하고서 기타의 일은 주인이 하게 되었다.
직위(position)는 몇 개인가?, 직무(job)는 몇 가지인가?.

Q. 3) 가게가 더욱 번창하여 조리원 2명, 판매원 2명, 배달원 3명이 함께 일하게 되었다.
직위(position)는 몇 개인가?, 직무(job)는 몇 가지인가?.

(2) 직무분석(職務分析, job analysis)의 개념

분업과 전문화를 특징으로 하는 외식기업에는 수많은 직무가 있으며, 새로운 업태의 등장으로 인하여 새로운 직무가 계속하여 출현하고 있다. 다양한 직무의 출현으로 직무는 그 직무상 이전의 직무와 다르며, 이에 따라 자격 여건도 다를 것이다. 따라서 그 직무는 어떠한 내용과 성격을 가지고 있으며, 또 어떤 능력과 자질의 소유자가 필요한지를 파악하여야 하는데 이것이 곧 직무분석이라 할 수 있다.

즉 직무에 포함되는 일의 성질이나 직무를 수행하기 위하여 종업원에게 요구되는 적성에 대한 정보의 수집 분석을 말하며, 분석된 결과는 직무기술서나 직무명세서로 종합, 정리하여 인적자원 관리 및 조직관리에 활용된다.

(3) 직무와 직무분석의 의의

직무(job)란 작업의 내용·종류·방법이 유사한 직위들의 집합을 말한다. 직무분석(job analysis)이란 분업화된 기업의 직무를 효율적으로 수행하기 위해서 직무내용을 분석함으로써 직무와 인간간의 상관관계를 파악하고 어떠한 요건이 필요한가를 조사하는 과정으로 직무를 조사, 연구해서 조직에 필요로 하는 노동력의 종류와 질 및 양과 그의 성질을 결정하는 절차이다.

(4) 직무분석의 목적

직무분석의 목적은 조직구성원인 개인의 목적과 조직의 목적을 조화시켜 직무를 담당한 종업원으로 하여금 능률적인 직무활동을 통해 목표지향적인 행동으로 조직에 공헌할 수 있도록 해주는 가장 기초적인 일이다.

분석된 결과는 직무기술서나 직무명세서로 종합, 정리하여 인적자원 관리 및 조직관리에 활용된다.

즉 종업원의 채용, 승진, 배치전환, 교육훈련, 임금 등 인사관리의 기준이 된다.

① 직무평가의 자료로 활용한다.
② 채용, 승진, 배치, 이동을 위한 자료로 활용한다.
③ 교육훈련의 자료로 활용한다.
④ 안전위생의 자료로 활용한다.
⑤ 직무분담, 부서편성, 지휘감독 등의 조직관리의 기초 자료로 활용한다.

(5) 직무분석의 내용

직무분석 내용에 대한 일반적인 조사항목으로 직무관련 내용과 환경요인 등으로서 다음과 같다.

① 직무내용의 목적, 개요, 방법, 순서 등을 기술한다.
② 직무조건으로 체력, 지식, 경험, 자격, 개성 등을 기술한다.
③ 결과책임으로서 즉 직무를 수행하지 못하였을 경우에 인적, 물적 손해의 정도를 기술한다.
④ 지도책임 즉 후임자 지도의 책임을 기술한다.
⑤ 감독책임을 기술한다.
⑥ 노동부담으로서 즉 노동의 강도, 밀도를 기술한다.
⑦ 노동환경인 온도, 환기, 분진, 소음, 습도, 오염 등을 기술한다.
⑧ 위험재해 즉 감전, 폭발, 화재, 재해율, 직업병 등을 기술한다.
⑨ 권한 등을 기술한다.

(6) 직무분석의 절차

① 분석목적의 결정
② 분석범위의 결정
③ 직무분석표 작성
④ 직무분석가의 선발과 훈련
⑤ 예비조사
⑥ 본 조사
⑦ 직무기술서와 직무명세서 작성

(7) 직무분석의 방법

직무분석에 필요한 정보를 획득하는 방법으로 면접법, 관찰법, 질문지법, 종합적 방법 등을 들 수 있다.

(8) 직무기술서(job description)와 직무명세서(job specification)

직무분석의 결과물에는 직무 기술서와 직무 명세서가 있다. 각각에 대해 알아보기로 한다.

① 직무기술서 : 직무기술서는 Table 16의 영양사 직무기술서에서 보는 바와 같이 직무분석을 통하여 얻은 직무에 관한 자료와 정보를 직무의 특성에 중점을 두고 정리·기록한 문서이다.

Table 16. 영양사 직무기술서(설문 및 결과)(출처: 국시원 자료)

<table>
<tr><td colspan="6">직무기술서(영양사)
(Job Description)</td></tr>
<tr><td colspan="6">귀하의 업무는 회사의 성장과 발전에 중요한 역할을 합니다. 아울러 개인의 성장과 발전을 위해서도 업무수행에 대한 과정이나 이에 필요한 지식, 기술, 교육의 필요성은 의미 있는 자료로 활용될 수 있습니다.</td></tr>
<tr><td>응답자</td><td>직위 :</td><td>부서:</td><td colspan="2">근무년수 :</td><td>담당업무 :</td></tr>
<tr><td rowspan="3">업무수행
요구자격</td><td>성 별</td><td>ㅁ남 ㅁ여</td><td>학력</td><td colspan="2">ㅁ고졸 ㅁ대졸(2~4년제)
ㅁ대학원졸</td></tr>
<tr><td>전 공</td><td>식품영양</td><td colspan="3">반드시 요구되는 자격 : 영양사 면허</td></tr>
<tr><td>향후 필요한
교육 및 경력</td><td colspan="4">(예 : 상위자격증, 구체적 교육프로그램 등)</td></tr>
<tr><td colspan="3">1. 직무기술
(Job Description)</td><td colspan="3">* 정리번호</td></tr>
<tr><td colspan="6">영양사</td></tr>
<tr><td>2 작업일람표
(List of Tasks)</td><td colspan="5">* 난이도 구분 : 가장 어렵다(A), 보통이다(B), 아주 쉽다(C)</td></tr>
<tr><td>NO</td><td>②작업내용(직무내용)</td><td colspan="3">③ 난이도</td><td>④</td></tr>
<tr><td></td><td></td><td>A</td><td>B</td><td>C</td><td>발생빈도</td></tr>
<tr><td>A.</td><td>식단관리</td><td></td><td>O</td><td></td><td>A</td></tr>
<tr><td>B.</td><td>식재료 구매관리</td><td></td><td>O</td><td></td><td>A</td></tr>
<tr><td>C.</td><td>식재료보관 및 재고관리</td><td></td><td>O</td><td></td><td>A</td></tr>
<tr><td>D.</td><td>조리작업관리</td><td></td><td>O</td><td></td><td>A</td></tr>
<tr><td>E.</td><td>배식관리하기</td><td></td><td>O</td><td></td><td>A</td></tr>
<tr><td>F.</td><td>퇴식 및 식기세정소독관리</td><td></td><td>O</td><td></td><td>A</td></tr>
<tr><td>G.</td><td>위생관리</td><td></td><td>O</td><td></td><td>B</td></tr>
<tr><td>H.</td><td>급식시설 및 기기관리</td><td></td><td>O</td><td></td><td>B</td></tr>
<tr><td>I.</td><td>인력관리</td><td></td><td>O</td><td></td><td>B</td></tr>
<tr><td>J.</td><td>급식경영</td><td>O</td><td></td><td></td><td>B</td></tr>
<tr><td>K.</td><td>영양교육</td><td>O</td><td></td><td></td><td>B</td></tr>
<tr><td>L.</td><td>자기계발</td><td>O</td><td></td><td></td><td>B</td></tr>
<tr><td>3
특
기
사
항</td><td colspan="5">난이도, 발생빈도 : 0 ~ 3 채점법으로 채점</td></tr>
</table>

② 직무명세서 : 직무명세란 직무기술서의 내용을 기초로 직무요건만을 분리하여 구체적으로 작성한 문서로 직무요건 중에서 특히 성공적인 직무수행을 위하여 필요한 인적 요건에 큰 비중을 두고 정리·기록한 문서이다.

Table 17. 영양사 직무 요건서(명세서) (출처: 국시원 자료)

임 무	코드명. 임무의 이름
일	코드명. 일의 이름
일의 요소	코드명. 일의 요소이름

■ 개 요

일의 요소를 목적, 방법 등을 간단하게 기술한다.

■ 절 차

일의 요소를 수행하기 위한 절차를 기술한다.

■ 필 요 장 비 및 기 기

일의 요소를 수행할 때 필요한 장비나 기기의 이름을 적는다.

■ 필 요 능 력

▶ 지 식 내 용

- 일의 요소 수행을 위해 관련된 지식의 항목들을 간단히 기술한다.
- 국시원에서 제공한 강의과목 코드표를 활용하여, 각 지식항목에 해당하는 관련 교과목 명을 기입한다.

▶ 수 기 내 용

- 수기(skill)이란, 업무 수행에 필요한 신체를 활용하는 행동의 숙련정도를 말하한다.

▶ 태 도 내 용

- 업무 수행 시 갖추고 있어야 하는 인성이나 오랫동안 경험을 통해 얻어진 광범위한 인간의 특징(예 : 분석력, 리더쉽 등), 윤리관 그리고 유의사항 등 일의 요소와 관련된 기타의 내용항목을 기술한다.

※ 유의사항

- 수기와 관련된 항목은 모두 지식의 내용에 포함되어야 한다.
- 문항개발기준연구에서는 지식의 내용을 우선적으로 고려하여 이를 충실히 기입하여야 한다.

Table 18. 영양사 직무요건서 예 (출처: 국시원 자료)

임 무	A. 식 단 관 리
일	A4. 영 양 가 분 석 하 기
일의 요소	A4 - 2 . 영 양 가 계 산 하 기

■ 개 요 :

작성된 식단에 따른 음식의 영양가를 계산하는 일이다.

■ 절 차 :

식단별 1인1일 순급여량 (가식부량)을 식품분석상의 영양성분으로 곱하여 산출한다. 주기별 평균 영양가 계산은 주기식단의 1일 단위 영양가를 합산하여 주기일로 나누어 계산한다.

■ 필 요 장 비 및 기 기 :

1. 컴퓨터 (급식관리프로그램 S/W)
2. 전자계산기

■ 필 요 능 력 :

▶ 지 식 내 용

1. 식품영양가표(식품성분표) ☞ 영양학(기초, 고급)
2. 식품분량에 따라 환산하기 ☞ 단체급식관리
3. 컴퓨터프로그램(급식관리프로그램) ☞ 단체급식관리, 급식경영학

▶ 수 기 내 용

1. 식품영양가표를 이해하기 ☞ 단체급식관리
2. 분량에 따라 환산하기 ☞ 단체급식관리
3. 컴퓨터 입력하기 ☞ 단체급식관리
4. 컴퓨터 출력하기 ☞ 단체급식관리

▶ 태 도 내 용

1. 정확하게 산출하는 자세 갖기 ☞ 단체급식관리
2. 과학적인 사고 갖기 ☞ 단체급식관리

3) 직무평가(job evaluation)

(1) 직무평가의 의의

직무평가는 직무분석의 결과로 작성된 직무기술서와 직무명세서를 기초로 기업 내의 각종 직무의 중요성, 직무수행상의 곤란도, 위험도 등을 비교·평가함으로써 직무 간의 상대적 가치를 체계적으로 결정하는 과정으로 직무급제도의 기초가 된다.

(2) 직무평가의 목적

① 기업내부의 임금격차를 합리적으로 결정하게 함
② 직무급의 정립
③ 직계제도의 확립
④ 직무간의 권한과 책임의 명확화

(3) 직무평가의 내용

직무평가의 내용은 직무의 난이도나 복잡도 및 책임도에 따라 행해지나 다음과 같은 다섯 가지를 포함한다.

① 직무에 관한 사실을 수집하여 분석하는 일
② 이들 사실을 직무의 기술로서 정리하는 일
③ 평가요소를 선정하는 일
④ 일정한 평가방법을 적용하여 그 직무를 평가하는 일
⑤ 평가와 관련해서 직무와 가격을 결정하는 일

(4) 직무평가의 방법

직무평가의 방법으로는 정성적 방법에서 서열법과 분류법이 있고, 정량적방법에서는 점수법과 요소비교법이 있다.

① 서열법

직무를 서로 비교하여 서열을 매기는 방법을 반복하여 평가를 한다. 평가방법은 간단하나 평가의 기준이 주관적이어서 기준이 없을 때는 일관성이 결여될 수 있으며, 비교할 직무가 많을 때는 적용하기 어렵다.

② 분류법

평가자가 각 직무에 대하여 종합적인 판단으로 직무의 가치를 구분하는 방법이다.

③ 요소비교법

중심직무를 평가 기준으로 삼고서 중심직무의 각 기준요소별로 비교 결정한다.

④ 점수법

평가요소를 등급별로 점수화한 다음, 직무별로 점수화 된 요소의 점수를 합계하는 방법이다. 비교적 정확한 평가를 기대할 수 있으나, 평가요소의 점수화가 쉽지 않은 단점도 있다.

4) 직무설계(job design)

(1) 직무설계의 의의

직무설계는 조직이 목표를 달성하는 동시에, 직무를 수행하는 개인에게 의미와 만족감을 부여하기 위하여, 필요한 직무의 내용 기능 관계를 적극적으로 설계하는 활동으로서, 직무분석에 의하여 각 직무의 내용을 분석한 다음에 그것에 영향을 미치는 조직적, 기술적, 인간적 요소를 규명하여 종업원에게는 직무만족을 주고 나아가 생산성을 향상시킬 수 있는 작업 방법을 결정하는 과정이다.

(2) 직무설계의 이론적 바탕

① 아담 스미스의 국부론

분업에 의한 전문화의 원리를 강조하여, 종업원으로 하여금 매우 정형화된 몇 개의 과업만을 수행하도록 하였다.

② 테일러의 과학적 관리법

과업을 수행하는 인간의 개인적 사회적 욕구보다는 과업 자체를 지향하여 과업을 최대한 가능한 요소로 세분하고 단순화, 표준화, 전문화하는 것을 직무설계의 초점으로 두었다.

③ 인간관계론

기계론적 인간관에서 탈피하여, 종업원의 개인적 사회적 욕구를 만족시키려는 새로운 경향의 직무설계를 시도하였다.

④ 사회-기술적 접근방법

⑤ 직무충실화(job enrichment)

허즈버그(*Herzberg*)의 동기부여이론에 기초하여 직무가 동기부여의 요인으로 작용하기 위해서는 직무내용 그 자체가 종업원에게 도전감, 성취감, 안정감, 책임, 발전 및 성장에 대한 기회를 제공할 수 있도록 재구성되어야 한다는 입장에서 이론이 전개되었다.

⑥ 직무특성이론(job characteristic theory)

해크만(*Hackman*)과 올드햄(*Oldham*) 등에 의해 제안되었으며, 조직에서 조직원의 개인차를 인정하고 이를 반영하여 최상의 결과를 얻을 수 있다는 이론이다.

(3) **직무순환**(job rotation), **직무확대**(job enlargement), **직무충실화**(job enrichment)

① 직무순환 : 종업원을 현재까지 담당했던 직무와는 기능, 작업조건, 권한, 책임 등에 있어 성격상 다른 직무로 이동시키는 것을 말한다.

② 직무확대 : 작업자가 맡은 직무를 보다 다양하게 함으로써, 반복적인 직무수행에서 느낄 수 있는 권태감이나 단조로움을 줄일 수 있다.

③ 직무충실화 : 직무가 동기부여의 요인으로 작용하기 위해서는 직무내용 그 자체가 종업원에게 도전감, 성취감, 안정감, 책임, 발전 및 성장에 대한 기회를 제공할 수 있도록 재구성되어야 한다. 즉, 직무충실화는 다양한 작업내용이 포함되고, 보다 높은 수준의 지식과 기술을 요하며, 종업원들이 그들의 직무를 수행함에 있어 계획·지휘·통제에 대한 자주성과 책임을 보다 많이 가질 수 있도록 직무를 재구성하는 것이다.

4. 모집, 선발, 배치

1) 모집

(1) 모집 관리

기업이 요구하는 좋은 인재를 선발하기 위해 지원자들에게 알리는 일 또한 중요하다. 업체의 경영 방침과 이념, 미래가 자신들의 장래성과 부합되어 그 조직에 취업하고 싶다는 의지를 갖도록 유도하고, 좋은 인재가 응모할 수 있도록 해야 한다. 즉 모집은 현재와 미래의 직무를 수행할 인적 자원을 확충하기 위하여 충분한 수의 자격요건을 갖춘 지원자들을 찾고, 유인하고, 확인하는 일련의 과정이라 할 수 있다.

(2) 모집방법

모집방법으로는 크게 내부적 및 외부적 대상으로의 모집방법이 있으며, 이와 같은 방법으로 필요한 인적자원을 공급할 수 있다.

① 내부적 공급

내부적 공급으로는 승진(promotion), 전직(transfer), 직무순환(rotation), 재고용(rehire) 및 재소환(recall)이 있다. 이들에 대한 중요한 몇 가지를 살펴보면 다음과 같다.

i) 승진 : 장점으로는 조직의 익숙성, 소속감 증진, 동기유발, 시간 비용에서의 경제적이나, 단점으로는 적임자의 부재, 본인의 승진의사 결여 시의 문제점 등이 있다.

ii) 직무순환 : 장점으로는 여러 가지 직무 경험을 통한 미래의 경영자 양성과 종업원의 넓은 시야 확보가 가능하나, 단점으로는 일시적, 단기적, 그리고 비용의 증가 등이 있다.

iii) 재고용 및 재소환 : 시간 및 비용절감의 효과를 기대할 수 있다.

② 내부적 모집방법

i) 직무공고(job posting) : 결원된 직무를 알리고 응모하도록 하는 방법

ii) 기능저장제도(skills inventory) : 종업원이 갖고 있는 기능 등에 관한 정보를 저장하는 시스템

③ 외부적 공급

i) 종업원을 통한 모집으로서 즉 지인을 권유하여 응모하게 하는 방법

ii) 예상치 않았던 응모

iii) 취업소개소를 통한 방법

iv) 관련 학원이나 교육기관을 통한 방법

v) 특수전문 조직이나, 고용안정 센타, 직원 훈련원 등을 통한 방법

vi) 비슷한 업종에서 필요한 인력을 스카우트를 통한 방법

④ 외부적 모집방법

i) 라디오와 TV를 통한 방법

ii) 신문과 외식관련 잡지를 통한 방법

iii) 상시 모집 채용제도를 통한 방법

iv) 인력풀 제(pool) 즉 상시 채용 시 접수된 입사지원자의 관련 제도를 DB화하여 입사기회를 계속 부여하는 방법

v) 온라인 채용을 통한 방법

vi) 인턴사원 제도를 통한 방법이 있다. 이 방법의 특징으로는 기업이미지 제고, 기업에 대한 친근감과 신뢰감 조성, 학생들에게 건전한 기업관 주입, 우수인력 확보, 기업홍보, 실습생의 기업관과 능력, 인성 파악용이, 낮은 이직률 등이다.

vii) 추천제를 통한 방법. 이 방법은 적은 인원모집으로 공고를 낼 필요 없이, 특정 분야나 특정 기능을 가진 인재를 추천으로 확보할 수 있다.

⑤ 한시적 종업원 모집

i) 일시적 종업원(temporary employees) : 한시적, 특정직무

ii) 리스된 종업원(leased employees) : 일시적이기 보다는 비교적 장기간

iii) 독립계약자(independent contractor)

2) 선발

(1) 선발 관리

선발이란 조직이 입사 지원자 중에서 현재의 환경적인 상황들을 고려하여 특정 직위에 대한 선발 기준을 가장 잘 충족시키는 지원자를 선택하는 과정이다. 그리고 선발은 올바른 인적자원을 가장 적합한 직무에 조화시키는 과정이며, 선발 과정 중 가장 중요한 것은 직무 명세서와 직무 기술서이다. 즉, 선발 대상자는 직무 명세서 상의 지식, 기술, 능력 등을 보유해야 한다. 성공적 선발은 조직의 생산성, 수익성을 높이고, 이직률과 고용 비용을 감소시키며, 직무 만족을 증가시킨다.

(2) 선발활동(selection activities)

① 선발활동의 의의

응모자중 직무 명세서에 정리된 직무담당자의 자격요건에 합치된 사람을 뽑는 것

② 선발절차

선발과정의 초기에 무자격자에게는 무자격 사유를 알려주고, 유능한 지원자에게는 스스로 응모 여부를 결정하는데 도움을 주는 단계인 예비면접(initial screening/preliminary interview)를 이용하는 경우와 그렇지 않은 경우도 있다.

선발절차는 대체적으로 다음과 같이 진행된다.

i) 지원서 작성
ii) 채용시험 : 필기시험 및 각종 심리검사(지능검사, 적성검사, 인성검사, 흥미검사, 성취도검사 등)를 실시한다.
iii) 면접 : 면접은 일반적으로, 직무명세서를 기초로 미리 준비된 직무관련사항에 관련된 질문으로 이루어지는 정형적 면접(patterned and structured interview)과 자유로운 형식의 피면접자 중심의 비정형적 면접(non-structured interview)으로 진행된다.
iv) 경력조사(background investigation)
v) 신체검사(physical/mental examination)

③ 선발도구의 신뢰성과 타당성

i) 신뢰성 : 일관성을 의미하는 것으로 동일한 사람이 동일한 환경에서 측정을 반복했을 때 동일한 측정결과가 나와야 함을 의미한다.

ii) 타당성 : 측정한 점수와 직무업적과 같은 기준과의 관련성을 의미한다.

④ 선발의 결정

i) 단계별 결정방식(successive hurdles approach) : 각 단계가 하나의 허들로서, 앞의 단계를 통과해야만 그 다음 선발단계로 진행되는 것과 같은 방식으로 선발한다.

ii) 다수상관방식(multiple correlation approach) : 일단 모든 선발절차를 거치친 후에 각 단계의 점수를 종합하여 최종 결정을 내리는 방법이다.

iii) 대체가능 분석방식(discriminate analysis approach) : 어느 하나의 특정 직무에 한정하는 것이 아니라, 다른 직무에의 대체 가능성까지 조사하여 선발결정을 내리는 방법이다.

3) 배치(placement activities)

배치는 채용 및 교육된 직원을 직무 분석에 따라 적재적소에 배치하는 것을 말한다. 그리고 일정 기간 마다 공정한 인사 고과를 실시하여 직원의 성격, 능력, 근무상태를 재평가하여 전직, 승진, 강등 등의 이동을 시킬 필요가 있다.

배치활동의 의의는 종업원의 능력을 최대한으로 발휘할 수 있고, 보다 의욕적으로 직무에 매진할 수 있도록 적정하게 배치하여야 한다. 그러나, 아무리 신중히 고려된 배치라 하더라도 부적정성이 나타날 수 있다. 이럴 경우에는 다음의 세 가지 방법으로 수정조치를 취할 수 있다.

첫째로, 재교육 및 훈련이 요구되는 경우이다. 일반적으로 재교육은 부족한 지식의 습득을 의미하며, 훈련은 부족한 기능의 습득을 목적으로 한다.

둘째로, 직무에 대한 불만족 해소 및 상사나 동료 간의 인간관계 수정 등의 생활지도가 요구되는 경우이다.

셋째로, 직장환경의 개선으로서 일광, 명암 등 물리적 환경조건의 개선과 시설, 공구 등의 설비적 환경의 개선 등을 들 수 있다.

5. 인적자원개발

1) 교육훈련

교육훈련은 종사원의 능력을 직접적으로 향상시키는 활동이다. 반면에 전환 배치와 승진은 종사원에게 새로운 직무를 부여하여 이를 수행하도록 함으로써 점차적으로 능력 향상을 기대하는 간접적 능력 향상 활동으로 볼 수도 있다. 즉 급식(외식)업체의 교육훈련은 종사원에게 그들의 업무 수행 능력을 향상시킴으로써 그 업체의 목적을 달성코자 하는 중요한 인사관리활동 중 하나이다.

(1) 교육훈련의 개념

교육은 한 사람이 지니고 있는 잠재성을 밖으로 끌어내어 발달시켜 실현의 상태로 변화하게 만드는 과정이다. 즉, 종업원이 지닌 내부적 가능성이나 잠재력을 외부적 조성에 의해 발전시키는 인간 육성의 과정이라 할 수 있다. 교육은 정신적, 질적 수준 향상에 중점을 두는 반면, 훈련은 조리, 서비스, 관리 등의 구체적이고 기술적, 기능적인 측면의 수준 향상을 목표로 한다.

(2) 교육훈련의 요소

교육훈련의 요소로서는 교육훈련의 주체인 교육자, 교육훈련의 객체인 피교육자, 교육훈련의 매개물로서 즉 주체와 객체가 상호 커뮤니케이션이 가능한 매체인 교육 내용이 필요하다.

(3) 교육훈련의 체계

① 교육훈련의 종류 및 내용

교육훈련의 종류로는 대상자에 따라 신입사원과 기존 종업원으로 구분 가능하며, 직급별, 지역별, 점포별 등 교육 프로그램을 다양하게 실시 할 수 있다. 그리고 교육의 내용 또한 다양하겠으나, 일반적으로 다음의 내용이 있다. 급식(외식)업체의 경영 이념과 매뉴얼을 통한 급식(외식)업체에 대한 개념 정립, 업체의 운영관리, 문서 작성, 메뉴 지식, 접객 서비스, 설비 조작, 구매, 발주 등을 들 수 있다.

② 신입 사원의 교육으로는 일반적으로 다음과 같다.

급식(외식)업체에 대한 성장 과정, 현재 현황, 미래 전망 등의 전반적인 이해, 업체의 경영 이념과 방침, 조직체계, 영업방침, 교육 체계에 대한 설명, 관리자 교육, 리더십 교육, 지속적 능력 개발위주의 교육 등이 있다.

(4) 교육훈련의 절차

교육훈련은 일반적으로 다음과 같은 절차에 따라 진행된다.

교육의 내용 → 교육의 단계 설정 → 교육 기간의 설정 → 교육 담당자 결정 통보 → 교육 내용 평가

2) 교육훈련 방법

(1) OJT(On the Job Training, 현장직무교육)

직장 내 교육 및 훈련으로서 종업원과 경영자가 직무를 수행함으로써 기업목적달성에 기여하는 동시에, 직무에 대한 훈련을 받도록 하는 제도이다.

팀워크 조성이나 영향력이 강한 직속 상사가 업무에 대한 지식, 기능, 태도를 포함한 전인교육을 실시함으로써 사풍의 확립과 개인의 능력개발에 대한 성취감을 갖고 체계적 업무수행 능력을 배양하게 돕는다.

세분화 한다면 다음과 같이 구분할 수 있다.

① 집합연수(off job training) : Off JT
② 직장 내 교육 (On the job training) : OJT
③ 자기 개발

(2) CDP(Career Development Program, 경력개발계획)

경력개발계획 또는 직업계획이라 할 수 있다.

인적자원의 중요성에 따라 OJT나 off JT 등에서 한 단계 나아가 인사이동, 목표관리, 사전평가 등을 도입해 종합적인 인재육성책이 요구되었다. 이를 위해 개발된 방법으로서 CDP를 들 수 있다.

이는 사원이 각기 목표를 정하고 자주적으로 자기능력을 개발하며, 자격취득에 노력함과 동시에, 기업은 조언이나 원조를

주며 적재적소의 인사관리를 실천함으로써 인적자원의 자질향상을 달성한다. 이것은 일면으로는 경력개발이 되지만, 회사의 입장에서는 조직개발로 볼 수 있다.

Table 19는 인적자원관리와 관련한 법률들이다. 우리나라와 같이 천연자원이 거의 없는 국가에서 인적자원의 중요성을 더 이상 얘기할 필요가 없는 매우 소중한 자원이다. 이를 위한 다양한 법적인 뒷받침이 되는 법령들이다.

Table 19. 인적자원관리 관련법률

분야	법 령	설치 목적	기타 (소관부처)
교육 훈련	인적자원개발 기본법	인적자원개발정책의 수립·총괄·조정·평가 등에 관하여 필요한 사항을 정하여 인적자원개발을 효율적으로 추진하도록 함으로써 국민의 삶의 질 향상과 국가경쟁력 강화에 이바지함을 목적으로 한다.	교육과학기술부
교육 훈련	직업교육훈련 촉진법	직업교육훈련을 촉진하는데 필요한 사항을 정하여 모든 국민에게 소질과 적성에 맞는 다양한 직업교육훈련의 기회를 제공하고 직업교육훈련의 효율성과 질을 높임으로써 국민생활 수준의 향상과 국가경제의 발전에 이바지함을 목적으로 한다.	교육과학기술부 (진로직업교육과), 고용노동부 (직업능력정책과)
교육 훈련	근로자직업 능력 개발법	근로자의 생애에 걸친 직업능력개발을 촉진·지원함으로써 근로자의 고용안정 및 사회·경제적 지위 향상, 기업의 생산성 향상을 도모, 사회·경제의 발전에 이바지함	고용노동부
고용	고용정책 기본법	국가가 고용에 관한 정책을 수립·시행하여 국민 개개인이 평생에 걸쳐 직업능력을 개발하고 더 많은 취업기회를 가질 수 있도록 하는 한편, 근로자의 고용안정, 기업의 일자리 창출과 원활한 인력 확보를 지원하고 노동시장의 효율성과 인력수급의 균형을 도모함으로써 국민의 삶의 질 향상과 지속가능한 경제성장 및 고용을 통한 사회통합에 이바지함	고용노동부
고용	직업안정법	모든 근로자가 각자의 능력을 계발·발휘할 수 있는 직업에 취업할 기회를 제공하고, 정부와 민간부문이 협력하여 각 산업에서 필요한 노동력이 원활하게 수급되도록 지원함으로써 근로자의 직업안정을 도모하고 국민경제의 균형있는 발전에 이바지함을 목적으로 한다.	고용노동부 (고용서비스정책과)
고용	고용상 연령차별금지 및 고령자 고용촉진에 관한 법률	합리적인 이유 없이 연령을 이유로 하는 고용차별을 금지하고, 고령자(高齡者)가 그 능력에 맞는 직업을 가질 수 있도록 지원하고 촉진함으로써, 고령자의 고용안정과 국민경제의 발전에 이바지하는 것을 목적으로 한다.	고용노동부 (장애인고령자고용과)
고용	남녀고용평등과 일·가정 양립 지원에 관한 법률	대한민국헌법의 평등이념에 따라 고용에서 남녀의 평등한 기회와 대우를 보장하고 모성 보호와 여성 고용을 촉진하여 남녀고용평등을 실현함과 아울러 근로자의 일과 가정의 양립을 지원함으로써 모든 국민의 삶의 질 향상에 이바지하는 것을 목적으로 한다.	고용노동부 (여성고용과)
고용	청년고용촉진 특별법	청년 미취업자에 대한 국내외 직업능력개발훈련 등의 지원을 통하여 청년고용을 촉진하고 지속적인 경제발전과 사회안정에 이바지함을 목적으로 한다.	고용노동부 (청년고용대책과)

고용	외국인근로자의 고용 등에 관한 법률	외국인근로자를 체계적으로 도입·관리함으로써 원활한 인력수급 및 국민경제의 균형 있는 발전을 도모함을 목적으로 한다.	고용노동부(외국인력정책과)
근로	근로기준법	이 법은 헌법에 따라 근로조건의 기준을 정함으로써 근로자의 기본적 생활을 보장, 향상시키며 균형 있는 국민경제의 발전을 꾀하는 것을 목적으로 한다.	고용노동부
근로	최저임금법	근로자에 대하여 임금의 최저수준을 보장하여 근로자의 생활안정과 노동력의 질적 향상을 꾀함으로써 국민경제의 건전한 발전에 이바지	고용노동부
근로	근로자복지기본법	이 법은 근로복지정책의 수립 및 복지사업의 수행에 필요한 사항을 규정함으로써 근로자의 삶의 질을 향상시키고 국민경제의 균형 있는 발전에 이바지함을 목적으로 한다.	고용노동부
근로	기간제 및 단시간근로자 보호 등에 관한 법률	기간제근로자 및 단시간근로자에 대한 불합리한 차별을 시정하고 기간제근로자 및 단시간근로자의 근로조건 보호를 강화함으로써 노동시장의 건전한 발전에 이바지함을 목적으로 한다.	고용노동부(고용평등정책과)
산업안전	산업안전보건법	산업안전·보건에 관한 기준을 확립하고 그 책임의 소재를 명확하게 하여 산업재해를 예방하고 쾌적한 작업환경을 조성함으로써 근로자의 안전과 보건을 유지·증진함	고용노동부
산업안전	산업재해보상보험법	산업재해보상보험 사업을 시행하여 근로자의 업무상의 재해를 신속하고 공정하게 보상하며, 재해근로자의 재활 및 사회 복귀를 촉진하기 위하여 이에 필요한 보험시설을 설치·운영하고, 재해 예방과 그 밖에 근로자의 복지 증진을 위한 사업을 시행하여 근로자 보호에 이바지	고용노동부
노사관계	노동조합 및 노동관계조정법	헌법에 의한 근로자의 단결권·단체교섭권 및 단체행동권을 보장하여 근로조건의 유지·개선과 근로자의 경제적·사회적 지위의 향상을 도모하고, 노동관계를 공정하게 조정하여 노동쟁의를 예방·해결함으로써 산업평화의 유지와 국민경제의 발전에 이바지함을 목적으로 한다.	고용노동부
노사관계	노사관계 발전 지원에 관한 법률	이 법은 협력과 상생의 노사관계 발전을 도모함으로써 국민경제의 건전한 발전과 사회안정에 기여함을 목적으로 한다.	고용노동부 [2010. 5.25, 제정]

6. 인적자원 보상

1) 직무평가

직무평가란 직무의 가치를 평가하는 것이지, 사람에 대한 평가가 아니다. 직무평가 결과는 직제의 확립, 임금설정 등에 대한 기초자료가 된다.

(1) 직무평가 의의

각각의 직무에서의 중요성, 난이도, 위험도, 그 결과내용의 가치와 그 직무를 수행하고 있는 조직원들의 질적, 양적, 상황적 조건들을 평가한다. 평가방법에 따라 상대적 또는 절대적 평가로서 가치를 결정한다.

(2) 직무평가 목적

직무평가는 다음과 같은 목적을 가지고 있다.

① 각 직무의 질과 양을 평가하여 직무의 상대적인 유용성을 결정한다.
② 공정 타당한 임금설정을 위한 기초자료로 활용된다.
③ 직제의 확립과 직무급의 입안 등의 기초자료로 활용한다.
④ 동일 노동시장 내의 타기업과 비교할 수 있는 임금구조의 자료가 된다.
⑤ 합리적인 임금지급의 기초위에서 노동조합과의 임금교섭의 기초가 된다.

2) 보상관리

종업원은 기업의 이익을 위해 근로의 형태로 기여를 하게 된다. 이에 대한 대가로 기업은 종업원들에게 임금, 수당, 복지 능의 형태로 보상하게 되는 전반의 업무를 보상관리라 한다. 즉 보상은 기업이 인적자원을 효율적으로 활용한 대가로 근로자에게 제공하는 반대급부이다.

넓은 의미의 보상은 Fig. 13에서 보는 바와 같이 경제적 보상 뿐만 아니라 비경제적 보상까지 포함한다. 경제적 보상으로는 직접적 보상과 간접적 보상으로 구분할 수 있다. 직접적 보상에는 임금과 포상 등의 기타보상이 포함된다. 그리고 간접적 보상에는 복리후생과 건강, 안전관리 차원의 지원이 포함된다. 비경제적 보상으로는 칭찬, 존경, 인정, 승진기회, 교육훈련기회, 쾌적한 직무환경 등을 들 수 있다.

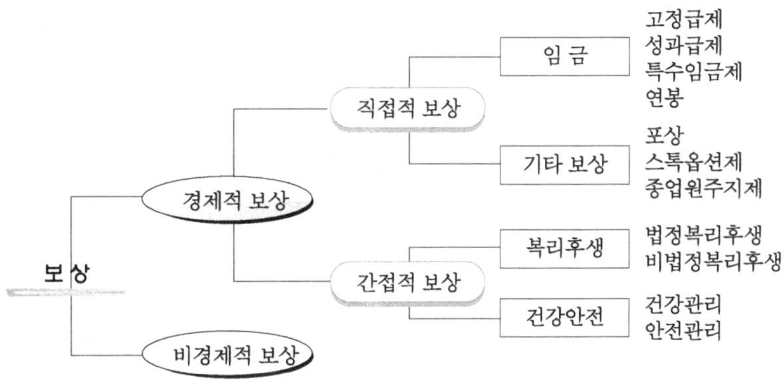

Fig. 13. 보상체계 구성

3) 최저임금제

최저임금제의 시초로는 노동쟁의 예방과 해결 수단으로 19세기 말 호주와 뉴질랜드에서 처음으로 실시되었다.

우리나라의 최저임금제 도입은 근로자 임금의 최저수준을 보장하여 근로자의 생활안정과 노동력의 질적 향상을 기함으로써 국민경제의 건전한 발전에 이바지함을 목적으로 1986년 12월 31일 최저임금법이 독립법으로 제정 공포되었다. 이어서 1987년 11월 12일 최저임금법 시행 규칙 제정 공포되며, 1988년 1월 1일부터 시행에 들어가게 되었으나, 영세한 업체에의 적용은 보류하고서 5인 이상 사업장에만 적용하게 되었다. 그 후 2000년 9월부터는 전사업장이 최저임금제를 실시하고 있다.

7. 인적자원 유지

1) 인사고과(performance appraisal)

(1) 인사고과 개념

인사고과는 직무수행상의 업적을 측정하는 것이다. 즉, 종업원의 실천능력, 업적, 성격, 적성, 장래성 들을 판정하는 것을 의미한다. 또한 인사고과는 종업원측정, 근무측정, 업적측정,

성적측정 등과 같이 다양하게 불려진다.

직무평가가 직무에 대한 평가인데 대해 인사고과는 종업원에 대한 평가라는데 차이점이 있다.

(2) 인사고과 목적

인사고과의 주요 목적은 승급의 결정, 상여금결정, 승진의 결정, 배치전환의 결정, 교육훈련의 기준 등을 결정하기 위한 것이다. 예로서 미국의 전국산업협의회(*National Industrial Conference Board*)에서 1954년에 실시한 인사고과제도조사(survey of personnel rating programs)에 따르면, 기업에서 사용하는 인사고과의 주요 사용목적은 다음과 같았다.

① 임금관리(승급, 상여금, 임률 결정 등)의 기초자료로 사용.
② 인사이동(승진, 배치, 이동, 해고 등)의 기초자료로 사용.
③ 종업원 간의 능력비교 및 종업원들이 지니고 있는 숨은 재능의 발견
④ 교육훈련 및 지도의 기초자료 등으로 사용.

이와 같이 인사고과는 통제 목적으로 사용되는 것이 아니라 종업원의 동기부여를 위한 자료를 제공할 수도 있다. 또한 평가자와 피평가자의 상호 이해를 증진시킬 수 있으며, 이를 통하여 종업원의 직무수행능력을 개선, 발전시킬 수 있는 비통제적인 목적도 있다.

(3) 인사고과 절차

인사고과를 위한 절차는 일반적으로 다음(Fig 14)의 순서에 따른다.

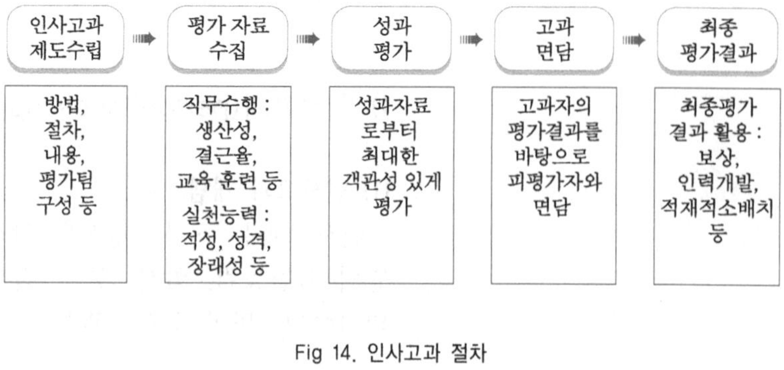

Fig 14. 인사고과 절차

(4) 인사고과의 평가방법

평가방법은 다음과 같이 분류할 수 있다.

① 평가자에 따른 분류

평가를 위한 평가자에 따라 다음과 같이 분류할 수 있다. 조직 내부의 평가자에 의한 상급자의 평가, 동료의 평가, 자신의 평가, 하급자의 평가 그리고 조직 외부의 고객의 평가를 들 수 있다.

② 평가방법에 따른 분류

평가방법으로는 비교대상을 기준으로 삼아 평가가 이루어지는 상대적 평가 와 절대적 평가로 구분할 있다. 상대적 평가에서 대표적인 방법으로는 종합된 성과를 1, 2, 3위 등으로 순서를 매기는 서열법 또는 일정한 분포 예로서 상, 중, 하 각각 몇 %로 배분하거나, 정규분포곡선에 적합하게 분포시키는 등으로 강제할당하는 방법 등을 들 수 있다.

절대적 평가에는 종업원의 성과나 행동특성을 평가요소별로 자유롭게 서술하는 자유서술법, 피평가자가 자신에 업적, 능력, 특성 등에 대한 자료를 제출하도록하여 참고자료로 이용할 수 있는 자기신고법, 작성된 체크리스트에 따라 평가하는 체크리스트법 등이 있다.

(5) 인사고과에서 문제점

인사고과를 저해하는 요인으로는 다음을 들 수 있다.

① 직무분석의 미실시

인사고과는 직무분석을 통한 다각적이고 객관적인 근거 위에서 조직구성원이 지니고 있는 조직에 대한 공헌도와 현재 및 장래의 유용성을 평가한다. 이러한 평가에 선행되어야 할 것은 직무분석이다.

즉 일정한 직무의 성질, 구체적으로는 그 직무를 수행함에 있어서 종업원에게 요구되는 수련, 지식, 능력 및 책임과 같은 직무상의 제 조건을 알아내는 과정이므로 직무분석이 되어 있지 않고서는 통일적이고도 구체적인 평가가 힘들 수 있을 뿐 아니라 고과자의 주관적인 평가의 위험성이 높아질 수 있다. 따라서 타당한 인사고과가 수행되려면 어떤 직무와 이를 수행하는 사람과의 관계가 명확히 규정되어야 할 것이며, 인사고과는 이러한 직무의 수행결과만이 피평가자의 실적으로서 평가받아야 하기 때문에 직무분석이 선행되어야 한다.

② 평가자의 오류

평가자의 태도는 평가에 크게 영향을 미친다. 피평가자에 대한 개인적인 편견이나, 편파적인 감정에 사로잡히지 않는 고과가 될 수 있도록 특히 유의해야 한다. 인사고과는 조직 내의 직무와의 관련성에서 파악되어야만 하며, 객관적인 입장에서 공정하게 평가되어야 한다.

평가자가 일으키기 쉬운 오류에 대해 쉬어가기 코너에서 실제 경험을 바탕으로 토론해보세요.

③ 피평가자의 태도

피평가자의 평가결과에 신뢰에 관한 문제이다. 만약에 평가의 결과가 너무나 기대한 것과는 판이한 경우 평가결과를 불신할뿐 아니라 평가를 담당한 평가자에 대한 불신과 더불어 조직에 대한 불만으로 이어질 경우도 있을 수 있다. 그러므로 공정한 평가가 요구되며, 평가자와 피평가자 모두가 평가결과에 대해 수긍할 수 있어야 할 것이다.

쉬 / 어 / 가 / 기

Q&D) 평가자의 오류에는 어떠한 것이 있을까요? 다음에 대해 실제 경험한 내용을 바탕으로 토론해 보세요.

1. 주관적 판단과 객관적 판단?
2. 논리오차
3. 현혹효과
4. 편견
5. 관대화 경향
6. 중심화 경향
7. 기타

Q&D) 다음은 모 기업의 인사제도 전반에 관한 최근의 내용입니다. 읽고서 함께 토론해봅시다.

1. 인사제도 : 학력, 연령, 성별등 개인의 속인적 요인에 따른 차별이 없는 능력주의 인사를 기본원칙으로 하여 다양한 인사제도를 도입하여 실시하는 한편 모든 직원들이 가족처럼 화합하는 기업문화 속에서 신명나게 일할 수 있도록 제도적 지원을 아끼지 않습니다.

2. 직급체제 : 직급은 6단계(사원→대리→과장→차장→부장대우→부장)로 이루어져 있으며 이는 직책(팀장, 파트장 등)과 분리되어 운영됨으로써 보상 및 직책 수행을 위한 자격요건의 성격을 가지고 있습니다.

3. 전환배치 : 신입사원 배치 시부터 교육기간 동안의 관찰과 배치면담을 통하여 개인의 적성, 희망에 맞게 배치하고 있으며, 부서배치 후에도 정기/수시 전환배치를 통하여 개인의 경력개발을 지원하고 고충사항을 해결하고 있습니다.

4. 평 가 : 인재육성, 성과창출을 목적으로 실시되며 평가내용은 업무수행능력을 평가하는 역량평가, 성과창출에 대한 공헌도를 평가하는 기여도 평가, 평가의 공정성 확보의 일환인 다면평가를 위하여 부하직원에 의한 상사의 리더쉽, 업무수행능력을 평가하는 상사평가로 구성되어 있습니다. 그리고 평가의 공정성, 객관성 확보를 위하여 현장 설문조사, 인터뷰를 통하여 성공적인 업무수행에 결정적 영향을 끼치는 평가항목을 추출하고 있으며, 평가결과는 승진, 전환배치, 교육 등을 위한 기초자료로 활용되어 집니다.

5. 승 진 : 과거의 인사평가, 승진 소요년한, 포상, 징계의 획일적 심사기준을 과감히 탈피하여 인재육성을 목표로 CDP(Career Development Program)제도 운영, ES(Employee Satisfaction) Forum위원, 후견인(Career Supporter) 활동 등의 각종 사내 경력사항을 심사항목으로 반영하고 있습니다.

6. 임금체계 : 회사의 경영성과에 입각하여 개인의 능력과 업적에 상응하는 임금체계를 도입하여 회사에 대한 자부심 고취 및 풍요로운 생활 영위를 위하여 업계 최고 수준의 임금수준을 유지하고 있습니다.

7. 인재육성 : 비전달성을 위해 변화와 혁신을 지속적으로 실천하는 전문가 양성을 목표로 전 직원의 비전 함양을 위한 기업문화공통교육, 핵심인재 양성의 첫걸음인 신입사원교육, 직무스킬 향상을 위한 직무향상교육, 카페테리아식 맞춤형 개인별 역량 강화 과정인 역량향상교육, 대학의 급식경영전문가 과정, 외식농수산경영학 과정, 사내 명장 등 대외 경쟁력 강화를 위한 핵심인재육성과정 등을 통하여 초일류 전문가를 체계적으로 육성하고 있습니다.

8. Communication : 인간존중 경영, 참여경영, 투명경영을 위하여 계층별 CEO와의 간담회, Cross Can Meeting, 직원사기조사, 자기신고제도, 노사협의회 등을 정기/수시로 개최하여 회사의 정책 및 경영상황을 설명하고 직원들의 건의사항을 청취하여 경영에 직접 반영하고 있습니다.

2) 인사이동

(1) 전직(transfer)

전직은 조직 내에서 동등한 수준에 있는 다른 직위 또는 직무로의 수평이동을 말하며, 전근이라고 말하기도 한다. 전직은 국내외의 다른 지역, 교대근무 등이 있으며, 전직에 따른 개인적 사정을 고려함이 바람직하다.

(2) 승진(promotion)

승진은 조직 내의 높은 수준의 직위로 상향 이동하는 것을 말하며, 대체로 책임과 권한 및 보수 등의 확대가 따른다. 이와 더불어 개인에게는 자아발전의 욕구충족이 될 수 있으며, 조직 차원에서는 이를 통한 인적자원 개발이 가능하다.

(3) 이직(separation)

① 이직의 정의 및 개념

이직이란 근로자가 자신이 소속된 조직에서부터 이탈함으로써 고용관계의 일시적 혹은 영구적인 단절을 의미하여 인력의 자연감소, 일시해고(Layoff), 해고(Discharge)를 포함한다. 또한 이직은 넓은 의미로 재직(Job Tenure)의 반대개념이며, 현재의 담당업무에서 다른 직무나 조직으로 옮겨가는 것이므로 종사원의 이동(Employee Turnover)을 포함한다.

이직에 관해서는 두 가지의 서로 상반되는 견해가 있다. 하나는 국민 경제적인 거시적 입장에서의 견해로서 이직이란 좋은 현상이며 바람직하다는 측면이고, 또 다른 하나는 기업 경영적인 미시적 입장에서 이직은 나쁜 현상이며 불안을 초래한다는 측면이다. 즉, 이직은 고용증대와 노동시장의 확대로서 파악 될 수도 있으며 사회 활동이 활발히 이루어지는 동태사회의 모습이라고 할 수 있다. 이와는 반대로 이직은 경영의 안정과 산업평화의 유지에 혼란을 야기하기 때문에 이를 방지해야 한다는 입장이다. 물론 거시적인 입장에서도 이직은 항상 바람직하다고 볼 수는 없다.

② 이직의 분류

이직의 유형은 여러 가지 방법에 의해 분류될 수 있는데, Table 20에서 보는 바와 같이 기업과 종사원들이 각각 통제 가능여부에 따라 4종류로 구분할 수 있다.

i) 종업원의 의사에 따라 자발적 이직과 비자발적 이직으로 구분가능하다.

첫째로 자발적 이직(voluntary separation)은 종업원 스스로의 의사에 의한 이직을 의미한다. 자발적 이직의 원인은 주로 회사에 불만이 있거나 보다 나은 기회와 조건을 찾기 위하여 다른 직장으로 옮기는 전직(turnover)과 질병, 가족의 이민 등으로 인하여 타 직장으로 옮기지 않고 회사를 그만두고 떠나는 협의적 사직(resignation: quit) 등이 있다.

Table 20. 이직 유형별 분류

구 분		종사원에 의한 통제 가능 여부	
		통제가능(자발적)	통제 불가능(비자발적)
기업에 의한 통제 가능 여부	통제가능 이직	- 개인의 발전 가능성 - 임금의 경쟁력 - 작업조건 등 직장환경 - 조직 내부의 불협화음	- 해고 - 일시적 해고 - 강제 퇴직
	통제 불가능 이직	- 배우자를 따라 다른 곳으로 이동 - 배우자나 자녀들을 돌보기 위해 퇴직 - 출산 후의 퇴직 - 중년의 경력 변경	- 심각한 신체적 질환 - 사망 - 정년퇴직

출처: M. Abelson, "Examination of avoidable and unavoidable turnover", *Journal of Applied Psychology*, vol.72, 1987

둘째로 비자발적 이직(involuntary Separation)은 종원원의 의사가 반영되는 것이 아니라 주로 사용자나 조직의 입장에서 나타나며, 면직이라고 한다. 여기에는 회사규칙의 위반이나 불충분한 업무수행으로 인한 영구해고(discharge)와, 경제적 불황이나 인력과다고 인한 인원감축의 일환으로써 사용되는 일시해고(lay off), 종사원이 일할 의사가 있음에도 불구하고 정년이 이르렀기 때문에 퇴직하는 정년퇴직(retirement) 등도 포함된다.

ii) 회피가능 이직과 회피불가는 이직

첫째로 회피가능 이직(avoidable separation)이란 사용자의 노력으로 회피할 수 있는 이직으로서 대부분 종업원의 자발적 이직이 여기에 속한다. 필요한 인재의 유출로 이어질 경우를 대비한 이직관리의 주요대상이 된다.

둘째로 회피불가능 이직(unavoidable separation)이란 질병, 사망, 임신 등과 같은 통제 불가능한 이유에 의해서 이루어지는 이직을 들 수 있다.

③ 이직의 영향

이직의 영향으로는 Table 21에서 보는 바와 같이 기업과 종사원들에게 미치는 긍정적 영향과 부정적 영향으로 나누어 볼 수 있다.

i) 긍정적 영향

이직의 긍정적 영향은 다음과 같다.

첫째, 보다 나은 대우와 작업조건 및 발전의 기회일 수 있다.

둘째, 조직분위기의 쇄신 기회로 활용 가능하다.

셋째, 새로운 관리방법과 기술도입의 기회로 활용 가능하다.

넷째, 불필요한 인력이 제거되는 기회로 활용 가능하다.

다섯째, 승진기회로 활용 가능하다.

Table 21. 이직의 효과

차원	대상	긍정적인 효과	부정적인 효과
개인	이직자	- 임금의 증가 - 발전의 기회 - 개성에 맞는 직무선택	- 선임권 상실 - 이전 비용 - 환경적응에 정신적 피로
	잔류자	- 승진 기회 - 높은 성과로의 자극 - 향상된 직무성과	- 업무량의 증가 - 직무성과 저하 - 정신적 피로 및 불안감
조직	조직	- 혁신 - 종사원 사기와 이동성 증대 - 동기 유발의 요인 - 유효성 증대 - 갈등해소	- 이직 관련 비용 증가 : 선발, 채용비용, 훈련비용, 관리비용 - 조직의 사기저하 - 업무의 지장초래 - 조직구조변화: 형식화, 중심 - 동료 간의 친교기호의 하락 - 나쁜 평판을 받을 우려

ii) 부정적 영향

부정적인 측면에서의 영향은 다음과 같다.

첫째, 양질의 직무 종사자가 이직하게 되면 새로운 인력확보나 인재양성에 많은 시간과 비용이 소모된다.

둘째, 남은 사람에게는 업무의 증가 요인이 될 수 있다.

셋째, 부수적인 인사이동이 있어야 한다.

넷째, 몇 사람의 조직이탈이 동료들의 사기에 영향을 주어 조직목표 달성

에 저해요인이 되는 경우가 있다.

그러나 이직은 정년으로 인하여 퇴직 등 특수한 경우를 제외하고는 조직에 대하여 유리하지 못하므로 문제에 대한 원인분석을 하고 이직을 막을 수 있는 유도 대책을 수립하는 것이

바람직하다.

(4) 징계(discipline action)

징계는 일반적으로 인사이동의 마지막 형태로 행해진다. 조직에서의 행동 기준에 어긋난 행동으로 인한 결과에 대해 취해진다. 각 기업 및 조직에 따라 징계의 종류에 차이점이 있다. 그러므로 일반적으로 많이 준용하고 있는 공무원에 적용되는 기준을 살펴보면 다음과 같다.

국가공무원법 제 79조에서 징계의 종류로는 파면, 해임, 강등, 정직(停職), 감봉, 견책(譴責)으로 구분한다라고 규정되어 있다. 일반적으로 징계의 경중에 따라 중징계와 경징계로 구분하면 중징계에는 파면, 해임, 강등 및 정직이 있으며, 감봉과 견책은 경징계에 속한다.

쉬 / 어 / 가 / 기

Q&D) 징계 종류, 절차, 효과 등에 대해 토론해 봅시다.

8. 노사관계 관리

1) 노사관계

세계사적으로 살펴볼 때에 노사관계의 발생은 산업혁명 이후에 노동자 수가 크게 증가하고 의식수준이 성숙해짐에 따라 이른바 노동운동이 전개되었다. 노동조합의 시초는 1720년 영국 양복제조 기능공들의 모임 결성으로 보고 있다. 그러나 초기에는 노동조합이 합법적 조직으로 인정받지 못하였을 뿐만 아니라 단체행동을 금지하는 단결금지법이 시행됨으로써 활동에 많은 어려움이 있었다. 그리고 1890년대에 웹(*Webb*)이 노동조합에 관한 저술이 발표되면서 노사관계가 사회과학의 연구대상으로 부각되었으며, 또한 관심의 대상이 되었다.

노사간의 관계에 대한 정의로서 퓌르스텐베르크(*F. Fűrstenberg*)는 개인과 단체의 노동조건에 영향을 주는 모든 것을 포함시킨 근로자, 사용자 단체 및 국가 간의 복합 형태로 정의하였다. 이와 같이 초기의 노사관계는 주종 관계의 성격이 짙었으나, 사용자우위 단계, 노사대등의 단계, 경쟁지향 단계를 거쳐 오늘날과 같은 무한 경쟁의 세계화시대에서의 노사관계는 협력적 노사관계, 공동체적 노사관계, 사회 통합적 노사관계로 나가야 할 것이다.

2) 노동조합

노동조합의 가입범위, 조건에 따라 다음과 같이 분류할 수 있다.

(1) 가입범위별 노동조합

① 직업별 노동조합(raft labor union)

동일한 직업에 종사하는 근로자가 자기의 경제적 이익을 확보하기 위하여 결속한 횡적 조직체이다. 일명 직종별 노동조합이라고도 한다.

② 산업별 노동조합(industrial labor union)

종과 계층에 관계없이 기업을 초월하여 동일산업에 종사하는 근로자가 하나의 노동조합을 구성하는 조직형태이다.

③ 일반 노동조합(general labor union)

직종과 산업과 상관없이 하나 내지 수개의 사업에 걸쳐 흩어져 있는 일반 근로자들을 폭 넓게 규합하는 형태이다. 예로서 동일 공장 내의 근로자만으로는 수적 열세를 극복할 수 없는 경우에 동일 지역 내의 중소기업 노동자들이 중심이 되어 결성한 경우이다. 특징으로는 노동생활을 영위하기 위한 최저 생활의 필요조건을 확보하기 위한 것과 입법규제를 위하는 것 등이 있으나, 단체교섭기능은 약한 편이다.

④ 기업별 노동조합(company labor union)

동일한 기업에 종사하는 근로자로 조직된 형태이다. 기업별로 형성되며, 단위노조의 대부분이 기업별 노동조합이다.

(2) 가입방식별 노동조합

① 오픈샵(open shop)

사용자는 근로자를 채용할 때 노동조합에 가입여부에 상관없이 고용할 수있다. 또한 노동조합의 가입은 자유의사로 결정할 수 있는 제도이다. 클로즈드 숍(closed shop)의 반대 개념이다.

② 클로즈드 샵(closed shop)

사용자는 근로자를 채용할 때 노동조합에 가입한 사람 이외는 고용할 수 없게 되고, 조합을 탈퇴하거나 제명된 사람은 해고해야 하는 형태이다. 즉 채용, 해고는 모두 노동조합의 통제하에 있게 된다.

③ 유니온 샵(union shop)

사용자는 근로자를 채용할 때 노동조합에 가입여부에 상관없이 고용할 수 있으나, 일정한 기간 내에서 노동조합에 가입해야 하며, 가입하지 않으면 자동으로 해고되는 형태이다.

노동조합이 설립될 때 거의 모든 노동자를 노동조합에 가입시킬 수 있기 때문에 조합원의 확대를 위해서 유용하게 이용된다.

쉬 / 어 / 가 / 기

Q&D) 다음은 어떤 기업체의 승진에 필요한 요건을 포함한 직급체계이다. 본인이 입사하고자 하는 업체 또는 기관의 자료를 찾아서 입사 및 자기계발을 위한 내용을 토론해 봅시다.

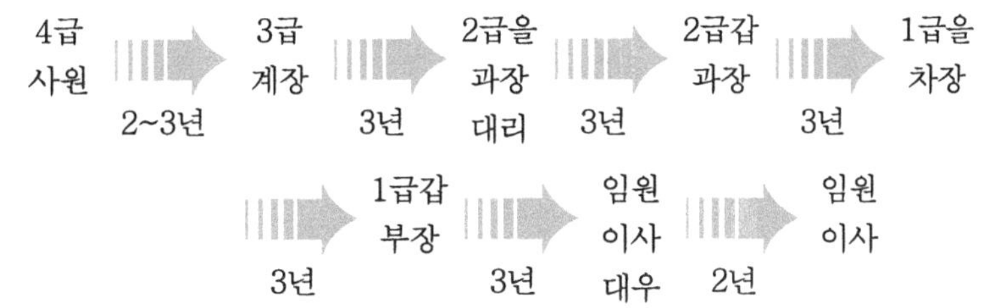

* 그룹 공채(총무, 재경, 판촉, MD, 면세부분)시의 승진체계
* 이사 대우 승진시까지 17년의 규정연한 소요
* 현직급 7년자 이상자(승진심사 4회이상 누락자)는 승진을 적극적으로 억제하는 직급정년제 도입

Part III.

급식(외식)산업의 경영

학습목표

- 급식(외식)산업경영을 설명할 수 있다.
- 서비스 마케팅을 설명할 수 있다
- 마케팅을 설명할 수 있다
- 위생관리, 재무회계관리, 구매재고관리를 설명할 수 있다.

Key words

- 소비자
- 서비스마케팅
- 위생관리
- 재무회계관리
- 구매재고관리

1. 소비자 이해

마케팅은 소비자의 니즈(needs) 파악으로부터 시작되어야 할 것이다. 소비자들이 원하는 것을 소비자의 감동을 자아낼 수 있는 정도까지 만족을 주지 못한다면, 치열한 경쟁에서 살아남기 어려운 상황에 이르게 되었다. 이와 같은 상황에서 소비자를 이해하는 것은 선택이 아닌 필수사항으로 여겨진다.

그러므로 최근에 소비자와 관계된 내용을 살펴보기로 한다.

소비자의 주요관심에 대한 믿을 수 있는 자료를 얻는 것은 시간적 공간적인 제약으로부터 쉽지가 않은 형편이다. 그러나, 정보통신의 발달로서 인터넷에 기반한 소비자 연구는 최근 소비자에 대한 정보를 제공할 수 있는 중요한 방법 중의 하나임에 틀림없다. 국내의 모 경제연구원에서 모 인터넷 포털과 함께 최근 1년 동안의 인터넷 뉴스 및 검색 데이터 분석을 통해, 한국인들의 관심 키워드와 관심분야를 조사하였다. 조사방법은 먼저 상위 3,000개의 인기기사의 클릭데이터와 검색데이터로부터 한국인들의 관심사를 나타내는 대표 키워드를 추출하였다.

추출된 결과로서 문화·생활 분야에서 한국인들은 건강, 역사, 종교, 뷰티 패션, 음식 등에 높은 관심을 보였다. 특히 건강에 대해 큰 관심을 보였는데 구체적으로는 건강 상식과 다이어트 방법에 대해 관심이 컸다. 뷰티 패션 분야를 분석한 결과 피부관리에 높은 관심을 확인할 수 있었다. 이를 바탕으로 2010년의 소비 코드를 9가지로 정리하였으며, 중요한 몇 가지를 살펴보면 다음과 같다.

첫째는 가족이다. 사람들은 캠핑과 내식을 통해 가족애를 높이고 있다. 집에서 커피를 내려먹고, 손수 막걸리를 담가 먹는 사람들도 늘고 있다. 사람들이 추구하는 것은 음식을 넘어 가족 간의 사랑이다.

둘째는 로하스(LOHAS)다. 로하스(Lifestyle Of Health And Sustainability)는 개인의 건강을 추구하는 웰빙을 넘어 사회와 환경을 중시하는 트렌드다. 사람들은 마음 안식, 걷기, 착한 소비를 통해 건강과 사회적 가치를 추구하고 있음을 알 수 있다.

셋째, 에고(Ego)이다. 삶에 대한 관심이 우리에서 나(Me)로 옮아가고 있다. 혼자놀기, 브랜드커피 소비 등은 개성의 표현이며 나를 위한 소비의 대표적 사례다.

넷째, 모빌리티(Mobility)이다. 사람들은 스마트폰 등 모바일 디바이스를 통해 이동 중 검색, 쇼핑 등 이동 소비의 욕구를 실현시키고 있다.

다섯째, 리얼리티(Reality)이다. 3D의 부상으로 인해 TV를 보고, 듣는 차원을 넘어 몸으로 생생하게 느낄 수 있게 되었다. 감성의 중요성이 더욱 커지는 상황이다.

그리고 경제 분야 기사 조회순위의 성별에 따른 차이점을 살펴보면, Table 1과 같다. 특이한 점으로는 여자의 경우 외식에 1위를 차지하고 있으나, 남자 경우는 13위로서 뚜렷한 순위의 차이점을 보임을 확인할 수 있다.

Table 1. 성별 경제 분야 기사 조회순위

순위	분류	
	남자	여자
1	자동차	외식
2	게임	패션
3	과학	고용 및 취업
4	에너지	생활경제
5	운송	유통
6	IT/전자	부동산
7	부동산	식품
8	주식펀드	주식펀드
9	국제경제	과학
10	생활경제	금융
11	고용및 취업	IT/전자
12	유통	국제경제
13	외식	운송
14	식품	에너지
15	금융	자동차
16	패션	게임

또한 스마트폰의 활성화로 앞으로 사람들의 인터넷 접속은 상시화가 될 것으로 보인다. 따라서 소비자들의 온라인 이용 데이터에 대한 분석은 소비자들의 관심과 취향의 변화를 읽고 소비자들을 더 잘 이해할 수 있는 매우 중요한 수단이 될 것으로 생각된다.

또한 이와 같은 미디어를 통한 가격 비교 사이트 활용, 중고

제품 매매, 소셜 쇼핑 등을 활용하여 최고의 제품을 최저의 가격으로 구입하는 스마트 소비가 강화되고 있는 실정이다. 즉, 개성을 추구하면서 대중의 성향을 동시에 추구하는 양면적인 특성을 가지고 있다.

모바일 기기를 통한 소셜 미디어의 급속한 확산은 소통 방식에 큰 변화를 가져오고 있다. 기업과 고객 간의 소통 방식에 본질적인 변화를 일으키고 있다. 예를 들면 고객들이 좋은 제품의 구매나 신속한 서비스에 대해 소셜 미디어를 통해 즉시 우호적으로 반응함으로써 매력적인 기업 이미지 형성에 큰 도움을 줄 수 있으나, 반대의 경우로는 소셜 미디어를 통해 실시간으로 자신들의 부정적인 사용 경험을 공유함으로써 기업에게 엄청난 피해를 줄 수도 있다. 그러므로 소셜 미디어는 기업들에게 새로운 고객 접점이 된다는 것을 의미한다. 이러한 소셜 쇼핑이나 소셜 커머스에 대한 적절한 준비와 대응이 요구되고 있다.

쉬 / 어 / 가 / 기

Q&D) 소비자의 변화(왜, 방향 등)에 대해 토론해 봅시다.

2. 마케팅의 정의

마케팅이란 용어는 20세기 초 미국에서 처음으로 등장하였다. 시대와 환경의 변화에 따라 기업의 생존과 성장을 위한 수단으로써 마케팅의 의미 또한 진화하여 왔다. 즉 생산 활동과 함께 가장 핵심적인 기업 활동으로써 기업 환경의 변화와 함께 수행하여야 할 기능과 내용도 변화를 거듭해온 것이다. 또한 마케팅을 보는 관점도 시대에 따라 달라졌으며, 시대별로 마케팅에 대한 정의 몇 가지를 살펴보면 다음과 같다.

1930년대 베일(*Vail*)은 상품에 대한' ' 소유권의 변화"로 보았으며, 1960년대에 발표한 미국 마케팅협회(*American Marketing Association*)의 정의는 '생산자로부터 소비자 또는 사용자에게 제품 및 서비스의 흐름을 관할하는 기업의 활동'으로 정의하였다. 이후에 소비자의 교육수준 향상과 소득의 증대로 인한 소비자 욕구의 다양화와 함께 마케팅의 소비자 욕구 충족 기능이 강조되게 되었다. 1960년대 후반 코틀러와 레비(*Kotler and Levy*)가 마케팅 활동을 사업적인 거래(business transaction)에서 제품과 가치의 교환(exchange)으로 봄으로써 마케팅의 주체를 영리조직인 기업과 비영리조직까지 확장시키고 발전하기에 이르렀다.

마케팅의 정의로 가장 많이 인용되는 것은 미국마케팅협회에서 1985년 발표한 정의이다. '마케팅이란 개인과 조직의 목적을 만족시키는 교환활동을 창출하기 위하여 아이디어, 상품, 서비스를 제품화하고, 가격을 책정하고, 촉진하고 유통될 수 있도록 계획하고 실행하는 과정이다.'라고 정의하였다. 이 정의에 포함된 내용을 살펴보면 다음과 같다.

첫째로, 마케팅을 개인과 조직의 목적을 만족시키는 활동으로 보고 있다. 이것은 마케팅의 주체를 영리조직인 기업과 개인, 비영리조직까지 포함시켜 마케팅 범위를 확장하였다.

둘째로, 마케팅을 교환을 창출하는 활동으로 본다. 즉 교환을 마케팅의 중심활동으로 보는 것으로 교환이 당사자인 개인과 조직 모두가 만족할 수 있는 것이어야 함을 의미한다.

셋째로, 교환의 대상을 유형의 상품 뿐만 아니라 무형의 아이디어와 서비스까지 포함한다. 우리 사회가 산업사회에서 정보화 사회로 이동함으로써 서비스산업의 비중이 증대되고 지식기반 산업의 발전이 확대되어 여러 가지 지식, 기술, 정보, 노하우 등까지 교환 대상이 될 수 있다.

넷째로, 마케팅의 수단이다. 만족스러운 교환이 이루어지기 위해서 제품, 가격, 촉진, 유통활동이 필요함을 의미하며, 이 네 가지를 어떻게 조화롭게 결합하여 만족스러운 교환활동이 되도록 하여야 한다.

다섯째로, 관리과정이다. 즉 마케팅 활동이 단순한 기획업무나 현장 실무기능으로 한정되지 않고 목적 달성을 위하여 필요한 프로그램을 계획하고 그것을 효과적으로 실행에 옮기는 과정이다.

3. 마케팅의 관리 철학의 변천

마케팅 관리철학이란 기업이 마케팅 활동을 어떠한 정신으로 무엇을 더욱 중요시하며 목적을 어디에 두고 수행해야 할 것인가를 포함하는 일종의 기업경영이념을 말하는 것이다. 그러므로 마케팅 관리철학이 다르면 기업 내에서 차지하는 마케팅의 비중과 성격 그리고 활동 내용도 크게 차이가 난다.

마케팅 활동의 무게 중심을 이디에 두었나에 따라 크게 기업 중심적 마케팅 철학과 고객 중심적 마케팅 철학으로 분류할 수 있다.

1) 기업중심적 마케팅철학

(1) 생산 컨셉(production concept)

생산 컨셉은 제품에 대한 수요보다 공급이 부족하여 소비자들이 제품 구매 자체에 어려움을 느낀다고 생각할 때 나타나게 되는 마케팅 철학이다. 이 단계는 생산만 하면 판매하는 것은 문제가 되지 않으므로 기업의 주요 관심사는 제품을 저렴하게 보다 많이 생산하는 것이다. 또한 소비자는 각 제품의 특징이나 품질에 보다는 그 제품을 구매하는 사실에 더 큰 관심을 가진다. 그러므로 기업은 무엇보다 생산을 증가 시킬 수 있는 방안을 찾는데 노력을 기울이게 된다.

(2) 제품 컨셉(product concept)

제품 컨셉이란 소비자가 우수한 품질의 제품을 구매하기를 원한다고 믿는 상황에서 등장하는 마케팅 철학이다. 따라서 기업은 무엇보다도 우수한 품질의 제품을 생산하기 위해 경쟁기업보다 더욱 좋은 제품이 되도록 품질의 개선에 노력을 기울이게 된다. 왜냐하면 제품 품질의 향상이 소비자로부터 주목을 받을 수 있는 최선의 방법이라고 생각하기 때문이다.

이처럼 제품의 품질을 중요시 하는 제품 컨셉은 자칫 잘못하면 제품 자체에만 관심을 집착에 빠질 수 있는 위험성이 크다.

마케팅 근시에 빠진 기업은 소비자가 특정의 제품을 필요로 하여 구매하려는 근원적인 욕구를 보지 못하고 눈앞에 나타난 제품과 관련된 욕구만을 보아 장기적인 관점에서 사업에 실패할 가능성이 높아지게 된다.

(3) 판매 컨셉(selling concept)

판매 컨셉은 기업이 소비자로 하여 경쟁회사의 제품보다는 자사의 제품을 그리고 더 많은 양을 구매할 수 있도록 설득하여야 하고 이를 위해서 가능한 한 모든 판매활동과 효과적이 촉진수단을 활용하여야 한다고 믿는 마케팅 철학이다.

따라서 대량생산에 필요한 조치들을 취한 결과 공급 물량이 증가하게 되고 유사한 제품을 생산하는 경쟁기업까지 늘어난 상황에서 기업들은 적극적인 촉진노력과 판매활동을 하지 않으면 안되는 입장에 처하게 되는데 이처럼 공급이 수요를 초과하는 경우 기업들은 판매량을 증대시키기 위해 적극적인 판매 노력을 기울이게 되며 구매를 자극할 수 있는 가능한 방법을 동원하여 구매를 설득하고 강력한 영업조직을 구축하여 판매에 중점을 두게 된다.

2) 고객중심적 마케팅

고객중심적 마케팅 컨셉은 고객의 욕구를 만족시키기 위해 전사적으로 통합된 마케팅 노력을 기울여 기업의 목표를 보다 효과적으로 달성할 수 있도록 노력하고 주의를 기울이는 것이라고 보는 것이다. 이를 구성하고 있는 세 가지 개념에 대해서 살펴보고자 한다.

첫째로, 고객지향성은 기업이 수행하는 모든 활동의 방향이 고객의 욕구를 만족시키는데 있는 것을 의미한다. 우선 고객의 욕구가 무엇인지 파악하고 이해하는 것이 무엇보다 필요한데 그들의 욕구는 매우 다양하다. 따라서 기업은 특정 욕구를 가진 소비자들만을 선택하여 마케팅 노력을 집중할 필요가 있으며 선택한 목표시장에서 수행하는 마케팅 활동인 제품, 가격, 유통, 촉진 등은 다른 경쟁기업과 차별화된 프로그램을 수행하여야 한다.

둘째로, 통합적 노력은 고객의 욕구를 만족시키기 위해서는 모든 부서가 한 마음으로 노력하여야 한다는 의미이다. 다시 말해 고객의 만족이라는 목표 달성을 위해서는 고객과 직접적인 접촉을 하는 마케팅부서 뿐만 아니라 연구개발, 생산, 재무, 인사 등 겉으로 보기에 마케팅과는 관련이 없어 보이는 부서일 지라도 단합하여 통합된 노력을 경주해야 한다는 것이다. 이것을 전사적 마케팅이라고도 한다. 전사적 마케팅에서는 기업 내의 각 부서들이 나름대로 소비자의 만족을 위해서 활동하는 전통적인 마케팅과는 다르게 마케팅부서가 기업 내의 모든 부서와 활동을 통합하고 조정하는 역할을 담당하는 것이다.

셋째로, 고객만족을 통한 이익을 실현한다.

3) 사회적 마케팅

사회적 마케팅 컨셉(societal marketing concept)은 기업이 마케팅 활동의 결과가 소비자와 사회 전반에 걸쳐 어떠한 영향을 미치게 될 것인가에 대해서 관심을 가져야 하고 가능하다면 부정적인 영향을 미치는 마케팅 활동은 자제해야 한다는 사고를 가져야 한다는 것을 의미한다.

환경오염 유발을 억제하기 위해 전개하는 녹색운동이나 공해방지시설의 설치를 의무화하는 환경운동과 저공해 물질을 소재로 하는 제품의 설계와 생산 등과 같은 그린 마케팅은 사회적 마케팅 컨셉을 실천하는 좋은 본보기라 할 수 있다.

4. 서비스의 개념

서비스란 전통적인 견해에서는 비생산적 노동, 비물질적 재화로 경시된 점도 있었으나, 서비스가 단지 부차적 요소가 아닌 필수 불가결한 요건이 된 현대 사회에서는 매우 중요한 부분으로 자리매김하였다.

서비스에 대한 연구는 1960년대 초반부터 시작되었으며, 1970년대에 들어 와서는 서비스의 특성 및 현상에 대해 관심이 집중되었으며, 1980년대 이후에 서비스에 대한 이론적인 체계와 전략적 이슈가 학문의 대상이 되었다.

1) 서비스의 정의

서비스에 대한 정의는 다양하다. 그 중에서 몇 가지를 알아보면 다음과 같다.

첫째로, 활동론적 입장에서 본 정의로는 미국 마케팅학회의 정의에서 잘 나타나 있다. 즉 서비스란 '판매 목적으로 제공되거나 상품 또는 판매와 연계해 제공되는 모든 활동, 편익, 만족'이라고 정의하였다.

둘째로, 속성론적 정의로는 '시장에서 판매되는 무형의 상품'이라는 라스맬의 주장을 들 수 있다.

셋째로, 봉사론적 정의로는 '인간의 인간에 대한 봉사'라는 레빗의 주장이 있으며,

넷째로, 인간 상호관계론적 정의로서 '서비스는 무형적 성격을 띤 일련의 활동으로서 고객과 서비스 종업원의 상호관계에서부터 발생해 고객의 문제를 해결해 주는 것'라고 보는 입장,

마지막으로, 많이 인용되고 있는 코틀러(*Kotler*)의 정의는 다음과 같다. 서비스란 '본질적으로 무형이며, 소유권의 이전 없이 타인에게 제공되는 행위 또는 만족'으로 1972년에 정의하였다.

2) 서비스의 특성

Table 2. 상품과 서비스의 특성, 서비스의 문제점 및 해결방안

상품의 특성	서비스의 특성	서비스의 문제점	서비스의 문제점 해결 방안
유형성 (tangibility)	무형성 (intangibility)	·저장하기 불가능하다. ·특허로 보호가 곤란하다. ·진열이나 커뮤니케이션 활동이 곤란하다. ·상품의 경우와는 달리 서비스 품질의 평가는 즉시 이루어지는 것이 보통이다.	·인적 접촉을 강화하라. ·구전 및 쇼셜네트워크의 중요성을 인식하라. ·구매 후 커뮤니케이션을 강화하라. ·기업이미지를 세심하게 관리하라.

		·상품의 혁신은 소재 및 과정 기술에 민감한 반면 서비스 혁신은 정보 및 커뮤니케이션 기술에 민감하다. ·가격설정의 기준이 명확하지 않다.	·가격설정에 원가관리 시스템 등을 이용하라.
분리성 (separability)	비분리성 (inseparability)	·고객과의 접점에서 서비스가 제공된다. ·생산과 소비가 분리될 수 없다. ·일반적으로 서비스는 소유권의 이전을 수반하지 않는다. ·서비스의 평가는 주로 고객에 의해 주관적으로 이루어진다. ·서비스의 유통경로는 존재한다고 해도 매우 짧다.	·서비스 인적자원의 선발 및 교육에 섬세한 고려를 하라. ·고객을 관리하라. ·지역별 서비스망을 구축하라.
동질성 (homogeneity)	이질성 (heterogeneity)	·표준화와 품질통제에 애로점이 있다.	·가능한 한 표준화와 품질 통제가 가능하도록 노력한다.
비소멸성 (imperishability)	소멸성 (perishability)	·생성된 후, 즉시 소멸됨으로 재고로서 보관하지 못 한다.	·서비스의 수요 공급에는 시간적, 공간적 조절이 중요한 요소가 된다.

서비스는 유형의 상품과 다른 특성이 있다. 또한 서비스의 각 특성별 문제점과 해결방안에 대해 살펴보면, Table 2에서와 같다.

5. 마케팅 전략

필립 코틀러는 이론적으로 마케팅이란 충족되지 못한 욕구와 필요를 가려내 확실하게 드러내고, 그런 욕구의 크기와 잠재적 수익성을 평가한 다음, 조직이 가장 적절하게 부응할 수 있는 목표시장이 어떤 곳인지를 정하고, 이렇게 선정된 시장에 내놓을 적절한 제품과 서비스 및 프로그램을 결정한 뒤, 조직 내 모든 구성원이 고객을 생각하고 이들의 요구에 부응하게 하는 비즈니스 기능으로 정의하였다.

즉, 마케팅 경영관리 과정을 다음의 5단계로 보았다.

첫째로, R(Research)은 시장조사이다.

둘째로, STP는 시장세분화(Segmentation), 표적시장 설정(Targeting), 포지셔닝(Positioning)이다.

셋째로, MM은 마케팅 믹스(Marketing Mix)이며, 4P는 제품(Product), 가격(Price), 유통(Place), 촉진(Promotion)이다.

넷째로, I는 실행(Implementation)이다.

다섯째로, C는 통제(Control)로서 피드백을 얻고, 결과를 평가하여, STP 전략이나 마케팅믹스 전술을 수정 또는 개선하는 과정이다.

전체과정을 약자로 표현하면 다음과 같다.

R → STP → MM → I → C

1) STP 마케팅 전략

STP는 기존의 매스 마케팅, 즉 대량생산과 대중 마케팅 체제의 종언을 고하는 것이라 할 수 있다. 코틀러에 의하면 효과적인 마케팅은 조사로부터 출발한다고 하였다. 시장을 조사하면 각기 다른 욕구를 가진 소비자들로 구성된, 서로 다른 세분시장들(Segmentation)이 드러난다. 기업은 자신들이 경쟁자 보다 탁월하게 충족시킬 수 있는 세분시장을 설정(Targeting)하는 것이 현명하다. 기업은 각 표적시장별로 상품을 포지셔닝(Positioning)하여, 자사 상품이 경쟁상품과 어떻게 다른가 하는 것을 소비자의 마음속에 인식시켜야 한다.

STP는 기업의 전략적 마케팅 사고를 대표한다. 이제 기업은 STP를 바탕으로 하여 제품, 가격, 유통, 촉진결정들의 믹스로 구성된 전술적 마케팅 믹스인 MM을 개발한다. 그런 뒤 기업은 마케팅 믹스를 실행(I)한다. 마지막으로 통제 측정치(C)를 사용하여, 결과를 모니터 및 평가하고, STP전략과 MM 전술을 개선한다.

시장의 대부분은 서로 상이한 라이프스타일과 배경과 소득수준을 가진 소비자들을 포함하고 있다. 따라서 단일의 마케팅 믹스 전략으로 특정시장의 모든 부분을 유인하기는 어렵다. 그러므로 기업이 추구하여야 할 표적시장을 선정하여 보다 효율적인 마케팅 전략을 개발할 수 있다.

제품의 표적시장은 어떤 특정의 제품을 구매할 가능성이 높은 소비자들의 특정한 세분시장을 뜻하다. 또한 포지셔닝이란 소비자들이 경쟁제품과 비교하여 인식하고 있는 자사의 제품에 대한 마음속의 상대적인 위치이다. 기업은 자사의 표적시장이 선정이 되면 표적고객들에게 자사의 제품을 부각시키기 위해 특정의 속성을 강화하여 소비자의 인식에 적합할 수 있도록 마케팅 믹스를 조정해야 한다. 마케팅 믹스의 결정을 위해 분석되어야 할 시장 세분화와 표적시장 선정, 제품 포지셔닝의 내용을 요약해 보면 다음과 같다.

(1) 시장 세분화(market segmentation)

시장세분화란 전체 시장을 상이한 욕구나 행동 및 특성을 지닌 소비자집단으로 분류하는 과정이다. 즉 기업이 제품이나 서비스를 판매하고자 하는 표적시장을 선정하기 위하여 구매자간에 있는 중요한 차이를 기준으로 하여 전체시장을 세분시장으로 나누어 효율적인 마케팅활동을 전개해 나가고자 하는 과정이다.

시장세분화는 모든 소비자는 상이하고 그들의 수요형태 또한 상이하며 상이한 소비자들은 유사한 특성을 기준으로 구분할 수 있다는 가정에서 출발한다. 이와 같은 바탕에서 소비자 시장을 세분화 할 수 있는 기준은 다음과 같다.

첫째로, 지리적 세분화이다. 시장을 지역, 인구밀도, 도시규모, 기후 등과 같은 지리적인 변수로 세분화한 것이다. 비교적 세분화하기 용이하며, 세분화된 시장에의 효율적인 접근도 가능하다.

둘째로, 인구 통계적 세분화이다. 인구 통계적 변수로서 인종, 국적, 연령, 성별, 가족 규모, 소득, 직업, 교육수준, 종교 등에 의해 세분화하는 것으로 변수들을 측정하기가 비교적 용이하여 널리 이용되고 있다.

셋째로, 심리 분석적 세분화이다. 라이프스타일, 사회계층, 개성 등과 같은 심리적 특성을 중심으로 전체구매자를 서로 다른 몇 개의 집단으로 나누는 것이다.

넷째로, 행동 분석적 세분화이다. 소비자의 일반적인 행동보다는 제품의 구매나 사용과 관련된 행동을 중심으로 집단을 세분화하는 것으로 행동분석적인 변수는 시장의 구조와 마케팅믹스간의 관계를 이해하는데 좋은 출발점이 된다.

(2) 표적시장 선정(target marketing)

전체 시장을 여러 개의 세분시장으로 구분한 후에 각각의 세분시장의 특성을 평가하여 이들 중에서 얼마나 많은 세분시장을 목표로 하여야 할 것인가를 결정한다. 표적시장을 선정하는 전략은 다음의 세 가지가 있다.

첫째로, 비차별적 마케팅전략이다. 시장을 동질적인 집단이라고 보고 소수의 다양한 욕구는 무시하고 다수의 공통되는 욕구에 초점을 맞추어 가장 많은 수의 소비자에 적합한 제품과 마케팅 프로그램을 설계하여 대량유통과 대량광고에 의존하는 것이다. 따라서 마케팅을 대량화함으로써 규모의 경제를 획득하는 것이 장점으로 볼 수 있다. 하지만 다양해지고 복잡해지는 시장의 환경에 있어서는 한계점이 있을 수 있다.

둘째로, 차별적 마케팅전략이다. 다수의 세분시장을 목표로 삼아 이들 각각의 시장에 독특한 제품을 제공하여 마케팅을 하는 방법으로 이를 수행하는 기업은 제품의 생산과 마케팅 활동에서 세분시장별로 차이점을 두어 각 세분시장 안에서 보다 많은 매출액과 강력한 시장지위를 구축할 수 있다. 즉 고객의 욕구와 편의에 보다 폭넓게 접근함으로써 더 많은 고객을 확보한다는 것이 강점이 되는 것이다. 그러나 이 전략을 추진에는 많은 비용이 수반될 수 있다.

셋째로, 집중적 마케팅전략이다. 자원이 제한되어 있는 기업의 경우 전체 시장 또는 다수의 세분시장에 자원을 분산하여 경쟁력을 확보하기가 어려울 때 하나의 세분시장 특히 경쟁사가 간과하고 있는 틈새시장을 목표로 하는 경우이다. 이 방법은 생산 유통, 촉진의 전 과정을 전문화시킬 수 있으므로 영업활동상 경제성을 제고시킬 수 있다. 만약에 강력한 대기업이 진입해 오는 경우 하나의 시장에서 활동을 하고 있는 기업은 대처하기가 어려울 경우도 나타난다.

(3) 제품 포지셔닝(product positioning)

표적시장을 선택하서 제품을 표적시장에 어떻게 부각시켜 소비자들의 마음속에 자리 잡게 할 것인가의 문제이다. 제품의 포지셔닝은 소비자들이 경쟁회사의 상품과 서비스를 비교하여 자사의 상품과 서비스를 인지하고 있는 상태를 만들어 내는 것이다. 따라서 기업은 표적시장에 내 놓을 상품과 서비스를 경쟁적인 이점에 의해 소비자의 마음속에 좋은 이미지로 잡을 수 있도록 노력해야할 것이다.

기업들이 제품을 포지셔닝할 때 수많은 전략이 있지만 여러 가지를 조합하여 복합적으로 사용을 하는데 차별화요인, 시장지위, 시장진입시기, 시장의 변화 등을 고려하여 어떠한 전략 유형을 선택할 것인가를 결정해야 한다.

2) 4P 마케팅 전략

4P 전략은 제품(Product), 가격(Price), 유통(Place), 촉진(Promotion)을 적절히 조합한 전략이다. 즉, 이 네 가지 마케팅 수단은 각각 개별적으로 기능을 수행하기보다는 완전하게 하나로 결합되어 기능을 발휘할 때 효과적인 마케팅 믹스(marketing mix)가 될 수 있다

(1) 제품(product)

시장 세분화와 표적시장 선정을 바탕으로 소비자 욕구의 종류나 양태를 정확하게 파악한다음, 이를 충족시킬 수 있는 제품을 기획하고 개발을 통하여 생산하여야 한다. 마케팅의 핵심은 바로 좋은 제품이라고 할 수 있다. 여러 가지의 기능을 가진 제품들이 다양하게 결합되어야 할 것이며, 끊임없이 개발하여야 한다. 특히 제품의 전략면으로서 단순하게 심리적인 만족을 주는 외적인 차별화보다는 품질의 수준을 높여 주는 내적인 차별화의 방향으로 이루어져야 할 것이다.

(2) 가격(price)

가격이란 구매한 제품에 대한 대가로 판매자에게 지불하는 금액을 말한다. 가격은 고객 유치에 있어 아주 중요한 요인의 하나이다. 그러므로 기업은 가격의 전략을 개발할 때 수요를 고려해야할 것이며 생산과 마케팅, 관리의 비용, 경쟁의 영향, 서비스 품질에 대한 고객들의 지각, 소요된 비용에 대해 지각된 가치 등을 고려해야 한다.

가격은 기업의 비용을 보상해 줄 뿐만 아니라 이익을 창출해 주는 기능을 가지고 있으며 가격정책은 판매촉진의 한 수단이기도 하다. 이러한 가격 요소로는 표준가격, 할인가격, 지불기간의 연장, 고객이 인식한 가치, 타사와의 차별화 등이 있다.

(3) 유통(place)

일반적으로 기업이 생산한 제품은 유통경로를 통하여 소비자에게 전달된다. 그러나 외식산업의 경우는 일반 제품과는 달리 유통과정이 복잡하지 않다.

그러므로 유통의 개념보다는 입지에 관한 사항으로 다룬다. 일명 외식산업을 입지산업이라고 하듯이 외식업에 있어서 입지 전략은 중요한 요소 중의 하나이다. 입지를 선정할 때 고려해야 할 요인으로는 고객의 동향조사, 기존 점포에 대한 조사,

접근 가능성, 주변지역의 기능 파악, 주차 면적, 점유의 조건 등을 들 수 있다.

(4) 촉진(promotion)

촉진은 제품에 관한 정보를 목표 고객을 포함하여 자사의 제품을 취급하는 중간상이나 이해자 집단에게 전달하는 커뮤니케이션 기능이다. 광고는 다양한 촉진의 수단 중 하나이다. 촉진수단으로는 활용하고자하는 수단이 사람인지 그렇지 않은지에 따라 인적인 촉진수단과 비인적인 촉진수단으로 구분된다.

인적인 촉진수단에는 판매원을 통한 인적 판매가 있으며, 비인적인 촉진수단으로 인터넷, 소셜네트워크, TV, 라디오, 신문, 잡지 등 대중매체를 이용한 광고와 가격할인, 쿠폰제공, 사은품 증정 등을 통한 비교적 직접적이고 단기적인 매출 증대 목적으로 활용하는 판매촉진이 있다.

또한 기업의 이미지 제고와 사회적인 기여 등 사회적인 책임까지도 고려해야 한다.

3) 기타 마케팅 전략

마케팅 전략에서 다른 주장으로는 4P 마케팅 믹스만으로는 완벽한 설명이 어렵다고 생각하여 Table 3에서 보는 바와 같이 참여자(people: employ and customer), 물리적 환경(physical evidence)과 서비스 생산과정(process)을 포함한 확장된 마케팅 전략으로서 3P를 추가한 7P 믹스의 주장과 4P에 1S로서 서비스(Service)를 추가하여 4P1S의 주장도 있다.

Table 3. 확장된 마케팅 믹스

제품 (product)	가격 (price)	유통 (place)	촉진 (promotion)	참여자 (people)	물리적환경 (physical evidence)	서비스 생산과정 (process)
·품질 ·품질 보증능력 ·선호도	·수준 ·가격정책 ·지불조건 ·고객의 인지가치	·입지접근성 ·유통경로 ·유통범위	·광고 ·홍보 ·인적판매 ·판매촉진	·종사자 태도, 열정 ·보상 ·용모 ·고객행동 개입정도	·환경 ·비품 ·색상 ·배치 ·소음	·제도, 절차 ·서비스정신 ·고객 개입

우리들이 먹고 마시는 모든 것에 대한 위생관리는 매우 중요할 뿐만 아니라 철저히 관리되어야 한다. 그러므로 식품에 대한 정의로부터 위생관리 전반에 대해 알아본다.

우리나라에서의 식품에 대한 정의로는 식품위생법에서 사람이 아플 때에 먹는 의약품을 제외한 먹고 마시는 모든 것으로 정의되어 있다. 그리고 식품에 대한 정의는 국가별로 약간의 차이점은 있으나 인간이 먹고 마실 수 있는 모든 것에는 이견이 없는 실정이다.

인간이 먹고 마시는 안전한 식품을 위해 위생은 다음과 같다. *WHO*(World Health Organization, 세계보건기구)의 환경위생 전문위원회는 식품의 재배, 생산, 제조로부터 최종적인 소비에 이르는 모든 단계에서 식품의 안전성, 완전성 및 건전성을 확보하기 위하여 필요한 수단과 방법으로 정의하였다.

위생관리의 목적은 주방에서 다양한 식용 가능한 식품을 취급하여 음식상품을 고객에게 직접 제공하는 과정에서 일어날 수 있는 식품 위생상의 위해를 방지하고, 고객의 정신적, 신체적 안전과 쾌적한 식생활 공간을 보장하기 위함이다. 식품접객업소는 많은 사람을 대상으로 조리·판매하기 때문에 위생관리를 소홀히 하게 되면 경구 전염병이나 식중독으로 건강을 해치는 경우가 있어 위험을 사전에 예방하고 위생적으로 안전한 음식을 제공할 수 있는 철저한 위생관리 체계가 요구된다. 따라서 안전하지 못한 공급원으로부터 구입한 식 재료의 사용, 적절한 식품보관 온도, 오염된 조리기기와 기구의 사용, 개인위생불량, 감염자에 의한 식품취급 등에 신중을 기하여하 한다.

1. 위생관계 법령

1) 식품위생법[법률 제14835호, 2017.4.18., 일부개정]

제1조(목적) 이 법은 식품으로 인하여 생기는 위생상의 위해(危害)를 방지하고 식품영양의 질적 향상을 도모하며 식품에 관한 올바른 정보를 제공하여 국민보건의 증진에 이바지함을 목적으로 한다.

제2조(정의) 이 법에서 사용하는 용어의 뜻은 다음과 같다.
1.' ' 식품"이란 모든 음식물(의약으로 섭취하는 것은 제외한다)을 말한다.
2.' ' 식품첨가물"이란 식품을 제조·가공 또는 보존하는 과정에서 식품에 넣거나 섞는 물질 또는 식품을 적시는 등에 사용되는 물질을 말한다. 이 경우 기구(器具)·용기·포장을 살균·소독하는 데에 사용되어 간접적으로 식품으로 옮아갈 수 있는 물질을 포함한다.

2) 식품안전기본법[법률 제14354호, 2016.12.2., 일부개정]

제1조(목적) 이 법은 식품의 안전에 관한 국민의 권리·의무와 국가 및 지방자치단체의 책임을 명확히 하고, 식품안전정책의 수립·조정 등에 관한 기본적인 사항을 규정함으로써 국민이 건강하고 안전하게 식생활(食生活)을 영위하게 함을 목적으로 한다.

제2조(정의) 이 법에서 사용하는 용어의 뜻은 다음과 같다. 〈개정 2010.1.18., 2010.5.25., 2011.7.21., 2011.11.22., 2012.6.1., 2013.3.23., 2016.2.3., 2016.12.2.〉

1. "식품"이란 모든 음식물을 말한다. 다만, 의약으로서 섭취하는 것을 제외한다.
2. "사업자"란 다음 각 목의 어느 하나에 해당하는 것의 생산·채취·제조·가공·수입·운반·저장·조리 또는 판매(이하 "생산·판매등"이라 한다)를 업으로 하는 자를 말한다.
   가. 「식품위생법」에 따른 식품·식품첨가물·기구·용기 또는 포장

나.「농수산물 품질관리법」에 따른 농수산물
다. 삭제 〈2011.7.21.〉
라.「축산법」에 따른 축산물
마.「비료관리법」에 따른 비료
바.「농약관리법」에 따른 농약
사.「사료관리법」에 따른 사료
아.「약사법」 제85조에 따른 동물용 의약품
자. 식품의 안전성에 영향을 미칠 우려가 있는 농·수·축산업의 생산자재
차. 그 밖에 식품과 관련된 것으로서 대통령령으로 정하는 것

3. "소비자"란 사업자가 제공하는 제2호 각 목에 해당하는 것(이하 "식품등"이라 한다)을 섭취하거나 사용하는 자를 말한다. 다만, 자기의 영업에 사용하기 위하여 식품등을 제공받는 경우를 제외한다.

3) 학교급식법[법률 제11771호, 2013.5.22., 일부개정]

제1조(목적) 이 법은 학교급식 등에 관한 사항을 규정함으로써 학교급식의 질을 향상시키고 학생의 건전한 심신의 발달과 국민 식생활 개선에 기여함을 목석으로 한다.

제2조(정의) 이 법에서 사용하는 용어의 정의는 다음과 같다.

1. "학교급식"이라 함은 제1조의 목적을 달성하기 위하여 제4조의 규정에 따른 학교 또는 학급의 학생을 대상으로 학교의 장이 실시하는 급식을 말한다.
2. "학교급식공급업자"라 함은 제15조의 규정에 따라 학교의 장과 계약에 의하여 학교급식에 관한 업무를 위탁받아 행하는 자를 말한다.
3. "급식에 관한 경비"라 함은 학교급식을 위한 식품비, 급식운영비 및 급식시설·설비비를 말한다.

제3조(국가、지방자치단체의 임무) ①국가와 지방자치단체는 양질의 학교급식이 안전하게 제공될 수 있도록 행정적·재정적으로 지원하여야 하며, 영양교육을 통한 학생의 올바른 식생활 관리능력 배양과 전통 식문화의 계승·발전을 위하여 필요한 시책을 강구하여야 한다.

②특별시·광역시·도·특별자치도의 교육감(이하 "교육감"이라 한다)은 매년 학교급식에 관한 계획을 수립·시행하여야 한다.

제4조(학교급식 대상) 학교급식은 대통령령이 정하는 바에 따라 다음 각 호의 어느 하나에 해당하는 학교 또는 학급에 재학하는 학생을 대상으로 실시한다. 〈개정 2012.3.21.〉

1. 「초·중등교육법」 제2조제1호부터 제4호까지의 어느 하나에 해당하는 학교
2. 「초·중등교육법」 제52조의 규정에 따른 근로청소년을 위한 특별학급 및 산업체부설 중·고등학교
3. 그 밖에 교육감이 필요하다고 인정하는 학교

제5조(학교급식위원회 등) ①교육감은 학교급식에 관한 다음 각 호의 사항을 심의하기 위하여 그 소속하에 학교급식위원회를 둔다.

1. 제3조제2항의 규정에 따른 학교급식에 관한 계획
2. 제9조의 규정에 따른 급식에 관한 경비의 지원
3. 그 밖에 학교급식의 운영 및 지원에 관한 사항으로서 교육감이 필요하다고 인정하는 사항

②제1항의 규정에 따른 학교급식위원회의 구성·운영 등에 관하여 필요한 사항은 대통령령으로 정한다.
③특별시장·광역시장·도지사·특별자치도지사 및 시장·군수·자치구의 구청장은 제8조제4항의 규정에 따른 학교급식 지원에 관한 중요사항을 심의하기 위하여 그 소속하에 학교급식지원심의위원회를 둘 수 있다.
④특별자치도지사·시장·군수·자치구의 구청장은 우수한 식자재 공급 등 학교급식을 지원하기 위하여 그 소속하에 학교급식지원센터를 설치·운영할 수 있다.
⑤제3항의 규정에 따른 학교급식지원심의위원회의 구성·운영과 제4항의 규정에 따른 학교급식지원센터의 설치·운영에 관하여 필요한 사항은 해당지방자치단체의 조례로 정한다.

제2장 학교급식 시설·설비 기준 등

제6조(급식시설·설비) ①학교급식을 실시할 학교는 학교급식을 위하여 필요한 시설과 설비를 갖추어야 한다. 다만, 2이상의 학교가 인접하여 있는 경우에는 학교급식을 위한 시설과 설비를

공동으로 할 수 있다.
②제1항의 규정에 따른 시설·설비의 종류와 기준은 대통령령으로 정한다.

제7조(영양교사의 배치 등) ①제6조의 규정에 따라 학교급식을 위한 시설과 설비를 갖춘 학교는 「초·중등교육법」 제21조제2항의 규정에 따른 영양교사와 「식품위생법」 제53조제1항에 따른 조리사를 둔다. 〈개정 2009.2.6.〉
②교육감은 학교급식에 관한 업무를 전담하게 하기 위하여 그 소속하에 학교급식에 관한 전문지식이 있는 직원을 둘 수 있다.

제8조(경비부담 등) ①학교급식의 실시에 필요한 급식시설·설비비는 당해 학교의 설립·경영자가 부담하되, 국가 또는 지방자치단체가 지원할 수 있다.
②급식운영비는 당해 학교의 설립·경영자가 부담하는 것을 원칙으로 하되, 대통령령이 정하는 바에 따라 보호자(친권자, 후견인 그 밖에 법률에 따라 학생을 부양할 의무가 있는 자를 말한다. 이하 같다)가 그 경비의 일부를 부담할 수 있다.
③학교급식을 위한 식품비는 보호자가 부담하는 것을 원칙으로 한다.
④특별시장·광역시장·도지사·특별자치도지사 및 시장·군수·자치구의 구청장은 학교급식에 품질이 우수한 농산물 사용 등 급식의 질 향상과 급식시설·설비의 확충을 위하여 식품비 및 시설·설비비 등 급식에 관한 경비를 지원할 수 있다.

제9조(급식에 관한 경비의 지원) ①국가 또는 지방자치단체는 제8조의 규정에 따라 보호자가 부담할 경비의 전부 또는 일부를 지원할 수 있다.
②제1항의 규정에 따라 보호자가 부담할 경비를 지원하는 경우에는 다음 각 호의 어느 하나에 해당하는 학생을 우선적으로 지원한다. 〈개정 2007.10.17., 2010.7.23.〉

1. 학생 또는 그 보호자가 「국민기초생활 보장법」 제2조의 규정에 따른 수급권자, 차상위계층에 속하는 자, 「한부모가족지원법」 제5조의 규정에 따른 보호대상자인 학생
2. 「도서·벽지 교육진흥법」 제2조의 규정에 따른 도서벽지에 있는 학교와 그에 준하는 지역으로서 대통령령이 정하는 지역의 학교에 재학하는 학생

3. 「농어업인 삶의 질 향상 및 농어촌지역 개발촉진에 관한 특별법」 제3조제4호에 따른 농어촌학교와 그에 준하는 지역으로서 대통령령이 정하는 지역의 학교에 재학하는 학생
4. 그 밖에 교육감이 필요하다고 인정하는 학생

제3장 학교급식 관리·운영

제10조(식재료) ①학교급식에는 품질이 우수하고 안전한 식재료를 사용하여야 한다.
②식재료의 품질관리기준 그 밖에 식재료에 관하여 필요한 사항은 교육부령으로 정한다. 〈개정 2008.2.29., 2013.3.23.〉

제11조(영양관리) ①학교급식은 학생의 발육과 건강에 필요한 영양을 충족할 수 있으며, 올바른 식생활습관 형성에 도움을 줄 수 있는 식품으로 구성되어야 한다.
②학교급식의 영양관리기준은 교육부령으로 정한다. 〈개정 2008.2.29., 2013.3.23.〉

제12조(위생·안전관리) ①학교급식은 식단작성, 식재료 구매·검수·보관·세척·조리, 운반, 배식, 급식기구 세척 및 소독 등 모든 과정에서 위해한 물질이 식품에 혼입되거나 식품이 오염되지 아니하도록 위생과 안전관리에 철저를 기하여야 한다.
②학교급식의 위생·안전관리기준은 교육부령으로 정한다. 〈개정 2008.2.29., 2013.3.23.〉

제13조(식생활 지도 등) 학교의 장은 올바른 식생활습관의 형성, 식량생산 및 소비에 관한 이해 증진 및 전통 식문화의 계승·발전을 위하여 학생에게 식생활 관련 지도를 하며, 보호자에게는 관련 정보를 제공한다.

제14조(영양상담) 학교의 장은 식생활에서 기인하는 영양불균형을 시정하고 질병을 사전에 예방하기 위하여 저체중 및 성장부진, 빈혈, 과체중 및 비만학생 등을 대상으로 영양상담과 필요한 지도를 실시한다.

제15조(학교급식의 운영방식) ①학교의 장은 학교급식을 직접 관리·운영하되, 「초·중등교육법」 제31조의 규정에 따른 학교운영위원회의 심의를 거쳐 일정한 요건을 갖춘 자에게 학교

급식에 관한 업무를 위탁하여 이를 행하게 할 수 있다. 다만, 식재료의 선정 및 구매·검수에 관한 업무는 학교급식 여건상 불가피한 경우를 제외하고는 위탁하지 아니한다.
②제1항의 규정에 따라 의무교육기관에서 업무위탁을 하고자 하는 경우에는 미리 관할청의 승인을 얻어야 한다.
③제1항의 규정에 따른 학교급식에 관한 업무위탁의 범위, 학교급식공급업자가 갖추어야 할 요건 그 밖에 업무위탁에 관하여 필요한 사항은 대통령령으로 정한다.

제16조(품질 및 안전을 위한 준수사항) ①학교의 장과 그 학교의 학교급식 관련 업무를 담당하는 관계 교직원(이하 "학교급식관계교직원"이라 한다) 및 학교급식공급업자는 학교급식의 품질 및 안전을 위하여 다음 각 호의 어느 하나에 해당하는 식재료를 사용하여서는 아니된다. 〈개정 2007.4.11., 2009.6.9., 2011.7.21.〉

1. 「농수산물의 원산지 표시에 관한 법률」 제5조제1항에 따른 원산지 표시를 거짓으로 적은 식재료
2. 「농수산물 품질관리법」 제56조에 따른 유전자변형농수산물의 표시를 거짓으로 적은 식재료
3. 「축산법」 제40조의 규정에 따른 축산물의 등급을 거짓으로 기재한 식재료
4. 「농수산물 품질관리법」 제5조제2항에 따른 표준규격품의 표시, 같은 법 제14조제3항에 따른 품질인증의 표시 및 같은 법 제34조제3항에 따른 지리적표시를 거짓으로 적은 식재료

②학교의 장과 그 소속 학교급식관계교직원 및 학교급식공급업자는 다음 사항을 지켜야 한다. 〈개정 2008.2.29., 2013.3.23.〉

1. 제10조제2항의 규정에 따른 식재료의 품질관리기준, 제11조제2항의 규정에 따른 영양관리기준 및 제12조제2항의 규정에 따른 위생·안전관리기준
2. 그 밖에 학교급식의 품질 및 안전을 위하여 필요한 사항으로서 교육부령이 정하는 사항

③ 학교의 장과 그 소속 학교급식관계교직원 및 학교급식공급업자는 학교급식에 알레르기를 유발할 수 있는 식재료가 사용되는 경우에는 이 사실을 급식 전에 급식 대상 학생에게 알리고, 급식 시에 표시하여야 한다. 〈신설 2013.5.22.〉

④ 알레르기를 유발할 수 있는 식재료의 종류 등 제3항에 따른 공지 및 표시와 관련하여 필요한 사항은 교육부령으로 정한다. 〈신설 2013.5.22.〉

4) 국민건강증진법[법률 제15339호, 2017.12.30., 일부개정]

제1조(목적) 이 법은 국민에게 건강에 대한 가치와 책임의식을 함양하도록 건강에 관한 바른 지식을 보급하고 스스로 건강생활을 실천할 수 있는 여건을 조성함으로써 국민의 건강을 증진함을 목적으로 한다.

제2조(정의) 이 법에서 사용하는 용어의 정의는 다음과 같다. 〈개정 2016.3.2.〉

1. "국민건강증진사업"이라 함은 보건교육, 질병예방, 영양개선, 건강관리 및 건강생활의 실천등을 통하여 국민의 건강을 증진시키는 사업을 말한다.
2. "보건교육"이라 함은 개인 또는 집단으로 하여금 건강에 유익한 행위를 자발적으로 수행하도록 하는 교육을 말한다.
3. "영양개선"이라 함은 개인 또는 집단이 균형된 식생활을 통하여 건강을 개선시키는 것을 말한다.
4. "건강관리"란 개인 또는 집단이 건강에 유익한 행위를 지속적으로 수행함으로써 건강한 상태를 유지하는 것을 말한다.

제3조(책임) ①국가 및 지방자치단체는 건강에 관한 국민의 관심을 높이고 국민건강을 증진할 책임을 진다.
②모든 국민은 자신 및 가족의 건강을 증진하도록 노력하여야 하며, 타인의 건강에 해를 끼치는 행위를 하여서는 아니된다.

5) 건강기능식품에 관한 법률[법률 제14476호, 2016.12.27., 타법개정]

제1조(목적) 이 법은 건강기능식품의 안전성 확보 및 품질향상과 건전한 유통·판매를 도모함으로써 국민의 건강증진과 소비자보호에 이바지함을 목적으로한다.

6) 공중위생관리법[법률 제15184호, 2017.12.12., 일부개정]

제1조 (목적) 이 법은 공중이 이용하는 영업과 시설의 위생관리 등에 관한 사항을 규정함으로써 위생수준을 향상시켜 국민의 건강증진에 기여함을 목적으로 한다.

2. 주방위생

주방위생 관리를 위해서는 Fig. 1에서와 같이 가장 우선적으로 관심을 가질 것은 취급하는 식품이다. 그리고 식품을 조리, 보관, 저장하는 시설 뿐만 아니라 식품을 다루는 사람의 개인 위생요인도 매우 중요하다.

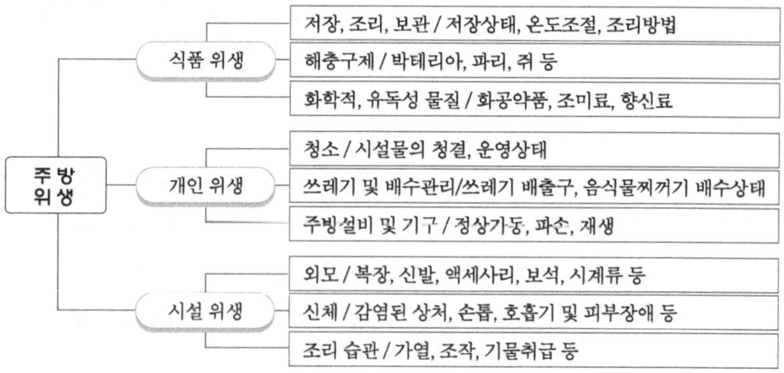

Fig. 1. 주방위생요인

3. 위생관리 이론적 바탕

1) 위해요소

위해요소들은 다음과 같이 분류 가능하다.

(1) 생성원인별

식품의 위해요소들은 일반적으로 생성원인에 따라 크게 세 가지로 구분할 수 있다.

첫째로, 내인성 위해요소를 들 수 있다. 이는 식품 원재료 자체에 포함된 유해, 유독성분으로서, 예로서 복어독 등 자연독성 물질 등이 포함된다.

둘째로, 외인성 위해요소이다. 조리, 가공 및 보존 등에서 외부로부터 오염되거나 혼입되는 물질로 인한 것으로서 예로서 식중독균, 경구전염병균, 기생충, 곰팡이독 등의 생물학적 요인 뿐만 아니라 유해 첨가물, 수질오염물질, 환경오염물질 등이 포함된다.

셋째로, 유인성 위해요소이다. 이는 식품의 조리, 가공 및 보존 과정에서 식품의 성분 등이 변화하여 발생하는 물질로서 유지 과산화물, 니트로소아민, 벤조피렌 등이 포함된다.

(2) 특성에 따라

식품의 위해요소들은 특성에 따라 일반적으로 생성원인에 따라 크게 물리적, 화학적 및 생물학적으로 구분할 수 있다.

첫째로, 물리적 위해요소에는 머리카락, 깃털, 뼛조각, 돌덩어리, 담배 등을 들 수 있다.

둘째로, 화학적 위해요소이다. 유해식품첨가물, 잔류농약, 중금속류, 세제, 수질 및 대기의 화학적 오염물질, 그리고 식품의 조리, 가공 및 보존 과정에서 식품의 성분 등이 변화하여 발생하는 화학적 유해물질인 유지 과산화물, 니트로소아민, 벤조피렌 등을 들 수 있다.

셋째로, 생물학적 위해요소이다. 파리, 바퀴벌레, 각종 벌레류 등의 생물, 그리고 세균, 곰팡이, 효모, 원생동물, 바이러스 등 미생물에 의한 것으로 매우 중요하게 다루어져야 한다.

2) 식중독

식중독은 "식품 섭취로 인하여 인체에 유해한 미생물 또는 유독물질에 의하여 발생하였거나 발생한 것으로 판단되는 감염성 질환 또는 독소형 질환을 말한다"라고 식품위생법에서 정의되어 있다. 즉, 음식물을 경구적으로 섭취하였을 때 일어나는 급성위장염을 주요증상으로 하는 질환을 말한다. 크게 세균성 식중독, 자연독 식중독, 화학물질에 의한 식중독으로 분류할 수 있다. 그러나, 식품섭취를 통한 경구전염병은 식중독으로 분류하지 않는다.

식중독 원인에 대해 살펴본다.

(1) 세균성 식중독

① 감염형

원인균이 감염되어 증식된 상태의 식품을 섭취한 다음 체내의 장관에서 더욱 증식하여 일어나는 식중독이다. 식중독 원인균으로는 살모넬라균, 장염비브리오균, 병원성 대장균, 여시니아균, 캄필로박터균 등이 대표적이다. 특징으로는 식중독균이 대장까지 도달하는 시간과 장에서의 증식에 필요한 시간 등으로 잠복기가 길고 발열이 동반되는 위장염 증상이 흔하다.

② 독소형

원인균이 감염되어 식품에서 증식하면서 독소를 생성한 상태로 섭취함으로 발생된다. 식중독 원인균으로는 포도상구균, 보툴리누스균 등이 있다.

③ 감염독소형

식품과 함께 섭취된 식중독균이 장관에서 포자를 형성할 때 독소를 생산하고 이 독소에 의한 식중독이다. 즉, 감염형과 독소형의 중간 형태이며, 일명 생체내 독소형 식중독이며, 대표적으로 *Clostridium perfringens*(Wellchii, 웰치균)과 셀레우스균을 들 수 있다.

(2) 자연독 식중독

① 동물성 자연독

복어 중독은 테트로도톡신(tetrodotoxin)에 의한 것으로, 알과 난소에 많이 분포되어 있으며, 피부나 근육에는 상대적으로 함량이 적다. 조개류 중독은 조개류 그 자체에서 생성하는 생체독에 의한 것과 조개류가 먹는 먹이가 환경인자로부터 오염되어 조개의 체내에 이행·축적되는 경우로 나눌 수 있다. 대합, 홍합, 섭조개의 마비성 패류독소인 삭시톡신(saxitoxin) 중독과 굴, 바지락, 모시조개의 베네루핀(venerupin) 등이 대표적이다

② 식물성 자연독

식물 중에는 유독성 물질이 함유된 것이 많으며, 잘못하여 이런 식품을 섭취할 경우 식중독이 생길 수가 있다. 어떤 식물

성 식품 중에는 독성성분이 물에 잘 녹는 성질이 있어 손쉽게 제거하고 섭취할 수 있는 것도 있다. 발아한 감자 중의 솔라닌(solanine)은 싹에 존재하여 실질적인 함량은 적으나 중독이 나타나는 수도 있다. 청매, 은행, 살구씨의 아미그달린(amygdalin), 면실유의 고시폴(gossyol), 피마자씨 중의 리신(ricin), 대두에 함유된 트립신 활성억제물질, 독버섯에 의한 중독 등이 있다

③ 미생물의 대사물질에 의한 것

쌀에 기생하는 곰팡이가 생산하는 독소로 인한 황변미중독, 근육연축작용이 있는 맥각이 혼합된 곡류를 식량으로 먹었을 경우에 생기는 맥각중독, 곰팡이류에 의한 마이코톡신 중독 등이 있다.

(3) 화학물질에 의한 식중독

식품의 가공기술이 발전함에 따라 식품의 제조·가공을 용이하게 하고, 보존성을 향상시키며, 상품적 및 영양적 가치를 증강시키기 위하여 화학물질을 식품첨가물로 사용하고 있다. 이러한 식품의 가공·공정 중에 첨가·사용하는 보존료·착색료·감미료 등의 화학물질이 불량품이거나 또는 허가되지 않은 것을 사용함으로써 식중독을 일으키는 경우가 있다.

(4) 음식물 관리요령

다음은 음식물의 위생적 관리를 위한 6가지 기본조건을 살펴본다. 일명 첫글자의 조합으로 FAT-TOM으로도 부른다. 각각에 대해 살펴보자.

① Food : 특히 육류, 어패류 등 단백질 식품, 익힌 탄수화물, 복합조리 식품 등에 유의한다.
② Acidity : 미생물 번식이 쉬운 약산성 내지 중성영역 pH 4.6~7.5을 피하라.
③ Temperature : 미생물 번식이 가장 쉬운 5~57℃(41~135°F)를 피하라.
④ Time : 위험온도구간에서 4시간 이상 두지 말라. cook and chill, 냉장보관 등을 고려하라.
⑤ Oxygen : 호기성의 일부 식인성 질환 미생물은 번식 시, 산소를 필요로 하나, 혐기성도 있다.

⑥ Moisture : Aw(수분활성도) 0.85 이상인 상태는 미생물 번식이 쉽다. 이 조건을 피하라.

3) 위생관리의 식품위생법령

식품위생법 제48조의 2 규정에 의한 식품안전관리인증기준(HACCP)을 적용함에 있어 식품접객업소용 선행요건으로 영업장관리, 위생관리, 제조시설, 설비관리, 냉장, 냉동시설관리, 용수관리, 검사관리, 회수프로그램을 제시하고 있다.

4) 개인위생관리

안전한 식생활 위생을 위해서 모든 사항을 관리하는 종사자들의 위생을 우선적으로 생각할 필요가 있다.

작업 시작 전 관리자는 조리원의 건강상태, 복장 및 손의 위생 등을 확인하고, 작업도중에 발생하는 식품 취급 습관은 각 단계별로 작업과정에서 중점적으로 확인한다, 확인 결과에 따라 식품에 오염시킬 가능성 발견 시에는 작업배제, 작업변경, 복장 불량 시에는 교체명령 등의 시정조치 한다.

(1) 건강진단

식품위생법 제40조 및 같은 법 시행규칙 제49조의 규정에 의해 영업자 및 조리종사자는 건강진단을 받아야 하며 년 1회 갱신하여야 한다.

(2) 조리에 종사할 수 없는 질환

같은 법 시행규칙제50조의 규정에서 정하는 식품매개 질병에 감염된 보균자나 전염성 상처나 피부병, 염증, 설사 등의 질병을 가진 경우, 식품 취급에 종사할 수 없게 되어 있다.

(3) 휴식 공간 및 샤워시설 설치로 건강관리시설 제공

(4) 복장 위생

작업복, 몸의 청결, 머리망 및 모자, 작업화의 청결 등 개인위생 수칙을 준수하도록 하여야 한다.

(5) 손의 위생

손을 통한 오염에 특히 신경을 써야한다. 위생을 유지하기 위해서는 손의 상처방지, 손 세척이 필요한 시점의 파악, 1회용 장갑의 사용이 되도록 체계적인 교육과 훈련이 필요하다.

(6)전염성 보균자의 휴무, 휴식조치

(7)조리종사자에 의한 교차오염 예방

조리 종사자의 손이나 식품에 직접 접촉하는 기기나 기구에 의해 조리되지 않은 식품에서 조리된 식품으로 미생물이 오염되는 것을 교차오염이라 한다, 즉 칼 손잡이, 냉장고 문, 도마 및 조리기기의 외부에 오염물질이 잔존한 상태에서 오염이 교차될 수 있는 것을 말한다,

5) 종사자의 위생교육

(1) 작업 시작 전

① 감염성 질환의 유무 확인, 위생 점검 및 교육실시
② 청결한 머리망, 작업복 및 작업화를 착용한다.
③ 손 씻는 시점과 손 세척 방법을 교육한다.

(2) 작업도중

식품취급 습관, 맛보기, 음식 섭취, 흡연, 기침, 재채기, 장갑의 교체착용 등에 신경을 기울인다.

6) 학교급식의 위생 및 안전관리

학교급식을 위한 위생 및 안전관리 기준을 살펴보면 Table 4와 다음과 같다.

Table 4. 학교급식의 위생·안전관리기준 일부

학교급식의 위생·안전관리기준
1. 시설관리 가. 급식시설·설비, 기구 등에 대한 청소 및 소독계획을 수립·시행하여 항상 청결하게 관리하여야 한다. 나. 냉장·냉동고의 온도, 식기세척기의 최종 헹굼수 온도 또는 식기소독보관고의 온도를 기록·관리하여야 한다. 다. 급식용수로 수돗물이 아닌 지하수를 사용하는 경우 소독 또는 살균하여 사용하여야 한다.
2. 개인위생 가. 식품취급 및 조리작업자는 6개월에 1회 건강진단을 실시하고, 그 기록을 2년간 보관하여야 한다. 다만, 폐결핵검사는 연1회 실시할 수 있다. 나. 손을 잘 씻어 손에 의한 오염이 일어나지 않도록 하여야 한다. 다만, 손 소독은 필요시 실시할 수 있다.
3. 식재료 관리 가. 잠재적으로 위험한 식품 여부를 고려하여 식단을 계획하고, 공정관리를 철저히 하여야 한다. 나. 식재료 검수시「학교급식 식재료의 품질관리기준」에 적합한 품질 및 신선도와 수량, 위생상태 등을 확인하여 기록하여야 한다.
4. 작업위생 가. 칼과 도마, 고무장갑 등 조리기구 및 용기는 원료나 조리과정에서 교차오염을 방지하기 위하여 용도별로 구분하여 사용하고 수시로 세척·소독하여야 한다. 나. 식품 취급 등의 작업은 바닥으로부터 60㎝ 이상의 높이에서 실시하여 식품의 오염이 방지되어야 한다. 다. 조리가 완료된 식품과 세척·소독된 배식기구·용기등은 교차오염의 우려가 있는 기구·용기 또는 원재료 등과 접촉에 의해 오염되지 않도록 관리하여야 한다. 라. 해동은 냉장해동(10℃ 이하), 전자레인지 해동 또는 흐르는 물(21℃ 이하)에서 실시하여야 한다. 마. 해동된 식품은 즉시 사용하여야 한다. 바. 날로 먹는 채소류, 과일류는 충분히 세척·소독하여야 한다. 사. 가열조리 식품은 중심부가 74℃이상으로 가열되고 있는지 온도계로 확인하고, 그 온도를 기록·유지하여야 한다. 아. 조리가 완료된 식품은 온도와 시간관리를 통하여 미생물 증식이나 독소 생성을 억제하여야 한다.
5. 배식 및 검식 가. 조리된 음식은 안전한 급식을 위하여 운반 및 배식기구 등을 청결히 관리하여야 하며, 배식 중에 운반 및 배식기구 등으로 인하여 오염이 일어나지 않도록 조치하여야 한다. 나. 급식실 외의 장소로 운반하여 배식하는 경우 배식용 운반기구 및 운송차량 등을 청결히 관리하여 배식시까지 식품이 오염되지 않도록 하여야 한다. 다. 조리된 식품에 대하여 배식하기 직전에 음식의 맛, 온도, 조화(영양적인 균형, 재료의 균형), 이물(異物), 불쾌한 냄새, 조리상태 등을 확인하기 위한 검식을 실시하여야 한다.
6. 세척 및 소독 등 가. 식기구는 세척·소독 후 배식 전까지 위생적으로 보관·관리하여야 한다. 나.「전염병예방법 시행령」제11조의2에 따라 급식시설에 대하여 소독을 실시하고 소독필증을 비치하여야 한다.
7. 안전관리 가. 관계규정에 따른 정기안전검사[가스·소방·전기안전, 보일러·압력용기·덤웨이터(dumbwaiter)검사 등]를 실시하여야 한다. 나. 조리기계·기구의 안전사고 예방을 위하여 안전작동방법을 게시하고 교육을 실시하며, 관리책임자를 지정, 그 표시를 부착하고 철저히 관리하여야 한다. 다. 조리장 바닥은 안전사고 방지를 위하여 미끄럽지 않게 관리하여야 한다.
8. 기타 이 기준에서 정하지 않은 사항에 대해서는 식품위생법령의 위생·안전관련 기준에 따른다.

4.식품안전관리인증기준(HACCP)을 통한 위생관리

1) 식품안전관리인증기준(HACCP)의 역사

HACCP은 미 항공우주국의 아폴로우주선 비행사들에게 안전한 식량을 제공하기 위하여 고안된 것으로부터 시작되었으며, 이후 발전을 거듭하여 지금에 이르게 되었다. HACCP의 발전역사는 Table 5에서 보는 바와 같다.

Table 5. HACCP 발전 역사

시 기	내 용
1960년대	미국 NASA(미 항공우주국)의 아폴로우주선 비행사들에게 안전한 식량을 제공하기 위하여 최초로 고안
1971년	Pillsbury사 3원칙의 HACCP 개념을 처음으로 소개 원칙1. 위해요소분석과 위해평가 원칙2. CCP(중요관리점) 결정 원칙3. CCP 모니터링
1987년	식품미생물기준국가자문위원회(NACMCF) HACCP 7원칙 설정 원칙1. 위해요소분석과 위해평가 원칙2. CCP 결정 원칙3. CCP에 대한 한계기준 설정 원칙4. CCP 모니터링 방법 설정 원칙5. 개선 조치 설정 원칙6. 기록 유지 및 문서 유지 원칙7. 검증 방법 수립
1993년	제20차 국제식품규격위원회(Codex) 위생분과위원회에서 HACCP 방식을 식품위생의 일반원칙으로 채택 각 국에 HACCP 개념을 근거로 한 위생규격기준을 권고, 미국, 일본, 캐나다, 유럽 등 세계 각국에서 이 제도를 도입하여 적용
1997년	Codex에서 HACCP 7원칙 12절차를 개정하여 현재 까지 적용 중 절차1. HACCP 팀 구성 절차2. 제품 설명서 작성 절차3. 용도 확인 절차4. 공정흐름도 작성 절차5. 공정흐름도 현장 검증 절차6 (원칙1). 위해요소분석 절차7 (원칙2). CCP 결정 절차8 (원칙3). 한계기준 설정 절차9 (원칙4). CCP 모니터링 방법 설정 절차10 (원칙5). 개선 조치 설정 절차11 (원칙6). 검증 방법 설정 절차12 (원칙7). 기록 유지 및 문서 관리

2) HACCP 제도관련 규정

우리나라의 HACCP 제도와 관련된 규정은 다음과 같다.

「식품위생법 시행규칙」

제62조(식품안전관리인증기준 대상 식품) ① 법 제48조제2항에서 "총리령으로 정하는 식품"이란 다음 각 호의 어느 하나에 해당하는 식품을 말한다. 〈개정 2010.3.19., 2013.3.23., 2014.5.9., 2016.4.19., 2017.12.29.〉

1. 수산가공식품류의 어육가공품류 중 어묵·어육소시지
2. 기타수산물가공품 중 냉동 어류·연체류·조미가공품
3. 냉동식품 중 피자류·만두류·면류
4. 과자류, 빵류 또는 떡류 중 과자·캔디류·빵류·떡류
5. 빙과류 중 빙과
6. 음료류[다류(茶類) 및 커피류는 제외한다]
7. 레토르트식품
8. 절임류 또는 조림류의 김치류 중 김치(배추를 주원료로 하여 절임, 양념혼합과정 등을 거쳐 이를 발효시킨 것이거나 발효시키지 아니한 것 또는 이를 가공한 것에 한한다)
9. 코코아가공품 또는 초콜릿류 중 초콜릿류
10. 면류 중 유탕면 또는 곡분, 전분, 전분질원료 등을 주원료로 반죽하여 손이나 기계 따위로 면을 뽑아내거나 자른 국수로서 생면·숙면·건면
11. 특수용도식품
12. 즉석섭취·편의식품류 중 즉석섭취식품

12의 2. 즉석섭취·편의식품류의 즉석조리식품 중 순대

13. 식품제조·가공업의 영업소 중 전년도 총 매출액이 100억원 이상인 영업소에서 제조·가공하는 식품

② 제1항에 따른 식품에 대한 식품안전관리인증기준의 적용·운영에 관한 세부적인 사항은 식품의약품안전처장이 정하여 고시한다. 〈개정 2013.3.23., 2015.8.18.〉

[제목개정 2015.8.18.]

[시행일] 제62조제1항제1호(어육소시지만 해당한다), 제4호(과자·캔디류만 해당한다), 제6호(비가열음료는 제외한다) 및 제8호부터 제12호까지의 개정규정은 다음 각 호에서 정한 날

1. 해당 식품유형별 2013년 매출액이 20억원 이상이고, 종업원 수가 51명 이상인 영업소에서 제조·가공하는 식품:

2014년 12월 1일

2. 해당 식품유형별 2013년 매출액이 5억원 이상이고, 종업원 수가 21명 이상인 영업소(이 항 제1호에 해당하는 영업소는 제외한다)에서 제조·가공하는 식품: 2016년 12월 1일
3. 해당 식품유형별 2013년 매출액이 1억원 이상이고, 종업원 수가 6명 이상인 영업소(이 항 제1호 또는 제2호에 해당하는 영업소 및 제62조제1항제13호의 개정규정에 해당하는 영업소는 제외한다)에서 제조·가공하는 식품: 2018년 12월 1일. 다만, 제62조제1항제8호의 개정규정 중 떡류의 경우로서 해당 떡류의 2013년 매출액이 1억원 이상이고, 종업원 수가 10명 이상인 영업소에서 제조·가공하는 떡류: 2017년 12월 1일
4. 제1호부터 제3호까지의 어느 하나에 해당하지 아니하는 영업소(제62조제1항제13호의 개정규정에 해당하는 영업소는 제외한다)에서 제조·가공하는 식품: 2020년 12월 1일

[시행일] 제62조제1항제12호의2의 개정규정은 다음 각 호의 구분에 따른 날

1. 2014년의 종업원 수가 2명 이상인 영업소에서 제조·가공하는 순대: 2016년 12월 1일
2. 제1호에 해당하지 아니하는 영업소에서 제조·가공하는 순대: 2017년 12월 1일

적용업종	세부업종 및 적용품목
식품제조·가공업소	과자류, 빵 또는 떡류, 코코아가공품류 또는 초콜릿류, 잼류, 설탕, 포도당, 과당, 엿류, 당시럽류, 올리고당류, 식육 또는 알함유가공품, 어육가공품, 두부류 또는 묵류, 식용유지류, 면류, 다류, 커피, 음료류, 특수용도식품, 장류, 조미식품, 드레싱류, 김치류, 젓갈류, 조림식품, 절임식품, 주류, 건포류, 기타 식품류
건강기능식품제조업소	영양소, 기능성 원료
식품첨가물 제조업소	식품첨가물, 혼합제제류
식품접객업소	위탁급식영업, 일반음식점, 휴게음식점, 제과점
즉석판매제조·가공업소, 식품소분업소, 집단급식소식품판매업소, 기타식품판매업소, 집단급식소	

(2) 축산분야

사료제조업, 가축사육업, 도축업, 집유업, 식육포장처리업, 축산물가공업, 축산물 보관·운반·판매업까지 HACCP은 축산물의 생산·가공·유통의 모든 분야에 적용됩니다. 우리나라는 현재 도축장, 집유장에 HACCP을 의무적으로 적용하고 있으며, 유가공장은 '18년도까지 단계별 의무적용 대상으로 관리되고 있다.

적용업종		적용품목
안전관리통합인증		돼지, 한우, 젖소, 육계, 식용란, 오리, 메추리
가축사육업(농장)		돼지, 한우, 젖소, 육우, 육계, 산란계, 오리, 부화업, 메추리, 산양
도축업		소, 돼지, 닭,오리
축산물 가공업	유가공업	우유류, 저지방우유류, 유당분해우유, 가공유류, 산양유, 발효유류, 버터유류, 농축유류, 유크림류, 버터류, 자연치즈, 가공치즈, 분유류, 유청류, 유당, 유단백가수분해식품, 조제유류, 아이스크림류, 아이스크림분말류, 아이스크림믹스류, 무지방우유류
	식육가공업	햄류, 소시지류, 양념육류, 베이컨류, 건조저장육류, 분쇄가공육제품, 갈비가공품, 식육추출가공품, 식용우지, 식용돈지
	알가공업	전란액, 난황액, 난백액, 전란분, 난황분, 난백분, 알가열성형제품, 염지란, 피단
식육포장처리업		포장육
축산물판매업		식육판매업, 소규모식육판매업, 식용란수집판매업, 소규모식용란수집판매업, 식육즉석판매가공업, 축산물유통전문판매업
집유업		집유업
축산물 보관업		축산물보관업
축산물 운반업		축산물운반업
배합사료		고기소, 젖소, 돼지, 닭, 개, 양식용 어류, 사육하는 동물, 프리믹스용배합사료, 오리, 사슴, 토끼, 말, 칠면조, 애완동물-기존, 메추리, 꿩, 오소리, 대용유용 배합사료, 면양 산양, 농가자가 배합사료 원료, 실험용 동물, 반추동물용섬유질 배합사료, 타조, 뉴트리아, 애완동물-간식영양보충용
단미사료		반추동물용섬유질
보조사료		보조사료

5. ISO9000, 14000, 22000을 통한 위생관리

쉬 / 어 / 가 / 기

Q&D) 위생관리 전반에 대해 토론해 봅시다.

Q&D) ISO 9000, 14000, 22000을 통한 위생관리에 대해 토론해 봅시다.

1. 재고관리

1) 재고관리(inventory control)

외식산업에서의 재고관리 대상은 주로 식재료이다. 식재료를 얼마만큼의 양을 확보하여 보관하여 두면 좋은가 미리 결정하여서 이동, 보관, 증감의 기록 등에 의하여 최적으로 유지되도록 관리하는 것이다. 근래에는 재고관리가 과학적으로 이뤄지게 되고 컴퓨터에 의하여 관리하는 경우가 많아지게 되었다. 재고관리를 바탕으로 구매관리가 이루어짐으로 관리에 신중을 기해야 한다.

2) 효율적인 재고관리

(1) 철저한 발주관리

재고관리는 판매관리목표를 바탕으로한 발주로부터 시작된다. 특히 이익률과 재고회전율이 높은 전략상품에 대해서는 철저한 관리가 요구된다. 발주량 결정에서도 구매유혹에 따른 구매는 자제할 것이며, 수요상황, 매입자금 사정, 판촉정책 추진여하 등으로 결정한다. 가능하면 상시 발주법을 선택하는 방법도 고려해 본다.

(2) 재고관리의 표준화

재고관리의 표준화를 지침을 설정하고서 운영하여야 한다. 표준재고 설정을 위한 참고사항으로는 중점 품목만을 집중관리할 것인지, 다수품목을 표준품목으로 관리할지 아니면 품목 모두를 표준화 할 것인지를 생각할 수 있으며, 실정에 맞게 관리하는 것이 바람직하다.

(3) 창고관리 철저

창고관리의 목적은 제품의 품질과 성능을 유지시키고 상품 입출의 수량적 관리를 철저히 하는 것이다. 그러므로 명확한 상품분류와 품질변화를 최소화할 수 있는 조건으로 철저히 관리되어야 한다. 또한 선입선출(FIFO, First In First Out)의 원칙으로 관리하는 것이 바람직하다.

(4) 부진재고 처리

반품이 가능한 것이라면 반품한다. 기능이나 품질상 문제점이 없다면 할인판매나 장기신용판매, 필요고객이나 거래처에 기증 등의 방안도 있다. 그러나 상품의 가치가 없다면 폐기처분함이 바람직하다.

2. 구매관리

1) 구매관리 필요성

구매관리란 판매에 필요한 상품을 될수록 유리한 가격으로, 필요한 시기에, 적당한 공급자로부터 구입하기 위한 체계적인 절차를 말한다. 단순히 소요자재의 구매업무만을 취급하는 범위를 벗어나 경영전반 활동과 연계되어 이익의 원천으로서 보다 과학적인 구매활동을 필요로 하게 되었다.

그러므로 구매관리 활동은 적절한 물품을 적정한 시기에 구매하는 것만이 아니라, 외식사업을 계획·통제·관리하는 경영활동으로 인식되어야 한다. 즉 필요한 시기에 최소한의 비용으로 최적의 상품을 구입하는 경영활동이다.

다음은 구매관리에서 요구되는 사항이다.

① 용도에 가장 적합한 것을 구입할 것
② 최저의 구매비용으로 구입할 것
③ 납기에 늦지 않을 것
④ 신용도나 제품의 질이 우량한 업체로부터 구매할 것
⑤ 사용 중에 발생된 잔여재고는 유효적절하게 활용할 것
⑥ 재고를 최소화하되 재고 고갈의 위험이 없도록 할 것

2) 재고와 발주

자재소요계획(MRP)이란 계획된 일정량의 최종제품을 약속된 일자에 생산하기 위해서 소요되는 자재 및 원재료를 언제 얼마만큼의 수량을 발주해야 하며, 또 어느 시기에 입고 또는 생산을 완료해야 하는가에 관한 정보를 구체적으로 나타내는 계획이다. 이와 같은 계획을 바탕으로 재고관리가 이루어져야 한다.

(1) 정량발주시스템(fixed-order quantity system)

Table 7에서보는 바와 같이 계속실사방식으로 재고가 일정수준에 이르면 일정 발주량(경제적 발주량)을 발주하는 방식이다. 즉 발주점 방식(order point system)으로 알려져 있으며, Q방식이라고도 한다.

(2) 정기발주시스템(fixed-time period system)

정량발주시스템에서 주문은 재고수준이 특정량에 도달할 때 발생하지만 정기발주시스템에서 주문은 일정한 시간 간격으로 발생한다. Table 7에서 보는 바와 같이 즉 정기실사방식으로 재고확인으로부터 부족량을 발주하는 방식으로 P방식이라고도 한다.

Table 7. 정량발주, 정기발주 특징

정량 발주 방식(Q방식)	정기 발주 시스템(P방식)
·재고가 주문점에 이르면 주문하는 시스템이다. ·주문량을 일정하게 하고 소비의 변동에 따라 발주시기가 달라진다.	·발주 간격을 정해서 정기적으로 발주하는 방식이다. ·단가가 높은 상품에 적합하다. ·발주 때마다 발주량이 변하는 특징이 있으며, 발주량이 문제가 될 수 있다.
·발주 비용이 싸다. ·저가품, 수요안정, 준비기간 단기 ·일정량을 발주, 발주 시기는 비정기적 ·재고량의 증가 우려 ·정기적인 재고량 점검 ·주점 정기적 재검토 필요 ·계산이 편리하며 사무관리가 쉽다 .	·운용자금 절약. ·고가품, 수요변동, 준비기간 장기 ·품목별 관리 ·일정 기간별 발주, 발주량 변동. ·재고량. 발주 빈도 감소. ·수요예측제도의 향상. ·사무처리 수요증가
발주점 : 조달기간평균사용량+안전재고	발주량 : (발주기간+조달기간) × 평균사용량 + 안전재고 − (현 재고량 + 발주잔량)

(3) 경제적 발주량(EOQ, Economic Order Quantity)

해리스(*F.W. Harris*)가 1915년에 주장한 재고관리 통제상의 기법이다. 재고를 많이 가지고 있으면 재고 유지비가 많이 들고, 재고를 적게 하여 수시로 발주를 하면 발주 비용이 많이 든다.

즉 경제적 발주량이란 총재고 비용 즉, 구매비용과 재고 유지비의 합이 최소가 되는 발주량을 의미한다.

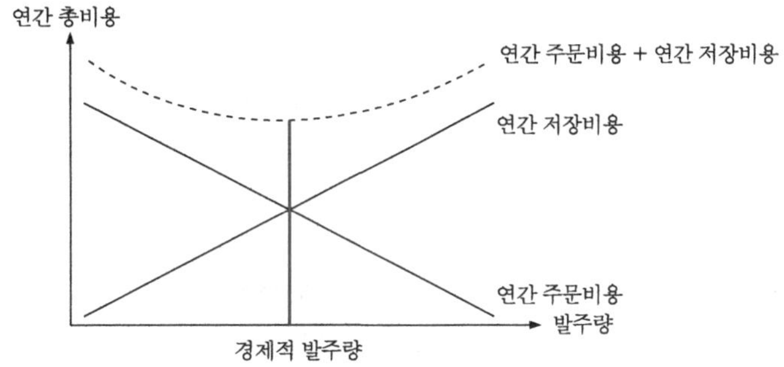

Fig. 2. 경제적 발주량(EOQ) 도표

계산법은 다음과 같다.

$$EOQ\,(\text{비용}) = \sqrt{\frac{2 \times \text{주문시 주문비용} \times \text{연간 사용한 품목의 비용}}{\text{연간 저정비용(재고의 평균 가치비용이 비율)}}}$$

$$EOQ\,(\text{품목의 수}) = \sqrt{\frac{2 \times \text{주문시 주문비용} \times \text{연간 사용한 품목의 양}}{\text{연간 저정비용(재고의 평균 가치비용이 비율)}}}$$

(4) ABC 재고관리시스템

딕키(H.F. Dickie)에 의해 개발된 것이며, 다수의 재고품목을 그 수량과 금액에 따라서 다음과 같이 ABC의 3가지 그룹으로 분류하여 보다 중요한 품목에 재고관리의 중점을 두고자 하는 방식이다.

① A급 : 전 품목에서 차지하는 비율이 5~10%이나 소요금액의 비율은 70~80% 정도가 되는 경우

② B급 : 전 품목에서 차지하는 비율이 10~20%이고 소요금액의 비율은 15~20% 정도가 되는 경우

③ C급 : 전 품목에서 차지하는 비율이 70~80%이나 소요금액의 비율은 5~10% 정도가 되는 경우

(5) JIT(Just-In-Time) 시스템

1970년대 중반 일본 도요다 자동차에서 개발된 방법으로 무재고 시스템이라고 부르기도 한다. JIT는 필요한 때에 생산의 요구에 맞추어 생산되므로 훨씬 더 적은 재고, 낮은 비용 등이 특징이다.

(6) 공급자주도형 재고관리(Vender Managed Inventory ; VMI)

유통업체가 제조업체에 판매·재고정보를 전자문서교환으로 제공하면 제조업체는 이를 토대로 과거 데이터를 분석하고 수요를 예측하여, 상품의 적정 납품량을 결정하는 시스템이다. 유통업체는 재고관리에 소모되는 인력, 시간 등의 비용절감 효과를 기대할 수 있고, 제조업체는 적정생산 및 납품을 통해 경쟁력을 유지할 수 있다.

3) 구매절차

구매란 특정물품에 대해서 경제주체인 기업이나 구매자가 거래처와 계약체결을 통해 구입하고 대금을 지불하는 경제행위의 총체적인 과정이다.

구매절차는 구매활동의 시작에서부터 완료될 때까지의 각 단계별 전체진행과정을 의미한다. 특히 구매활동의 각 단계에서 이루어지고 있는 구매업무는 상시적, 정기적, 간헐적, 상황변수적인 상태로 수행하게 되는데, 신속하면서 경제적 효율성 바탕에서 진행되도록 관리되어야 한다. 다음은 구매활동의 단계별 간략한 설명이다.

(1) 계획수립

사전에 판매 및 생산계획을 토대로 하여 구매계획이 수립되는 것이다. 이것은 주로 마케팅전략을 중심으로 한 상품전략 측면과 연관하여 시장조사에서부터 상품의 기획과 개발, 원가와 판매가, 그리고 식재료 규격과 품질수준을 결정하는 단계로 기업의 방침계획에 포함된다.

(2) 구매물품 및 소요량의 결정단계

일반적으로 구매부서는 기업의 경영계획에 의거하여 각 영업장 또는 생산관련 부서에서 요청되는 품목이나 소요량의 물품구매를 관리하고 지원하는 업무를 수행하는 권한과 책임을 가지고 있다. 구매와 관련되어 가장 많은 구매를 필요로 하는 곳이 생산부서이며, 창고관리부서는 재고량이 일정시점에 도달할 때 적정재고량을 확보하기 위해서 필요하다. 또한 각 영업장이나 생산부서에서는 재 주문 시점이나 최적재고유지를 위해 구매요구서를 이용한 물품의 소요량을 구매부서에 요청하게 되는데, 이때 요청부서와 구매부서간에는 물품의 품목, 품질, 용도, 규격 등에 대해서 충분한 협의가 있다.

(3) 재고량조사 및 발주량의 결정단계

발주량 결정에는 품목별 투입과 산출의 수율을 고려해야 하고, 경제적 발주량을 통한 적정재고를 유지한 상태에서만 비용지출 및 원가관리의 효율성이 나타나게 된다. 즉 과다재고는 창고관리에 소요되는 비용지출이 커지게 되고, 과다구입물품에 대한 자금운용의 제약요소로 작용하며, 재고부족은 고객에 대한 상품판매부재로 인해 실기현상을 초래하기 때문이다.

(4) 구매명세서 및 발주서의 작성단계

구매명세서는 물품구매와 관련된 모든 내용, 즉 상품명(품목명), 품질특성, 용도(활용처), 규격 및 기타 특별사항 등을 수록한 양식이며, 물품명세서 또는 시방서라고도 한다. 구매명세서는 구매부서와 함께 공급업체와 쌍방간에 이해할 수 있는 양식으로 작성하고, 구매발주서와 함께 공급업체로 송부된다. 구매요구서는 구매 청구서 또는 구매의뢰서라고도 불리며, 이것은 사용 부서에서 작성하게 되는데, 필요한 물품에 대해서 구매부서로 청구하게 되면, 구매 관련 담당부서에서는 단독 혹은 각 관련 부서별로 취합하여 발주하게 된다. 이때 재고물량을 사전에 파악한 후 경제적인 발주를 해야 한다.

(5) 공급처의 선정단계

공급처는 거래처 혹은 거래선, 납품처 라고도 하는데, 구매업체의 측면에서는 필요한 물품에 대한 공급조건을 충족시킬 수 있는 거래처를 선정한 다음, 계약체결에 의해 구매활동이 이루어진다. 대체로 공급처의 선정은 필요한 물품과 수량을 적절한 시기에 좋은 품질과 저렴한 가격으로 구매하고자 할 때 먼저 식재료의 공급처와 유통경로를 파악하여 지리적 위치, 인적관리, 생산능력, 가격경쟁력, 자본력, 신용도, 납기이행능력 등을 고려하여 공급처를 선정한다.

(6) 물품 검수 및 수령단계

공급처를 선정하여 발주한 물품에 대해서는 납품기일의 준수를 위해서 확인과 독촉을 해야 하며, 납품된 물품에 대해서는 공급처에서 구매업체에게 송부한 거래명세서와 구매업체에서 주문한 구매발주서 및 명세서와 대조하여야 한다. 즉 구매발주서의 내용과 구매명세에서 기술한 내용을 근간으로 적합성 여부에 대한 검수를 하게 되는데, 물품의 하자발생의 경우는 반환조치를 취하고, 그렇지 않은 경우에는 물품을 인수하여 저장하고 기록표에 기재하는 단계이다.

(7) 물품저장관리 단계

검수된 물품은 꼬리표를 부착하여 저장창고로 이동되지만, 상황에 따라서는 생산부서나 각 영업장으로 직접 이동하는 경우도 있다. 저장창고에 입고된 물품은 사용부서의 요구에 의해 산출되며, 창고 담당자에 의해 입,출고 및 재고관리가 이루어지는 단계이다.

(8) 공급처 및 물품의 종합평가단계

구매물품에 대한 품질 및 상태와 공급처에 대한 서비스 및 신뢰도를 종합적으로 평가하여 차후의 구매활동에 반영하고, 대금지불을 완료한다. 또 구매과정에서 여러 양식과 문서기록화를 토대로 다음의 발주시나 법률적인 효력 발생 기간동안 보관하여 경제성과 효율성으로 재고시키는 단계이다.

4) 식자재 전통적 구매방법

효과적, 효율적인 구매를 위해서는 식자재의 질, 서비스, 가격 등 원가에 미치는 제반요인을 고려하여 합리적으로 업무를 처리 할 수 있는 구매능력이 요구된다. 능률적이고 신속하게 계약을 체결하고 최소한의 비용으로 구매하는 전체 과정을 의미한다. 식재료를 구매하는 방법에는 레스토랑의 규모, 경영시스템과 같은 각 레스토랑의 상황에 따라 다르지만 일반적으로 다음과 같은 방법들을 통하여 구매업무가 이루어진다.

(1) 공개경쟁입찰

공개경쟁입찰 구매방법은 견적구매 또는 경쟁시장구매라고도 하며 레스토랑 식음료자재 구입에 있어서 가장 널리 사용되는 방법이다. 구매량을 결정한 후, 공급업자로부터 단가 및 품질에 대한 견적을 받은 다음, 명시된 품질에 가장 저렴한 가격의 업체를 선정하여 발주하는 방법이다. 이 방법은 경쟁업체가 적은 경우 불가능할 경우도 있지만, 공급업자로부터 각 품목별 단가를 얻을 수 있기 때문에 효과적인 원가관리를 실시 할 수 있다.

(2) 수의계약

이 방법은 대규모 영업장 등에서 주로 사용하는 방법이다. 예로서 식자재의 품목별 구매량을 일정기간에 얼마나 필요한 것인가와 표준구매 명세사항 등을 정해 품목별로 납품업체와 수의계약을 하는 방법이며, 계속적이고 반복적인 가격 및 구매관리의 문제점들을 해소하고 대량 구매로써 활인을 받을 수 있는 장점이 있다. 이러한 방법에는 특정 품목의 계약재배구매, 임원의 특명구매 등이 있다.

(3) 기타

① 합동 구매 : 소규모의 여러 호텔들이 대량구입에 의한 활인을 위해 합동으로 구매하는 방법이다.

② 원가가산 구매 : 식재료 배달상인에게 원가에 일정율의 이익을 붙여주는 구매방법이다.

이상의 구매방법을 채택함에 있어 구매하는 식자재의 수량, 가격, 납품 공급업자의 신뢰도, 그리고 지급능력과 같은 경영적 여건 등이 고려된 방법이 바람직하다.

5) 식자재 전자상거래 구매방법

현재 많은 외식기업 및 외식업체에서는 구매관리 뿐만 아니라 판매경향 분석, 고객관리, 인사관리, 메뉴관리, 각종 자료관리 등 업무를 컴퓨터를 사용하여 관리하고 있으며 이와 함께 경영 효율성 증진을 위해 POS(point of sales) system의 사용이 보편화 되어가고 있다. 또한 대형 단체급식 업체 및 패밀리 레스토랑 업체, 패스트푸드 업체, 프랜차이즈 업체 등 외식기업들은 자체적인 자원관리 시스템을 운영하고 있으며, 구매 및 발주 시스템을 개발하여 사용하고 있고, 인터넷을 기반으로 한 네트워크를 구축, 전자상거래 시스템을 이용한 구매관리를 하는 외식기업이 점차 늘고 있는 추세이다. 하지만 중·소규모의 외식업체에서는 이러한 시스템의 운영이 사실상 불가능하고, 가능하다 할지라도 도입비용 및 운영 노하우의 부족으로 실질적인 효과를 나타내기란 쉽지 않은 경우도 있다.

(1) 식자재 발주시스템

식자재 발주시스템은 표준레시피를 근거로 하여 따로 재료량을 계산할 필요가 없이 제공할 메뉴와 식수를 입력하면 자동으로 재료량이 계산되어지고, 온라인으로 본사 구매부서에 발주가 이루어진다.

대형 단체급식업체에서는 자체적인 식자재 발주시스템을 갖추고 식재료의 중앙구매를 실시하여 원가를 절감하고 있으며, 동시에 유통도 하고 있어 구매와 유통과정상 발생하게 되는 각종 비용을 절감하여 이윤을 극대화하고 있다.

(2) 공동구매

전자상거래에서 가장 대표적인 것이 바로 공동구매이다. 공동구매 모델은 전자상거래의 모든 B2B(Business to Business, 기업대기업) 중에서 가장 주목을 받는 모델이다. 이 모델의 주 역할은 구매자들의 구매력을 결합하고 이에 대한 공급자간의 경쟁을 격화시키는 방법으로 물품 및 용역의 가격을 내리는데 역점을 두고 있다. 따라서 같은 종류의 식자재를 구매하는 외식업체들이 대량구매를 통한 할인을 목적으로 공동구매 방식을 이용하려 할 것이다. 하지만 일반적으로, 이 모델의 사업자는 구매자가 어떤 품목을 구매해야 할 것인가에 대한 도움을 주지 않으며, 기타의 제반 구매비용을 줄일 수 있는 툴 또한 제공하지 않는다. 그래서 결국 구매자의 매출신장에는 별 영향을 미치지 못하는 모델이다.

(3) POS(point of sales, 판매시점관리) system

판매시점관리 또는 판매시점 정보관리 시스템이라 부른다. 판매시점 관리는 물건이 판매된 시점에서 실시간으로 매출이나 재고 등의 관리가 가능하다. 개점에서 마감 전까지 또는 중간 중간에 지금까지 매출액과 신용카드와 현금매출이 각각 얼마인지, 금전등록기에 현금이 얼마 있는지 등 매출 관리 그리고 판매되는 제품의 수량에 따라 현재 재고가 얼마인지 등의 관리를 효율적으로 하는 시스템을 말한다. 그리고 매출 자료의 가공에 의해, 각 제품의 분류나 가격대에 따라, 일자별, 시간대별, 요일별, 메뉴별 매출 현황을 분석해 주기 때문에 외식업체의 운영과 관리에 많은 도움을 준다.

현재 우리나라에서는 대형할인점, 편의점을 중심으로 유통업체의 대부분이 POS system을 사용하고 있으며, 외식업체에서도 POS를 이용하는 업체가 증가하는 추세에 있다. POS의 금액계산 및 금전출납 작업을 신속 정확하게 할 수 있을 뿐만 아니라 메뉴명, 가격 등 상세 정보까지 기록할 수 있다. 이와 같이 언제, 얼마나 팔렸는지 한 눈에 알 수 있고, 표준레시피가 작성되어 있다면 해당 메뉴에 사용되는 식재료의 양까지 계산되어 재고관리와 구매관리, 원가관리 등 다양한 업무까지 처리 가능하다.

쉬 / 어 / 가 / 기

Q&D) 구매 및 재고에 대해 토론해 봅시다.

Q&D) 구매, 재고관리를 위해서는 식수 예측이 매우 중요하다. 다음의 어느 학교식당의 식수 자료로부터 단순이동평균법을 이용하여 8월 식수를 예측하세요 (Hint; 4-7개월 평균값)

3월	4월	5월	6월	7월	8월
360명	420명	440명	460명	420명	?

Q&D) 선입선출법(FIFO)과 후입선출(LIFO)의 장단점을 토론해 봅시다.

제 4장.

급식(외식) 원가, 재무관리

1. 원가

1) 원가의 개념

원가란 모든 여건에 통일적으로 적용할 수 있는 단일의 개념을 정하기란 어렵다. 미국 회계학회에서는 원가를 다음과 같이 정의하였다. 즉 특정의 목적을 달성하기 위하여 발생하였거나 또는 발생할 가능성이 있는 희생을 화폐 가치적으로 측정한 것이다.

예로서 고객에게 음식을 제공하는 경우에서 살펴보면, 음식의 식재료를 구입해야 하고, 이것을 조리하는 종업원들에게 일정의 노무비를 지급해야 하며, 그 외의 관리에도 비용들이 요구된다. 즉 원가란 사업으로서 목적하고 있는 제품의 제조, 판매, 봉사의 제공을 위하여 소비된 경제가격이라고 할 수 있다.

원가에 대한 관리가 요구되고 있다. 원가관리 혹은 관리회계에는 원가계산(cost determination)과 원가통제(cost control)가 포함된다. 원가관리를 통한 재무 재표는 경영자와 투자자, 채권자 등 이해관계자들에게 유용한 정보를 제공해주며, 원가통제는 원가계산이 완료된 다음 단계에서 가능하다. 즉, 계획된 원가와 실제 원가 사이에 어떠한 차이가 발생하는지, 그 차이가 유리한지 혹은 불리한지를 포함하며, 불리한 경우에는 시정통제가 이루어질 수 있다.

2) 원가의 유형

원가의 관리를 위해서 원가 유형을 알아보고자 한다. Fig. 3에서 보는 바와 같이 다양한 유형의 원가가 있다. 각 원가는 다음과 같다.

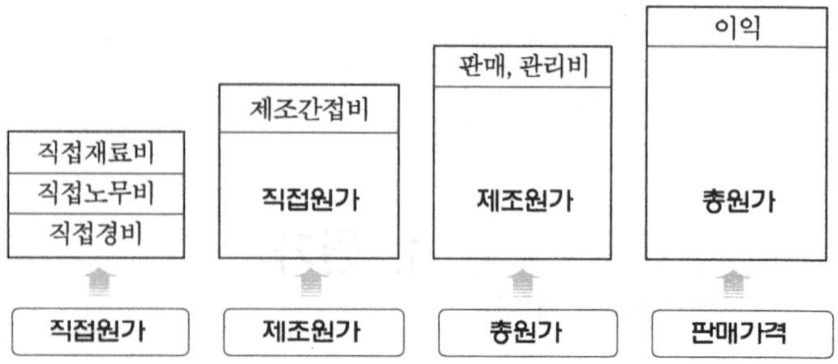

Fig. 3. 원가의 종류

(1) 원가가 누적될 수 있는 정도에 따른 분류

① 직접원가(Direct cost)

특정 목적 하에서 발생하였거나, 특정 부서 혹은 특정 제품 제조공정에서 발생되었다는 것을 쉽게 식별할 수 있는 원가이다. 예로서, 직접재료비(식재료비), 직접노무비, 직접경비 등이 있다. 제품의 제조원가가에 직접 부과시킬 수 있는 원가이다.

② 간접원가(Indirect cost)

특정 제품이나 공정에만 발생되었다고 쉽게 식별할 수 없는 원가이다. 예로서, 제조 간접비와 같이 제품에 직접 부가시킬 수 없으므로 일정한 배부기준에 의하여 배부한다. 예로서 임대료, 광열비, 관리비 등을 들 수 있다.

(2) 조업도의 변동에 의한 분류

① 고정비(Fixed costs)

제품 생산량과 상관없이 일정액이 지출되는 원가이다. 예로서 보험료, 임대료, 감가상각비 등이다.

② 변동비(Variable costs)

제품 생산량에 비례적으로 변화하는 원가이다. 예로서 직접재료비, 직접노무비를 들 수 있다.

변동원가에는 식재료비와 같이 생산수준에 따라 비례적으로 변화하는 직접변동원가(Directly variable costs)와 생산수준에 따라 변화하기는 하나 어떤 경우에는 변동하지 않는 준 변동원가(Semi-variable costs)가 있다. 준 변동원가에는 인건비를 들 수 있다.

(3) 기타

기타로는 계산 시점에 따라 실제원가와 추정원가로 계산에 따라 단위원가(Unit costs)와 총원가(Total costs)로 분된다.

3) 급식원가의 예

(1) 재료비

급식에서의 재료비는 급식에 사용된 식품재료비를 말하는 것으로, 일반적으로 식품원가(food cost), 혹은 직접재료비라고도 한다. 식품 재료비의 분류는 각 시설별로 결정하지만, 일반적으로 쌀, 면류, 빵류를 포함하는 주식비와 부식비, 양념비, 김치, 우유, 과일 등 식단의 구성요소별로 분류하는 경우가 많다.

(2) 노무비

직접 현장에서 근무하는 사람의 노무비와 급식관련 및 지원 업무에 종사함으로써 간접적으로 근무하는 사람의 노무비로 분류될 수 있다. 대부분의 경우 직접 현장에서 근무하는 사람의 노무비만을 고려하여 계산한다. 노무비에는 임금, 상여금 및 퇴직적립금, 수당, 복리후생비 등이 포함된다.

(3) 경비

급식소에서 발생하는 비용 중 재료비 및 노무비 이외에 사용된 모든 비용들이 여기에 포함된다. 예로서 수도광열비로서 가스, 전기, 수도비 등, 소모품비로서 세제, 문구류 등, 위생비로서 건강진단, 위생검사, 세탁비, 건물, 설비, 기기류의 수선비 및 감가상각비, 그리고 통신비, 회의비, 교육·훈련비, 광고선전비, 차량유지비, 보험료, 카드 수수료 등이 포함된다.

쉬 / 어 / 가 / 기

Q&D) 화폐의 시간에 따른 가치에 대해 토론해봅시다.

2. 재무제표

이해관계자들에게 기업의 재무정보를 전달하기 위해 사용되는 재무제표에는 대차대조표, 손익계산서, 현금흐름표, 이익잉여금처분계산서가 이용된다. 각각에 대해 간단히 살펴보기로 한다.

재무제표의 기간별 비교가 가능하도록 전기 재무제표의 모든 계량정보를 당기와 비교하는 형식으로 표시한다. 또 주석에는 전기 재무제표의 비계량정보가 당기 재무제표를 이해하는 데 필요한 경우 기재한다.

1) 대차대조표

대차대조표는 일정 시점 현재 기업이 보유하고 있는 경제적 자원인 자산과 경제적 의무인 부채, 그리고 자본에 대한 정보를 제공하는 재무보고서로서, 정보이용자들이 기업의 유동성, 재무적 탄력성, 수익성과 위험 등을 평가하는 데 유용한 정보를 제공한다.

다음의 조건에 맞추어 대차대조표를 작성한다. 대차대조표의 구성요소인 자산, 부채, 자본은 각각 다음과 같이 구분한다.

① 자산은 유동자산과 비유동자산으로 구분한다. 유동자산은 당좌자산과 재고자산으로 구분하고, 비유동자산은 투자자산, 유형자산, 무형자산, 기타비유동자산으로 구분한다.

② 부채는 유동부채와 비유동부채로 구분한다.

③ 자본은 자본금, 자본잉여금, 자본조정, 기타포괄손익누계액 및 이익잉여금(또는 결손금)으로 구분한다.

Table 8은 대차대조표 양식 예이다.

Table 8. 대차대조표 양식 예

대 차 대 조 표
제×기 20××년×월×일 현재
제×기 20××년×월×일 현재
회사명 (단위:원)

과 목	당 기	전 기
자 산		
유동자산	×××	×××
당좌자산	×××	×××
현금및현금성자산	×××	×××
단기투자자산	×××	×××
매출채권	×××	×××
선급비용	×××	×××
이연법인세자산	×××	×××
……		
재고자산	×××	×××
제품	×××	×××
재공품	×××	×××
원재료	×××	×××
……		
비유동자산	×××	×××
투자자산	×××	×××
투자부동산	×××	×××
장기투자증권	×××	×××
지분법적용투자주식	×××	×××
……		
유형자산	×××	×××
토지	×××	×××
설비자산	×××	×××
(-) 감가상각누계액	(×××)	(×××)
건설중인자산	×××	×××
……		
무형자산	×××	×××
영업권	×××	×××
산업재산권	×××	×××
개발비	×××	×××
……		
기타비유동자산	×××	×××
이연법인세자산	×××	×××
……		
자 산 총 계	×××	×××
부 채		
유동부채	×××	×××
단기차입금	×××	×××
매입채무	×××	×××
미지급법인세	×××	×××
미지급비용	×××	×××
이연법인세부채	×××	×××
……		
비유동부채	×××	×××
사채	×××	×××
신주인수권부사채	×××	×××
전환사채	×××	×××
장기차입금	×××	×××
퇴직급여충당부채	×××	×××
장기제품보증충당부채	×××	×××
이연법인세부채	×××	×××
……		
부 채 총 계	×××	×××

자 본		
자본금	×××	×××
보통주자본금	×××	×××
우선주자본금	×××	×××
자본잉여금	×××	×××
주식발행초과금	×××	×××
……		
자본조정	×××	×××
자기주식	×××	×××
……		
기타포괄손익누계액	×××	×××
매도가능증권평가손익	×××	×××
해외사업환산손익	×××	×××
현금흐름위험회피 파생상품평가손익	×××	×××
……		
이익잉여금(또는 결손금)	×××	×××
법정적립금	×××	×××
임의적립금	×××	×××
미처분이익잉여금(또는 미처리결손금)	×××	×××
자 본 총 계	×××	×××
부채 및 자본 총계	×××	×××

쉬 / 어 / 가 / 기

Q&D) 대차대조표의 주요 공식은 자산 = 부채 + 자본이다. 작성양식에는 보고식과 계정식 두 가지가 있다. 보고식은 자산, 부채, 자본 순으로 보고하나, 계정식은 차변(왼쪽), 대변(오른쪽)으로 나누어서 즉, 차변의 자산 총계는 대변의 부채총계에 자본총계를 한 것과 같다는 양식으로 보고하는 것이다. 이에 대해 용어로부터 식, 그리고 실제 적용에 대하여 토론해 봅시다.

2) 손익계산서

손익계산서는 일정 기간 동안 기업의 경영성과에 대한 정보를 제공하는 재무보고서이다. 손익계산서는 당해 회계기간의 경영성과를 나타낼 뿐만 아니라 기업의 미래현금흐름과 수익창출능력 등의 예측에 유용한 정보를 제공한다.

손익계산서는 다음의 내용으로 작성된다.

(1) 매출액
(2) 매출원가
(3) 매출총손익
(4) 판매비와 관리비
(5) 영업손익
(6) 영업외수익
(7) 영업외비용
(8) 법인세비용차감전계속사업손익
(9) 계속사업손익법인세비용
(10) 계속사업손익
(11) 중단사업손익(법인세효과 차감후)
(12) 당기순손익
(13) 주당손익

수익과 비용은 각각 총액으로 보고하는 것을 원칙으로 한다. 다만, 이 기준서 외의 다른 기업회계기준에서 요구하거나 허용하는 경우에는 수익과 비용을 상계하여 표시할 수 있다.

Table 9는 모 외식업체의 손익계산서 예이다.

Table 9. 손익계산서(출처: 금융감독원)

손 익 계 산 서
제 11(당) 기 20××년 1월 1일부터 20××년 12월 31일까지
제 10(전) 기 20××년 1월 1일부터 20××년 12월 31일까지
주식회사 XXXXXXX (단위 : 원)

과 목	제 11(당) 기		제 10(전) 기	
Ⅰ. 매출액(주5)		343,990,454,418		331,444,532,587
제품매출액	333,771,077,756		321,120,202,061	
상품매출액	834,542,995		1,112,314,323	
용역매출액	9,207,971,690		9,009,414,854	
임대매출액	176,861,977		202,601,349	
Ⅱ. 매출원가(주5,15,20)		312,247,636,289		300,864,354,611
제품매출원가	302,489,323,591		291,549,132,618	
상품매출원가	686,746,745		861,657,420	
용역매출원가	8,931,551,255		8,317,001,504	

임대매출원가	140,014,698		136,563,069	
Ⅲ. 매출총이익		31,742,818,129		30,580,177,976
Ⅳ. 판매비와관리비(주20)		11,397,477,991		11,202,752,811
급여	6,456,597,112		5,983,812,759	
퇴직급여	671,658,670		812,769,942	
복리후생비	1,137,033,852		1,217,292,626	
여비교통비	358,917,334		360,854,315	
통신비	64,706,637		63,985,706	
도서인쇄비	66,944,940		70,604,560	
차량유지비	39,711,670		41,163,142	
지급수수료	211,502,957		215,618,460	
광고선전비	34,479,838		14,592,760	
경상개발비	10,460,816		24,961,820	
수선비	1,335,454		872,500	
세금과공과	271,871,830		269,804,494	
임차료	273,706,051		258,572,972	
보험료	63,225,935		47,844,571	
접대비	152,249,878		172,351,237	
소모품비	61,159,980		74,432,039	
사무용품비	17,592,391		19,239,509	
전산비	564,919,212		579,771,305	
감가상각비	695,323,877		589,828,463	
무형자산상각비	16,283,969		23,178,958	
수도광열비	5,207,387		4,401,520	
대손상각비	52,378,855		48,839,108	
교육훈련비	153,336,008		255,434,497	
미화조성비	1,745,900		1,257,680	
조사연구비	7,506,661		22,459,729	
물류운반비	849,000		1,269,680	
용역비	6,061,495		27,538,459	
판매촉진비	710,282		-	
Ⅴ. 영업이익		20,345,340,138		19,377,425,165
Ⅵ. 영업외수익		2,474,427,305		2,718,283,305
이자수익	1,463,021,630		977,237,488	
배당금수익	709,835,000		1,487,020,000	
유형자산처분이익	18,261,343		14,403,398	
잡이익	283,309,332		239,622,419	
Ⅶ. 영업외비용		99,314,678		244,974,327
이자비용	215,235		154,634,415	
기부금	38,190,198		71,781,086	
유형자산처분손실	24,321,889		3,346,683	
잡손실	36,587,356		15,212,143	
Ⅷ. 법인세비용차감전순이익		22,720,452,765	21,850,734,143	
Ⅸ. 법인세비용(주16)		5,541,952,723		6,160,019,357
Ⅹ. 당기순이익		17,178,500,042		15,690,714,786
Ⅺ. 주당손익(주17)				
기본주당순이익		1,395		1,163

3) 기타 재무제표

기타 재무제표로서 현금의 흐름을 나타내는 현금흐름표 그리고 이익잉여금의 처분사항(또는 결손금의 처리사항)을 명확히 보고하기 위한 이익잉여금처분계산서 등이 있다. 이에 대한 자료는 부록을 참고하기 바란다.

3. 손익분기점(BEP, break-even point)

일정 기간의 매출액이 총비용과 일치하는 점을 말한다. Fig. 4에서 보는 바와 같이, 매출액이 손익분기점 이상이면 이익이 발생되나, 그 이하이면 손실이 발생됨을 의미한다. 손익분기점 분석에서는 보통 비용을 고정비와 변동비 명확히 구분하기 어려운 경우도 있으나, 고정비와 변동비로 구분하여 매출액과의 관계를 검토한다. 이것은 판매계획의 기초자료가 되며, 생산계획 등 다각적으로 이용 가능하다.

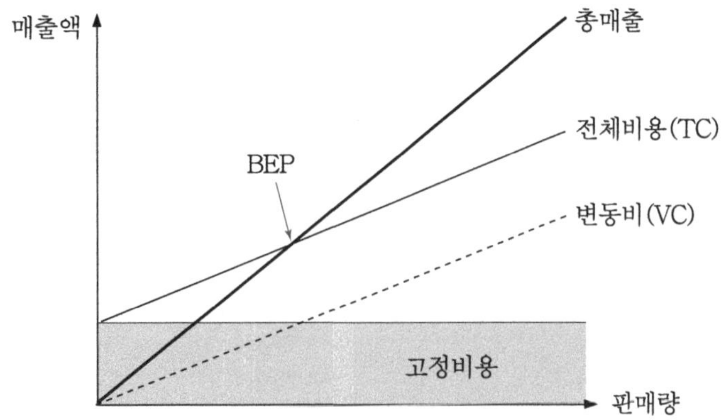

Fig. 4. 손익분기점

쉬 / 어 / 가 / 기

Q&D) 아래 손익분기점 계산식을 바탕으로, 다음 Table A의 외식업체 원가자료를 보고 손익분기점을 계산하고서 손익을 구해봅시다.

$$\text{손익분기점(BEP)} = \frac{\text{고정비용}}{\{1 - (\text{가변비용} / \text{전체매출액})\}} = \frac{\text{인건비} + \text{임대료}}{\{1 - (\text{식자재비} + \text{기타경비}) / (\text{매출 총계})\}}$$

Table A. 모 외식업체 원가자료(월평균)

구분	품목		가격(원)	비고
매출	A 품목		10,950,000	
	B 품목		4,250,000	
매출 총계			15,200,000	월별 평균 매출
식자재비	주재료		3,078,000	메뉴별 판매가격 원가비율과 판매량으로 계산
	야채류		1,500,000	
	곡류		30,000	
	음료		5,000	
	주류		175,000	
	소계		4,788,000	
인건비	급여		2,000,000	조리실장 월급
			3,000,000	사장 월급
	소계		5,000,000	
기타경비	수도	전기	300,000	
	광열비	가스	50,000	
		수도	60,000	
		소계	410,000	
	비품 및 소모품		48,000	쇼핑백, 포장용기, 랩, 기타
	세금		1,520,000 + α	전체매출의 10% + α
	xx 수수료		1,216,000	
	잡비		64,000	
	소계		64,000	
임대료			1,100,000	
지출 총계			14,098,000	세금, 카드 수수료 제외

Q&D) 다음 Table B는 모 대기업 외식업체의 손익계산서 일부이다. 이 자료를 바탕으로 재무제표에 대해 토론해봅시다.

Table B.

과 목	제 11(당) 기		비고
Ⅰ. 매출액		343,990,454,418	← 매출총액
제품매출액	333,771,077,756		
상품매출액	834,542,995		
용역매출액	9,207,971,690		
임대매출액	176,861,977		
Ⅱ. 매출원가		312,247,636,289	← 매출총원가
제품매출원가	302,489,323,591		
상품매출원가	686,746,745		
용역매출원가	8,931,551,255		
임대매출원가	140,014,698		
Ⅲ. 매출총이익		31,742,818,129	← 매출총액 - 매출총원가
Ⅳ. 판매비와관리비	11,397,477,991		
급여	6,456,597,112		
퇴직급여	671,658,670		
복리후생비	1,137,033,852		
여비교통비	358,917,334		
통신비	64,706,637		
도서인쇄비	66,944,940		
차량유지비	39,711,670		
지급수수료	211,502,957		
광고선전비	34,479,838		
경상개발비	10,460,816		
수선비	1,335,454		
세금과공과	271,871,830		
임차료	273,706,051		
보험료	63,225,935		
접대비	152,249,878		
소모품비	61,159,980		
사무용품비	17,592,391		
전산비	564,919,212		
감가상각비	695,323,877		
무형자산상각비	16,283,969		
수도광열비	5,207,387		
대손상각비	52,378,855		
교육훈련비	153,336,008		
미화조성비	1,745,900		
조사연구비	7,506,661		
물류운반비	849,000		

용역비	6,061,495		
판매촉진비	710,282		
Ⅴ. 영업이익		20,345,340,138	←매출총이익 - 판매, 관리비
Ⅵ. 영업외수익		2,474,427,305	
이자수익	1,463,021,630		
배당금수익	709,835,000		
유형자산처분이익	18,261,343		
잡이익	283,309,332		
Ⅶ. 영업외비용	99,314,678		
이자비용	215,235		
기부금	38,190,198		
유형자산처분손실	24,321,889		
잡손실	36,587,356		
Ⅷ. 법인세비용차감전순이익		22,720,452,765	←영업이익 + 영업 외수익 - 영업외비용
Ⅸ. 법인세비용(주16)		5,541,952,723	
Ⅹ. 당기순이익		17,178,500,042	← 법인세비용 차감전 순이익 - 법인세비용

Ⅳ.
부록

Appendix

Table 부록 1. ISO 22000 내부심사체크리스트

ISO 22001:2005 내부심사체크리스트	
4	식품안전경영시스템
4.1	일반 요구사항
4.1.1	조직은 ISO22001:2005 규격요구사항에 의거하여 문서화된 식품안전경영시스템을 수립하였는가?
4.1.2	조직은 수립된 식품안전경영시스템을 실행, 유지하고, 필요시 갱신(지속적 개선)하고 있는가?
4.1.3	식품안전경영시스템의 적용범위에는 식품공급 사슬상에서의 조직의 위치, 제품범주, 구체적인 프로세스 및 생산 현장을 규정하고 있는가?
4.1.4	조직의 식품안전경영시스템은 소비자에게 피해를 줄 수 있는 식품안전위해요소를 파악하며 이를 객관적으로 평가함은 물론 관리하기 위한 수단을 보장하고 있는가?
4.1.5	조직의 식품안전경영시스템은 제품관련 안전측면에 대한 적절한 정보를 조직의 제품관련 식품공급사슬 전체에 걸쳐 의사소통되도록 하고 있는가?
4.1.6	조직의 식품안전경영시스템은 식품안전을 보장하기 위하여 동 시스템의 개발, 실행 및 갱신 등과 관련된 정보가 조직 전체에 걸쳐 의사소통되도록 하고 있는가?
4.1.7	조직의 새롭거나 변경된 활동을 반영하여 식품안전위해요소를 항상 최신의 상태로 유지할 수 있도록 식품안전경영시스템을 주기적으로 평가하고 필요에 따라 갱신하고 있는가?
4.1.8	최종 제품의 적합성에 영향을 줄 수 있는 어떤프로세스를 외주처리하는 경우, 이에 대한 관리방식이 조직의 식품안전경영시스템내에서 파악되고 문서화 되어 있는가?
4.2	문서화요구사항
4.2.1	일반사항 1) 식품안전경영시스템에는 식품안전방침 및 관련목표가 문서화되어 설정되어 있는가?(5.2참조) 2) 식품안전경영시스템에는 ISO22001:2005 규격이 요구하는 문서화된 절차(수립, 문서화, 실행 및 유지 및 기록이 포함되어 있는가? 3) 문서화에는 식품안전과 관련된 법적 및 규제요구사항과 고객요구사항을 비롯한 조직이 필요로 하는 문서가 포함되어 있는가? 4) 식품안전경영시스템의 문서화 정도는 조직의 규모 및 형태, 프로세스의 복잡성과 상호작용,인적자원의 능력 등을 고려하여 수립하였는가?
4.2.2	문서관리
4.2.2.1	조직은 식품안전경영시스템에 의해 요구된 문서를 관리하고 있는가?
4.2.2.2	모든 제안된 문서의 변경사항은 실행 전에 검토되고 있는가?
4.2.2.3	조직은 다음을 관리하기 위한문서화된 절차를 수립하였는가? 1) 발행전에 문서의 충족성은 승인되고 있는가? 2) 문서는 필요시에 검토, 갱신 및 재승인되고 있는가? 3) 문서의 변경 및 최신개정상태는 식별되고 있는가? 4) 업무에 필요한 최신 유효본이, 사용되는 장소에 배포되어 사용되고 있는가? 5) 문서는 읽기 쉽도록 유지되고, 쉽게 식별되고 있는가? 6) 관련된 외부출처문서가 적절히 식별되고 필요한 곳에 배포되고 있는가? 7) 효력이 상실된 문서의 오용을 방지할 수 있으며, 보유한 경우에는 적절하게 식별되고 있는가?
4.2.3	기록관리

4.2.3.1	기록은 식품안전경영시스템의 적합성과 효과적인 운영에 대한 증거를 제공하기 위하여 작성 및 유지되고 있는가?
4.2.3.2	기록은 읽기 쉽고, 쉽게 식별되고 검색이 가능하도록 유지되고 있는가?
4.2.3.3	조직은 기록의 수정, 식별, 보관, 보호, 검색, 보유기간 및 처분을 위한 문서화된 절차를 수립하였는가?
5	경영책임
5.1	경영의지
5.1.1	최고경영자는 식품안전경영시스템의 개발, 실행 및 지속적 개선에 대한 의지의 증거를 다음사항에 의해 제시하고있는가? 1) 식품안전이 조직의 사업목표에 의해 지원되고 있는가?, 2) 식품안전과 관련한 고객의 요구사항 ,ISO22001:2005 규격의 요구사항, 모든 법적 및 규제 요구사항에 대한 충족의 중요성을 조직내부에 의사소통되고 있는가? 3) 식품안전방침을 수립하였는가? 4) 경영검토를 수행하였는가? 5) 자원의 가용성을 보장하고 있는가?
5.2	식품안전방침
5.2.1	최고경영자는 식품안전방침을 정하고 문서화하고 의사소통하고 있는가?
5.2.2	최고경영자는 식품안전방침이 다음과 같음을 보장하는가? 1) 식품공급사슬에서 조직의 역할에 적절한가? 2) 법적 및 규제요구사항과 고객의 식품안전 구사항에 모두 일치하는가? 3) 조직 전체에서 의사소통되고 실행되고 유지되고 있는가? 4) 지속적인 적합성을 위해 검토되고 있는가?(5.8.3참조), 5) 의사소통이 적절하게 되고 있는가? 6) 측정가능한 목표에 의해 뒷받침되고 있는가?
5.3	식품안전경영시스템 기획
5.3.1	최고경영자는 다음 사항을 보장하는가? 1) 식품안전경영시스템에 대한 기획이 수행되고 있는가? 2) 변경이 계획되고 실행될 때 식품안전경영시스템의 완전성이 유지되고 있는가?
5.4	책임 및 권한
5.4.1	최고경영자는 조직내에서 책임 및 권한을 규정하고 있고 상호간에 의사소통되고 있음을 보장하는가?
5.4.2	모든 직원은 식품안전경영시스템에 문제가 발생 시 이미 정해진 보고체계에 의하여 보고하고 있는가?
5.4.3	지정된 인원은 그에 대한 책임과 권한을 가지고 적절한 조치를 취한 후 기록 유지하고 있는가?
5.5	식품안전팀장
5.5.1	최고경영자는 다른 책임의 유무와 관계없이, 다음사항에 대한 책임과 권한을 가지는 식품안전팀장을 임명하였는가? 1) 식품안전팀(7.3.2참조)을 관리하고 그 업무를 관장하고 있는가? 2) 식품안전팀원에 대한 훈련 및 교육을 보장하고 있는가?(6.2.1참조), 3) 식품안전경영시스템이 수립, 실행, 유지 및 갱신됨을 보장하는가? 4) 식품안전경영시스템에 대해 최고경영자에게 보고하고 있는가?
5.6	의사소통
5.6.1	외부 의사소통
5.6.1.1	다음 대상과의 의사소통을 위한 효과적인 계획을수립, 실행 및 유지하고 있는가? 1) 공급자 및 계약자 2) 고객 피드백과 관련 있는 고객 또는 소비자 3) 법적 및 규제당국 4) 식품안전경영시스템의 효과성 또는 갱신에 영향을 주거나 받게될 기타 조직
5.6.1.2	다른 조직에 의해 관리되어야할 필요가 있다고 알려진 식품안전위해요소 중, 그와 관련되는 조직제품의 식품안전측면에 관한정보를 그 조직에 제공하고 있는가?

5.6.1.3	의사소통에 대한 기록은 유지되고 있는가?
5.6.1.4	법적 및 규제 당국 및 고객의 식품안전 요구사항은 이용 가능한가?
5.6.1.5	지정된 인원이 외부와 의사소통하기 위해 정해진 책임과 권한을 가지고 있는가?
5.6.1.6	외부 의사소통과 관련된 정보가 시스템 갱신(8.5.2참조) 및 경영검토(5.8.2참조)에 입력사항으로 포함되고 있는가?
5.6.2	내부 의사소통
5.6.2.1	식품안전에 영향을 미치는 문제에 관해 해당 직원과의 의사소통을 하기 위한 효과적인 계획를 수립, 실행 및 유지하고 있는가?
5.6.2.2	식품안전팀이 다음 사항을 포함하는 변경에 대해 적시에 통보를 받고 있음을 보장하는가? 1) 제품 및 신제품 2) 원재료, 부재료 및 서비스 3) 생산시스템 및 장비 4) 생산현장, 장비의 위치, 주변환경 5) 청소 및 위생프로그램 6) 포장, 보관 및 유통시스템 7) 인원 자격인정 수준 및/또는 책임 및 권한의 할당 8) 법적 및 규제 요구사항 9) 식품안전위해요소 및 관리수단에 관한 지식 10) 조직이 주시하는 고객, 분야 및 기타 요구사항 11) 외부이해관계자로부터의 관련문의 12) 제품과 연관된 식품안전위해요소를 지적하는 불평 13) 식품안전에 영향을 미치는 기타 조건
5.6.2.3	식품안전팀은 이러한 정보가 식품안전경영시스템의 갱신에 포함됨을 보장하는가?(8.5.2참조)
5.6.2.4	최고경영자는 이러한 정보가 경영검토 입력사항으로 포함되고 있음을 보장하는가?(5.8.2참조)
5.7	비상사태 대비 및 대응
5.7.1	최고경영자는 잠재적인 비상사태 및 사고를 관리하기 위한 절차를 수립, 실행 및 유지하고 있는가?
5.8	경영검토
5.8.1	일반사항
5.8.1.1	최고경영자는 지속적인 적절성, 충족성 및 효과성을 보장하기 위하여, 계획된 주기로 식품안전경영시스템을 검토하고 있는가?
5.8.1.2	경영검토는 식품안전방침을 비롯한 개선기회 및 변경 필요성의 평가를 포함하고 있는가?
5.8.1.3	경영검토에 관한 기록을 유지하고 있는가?(4.2.3참조)
5.8.2	검토 입력
5.8.2.1	경영검토에는 최소한 다음 정보가 포함되어 있는가? 1) 이전 경영검토에 따른 후속조치 2) 검증활동에 대한 결과분석(8.4.3참조) 3) 식품안전에 영향을 줄 수 있는 환경변화(5.6.2참조) 4) 비상상태, 사고(5.7참조) 및 (리콜을 포함한) 회수(7.10.4참조) 5) 시스템 갱신활동에 대한 검토결과(8.5.2참조) 6) 고객피드백을 포함한 의사소통활동의 검토(5.6.1참조) 7) 외부심사 또는 검사
5.8.2.2	데이터는 식품안전경영시스템에서 최고경영자가 표명한 목표와 관련시킬 수 있는 방식으로 제시되고 있는가?
5.8.3	검토 출력

5.8.3.1	경영검토 출력사항에는 다음 사항과 관련된 결정사항 및 조치가 포함되어있는가? 1) 식품안전보증(4.1참조) 2) 식품안전경영시스템의 효과성에 관한 개선(8.5.2참조) 3) 자원의필요성(6.1) 4) 식품안전방침 및 관련목표의 개정(5.2참조)
6	자원관리
6.1	자원 확보
6.1.1	식품안전경영시스템의 수립, 실행, 유지보전 및 갱신을 위한 적절한 자원을 확보하고 있는가?
6.2	인적자원
6.2.1	일반사항
6.2.1.1	식품안전팀 및 식품안전에 영향을 미치는 활동을 수행하는 인원은 적격하며 적절한 학력, 교육훈련, 숙련도 및 경험을 보유하고 있는가?
6.2.1.2	식품안전경영시스템에 외부전문가의 도움이 요구되는 경우, 외부전문가의 책임 및 권한을 정하는 합의사항 또는 계약에 대한 기록이 이용 가능한가?
6.2.2	적격성, 인식 및 교육훈련
6.2.2.1	조직은 다음 사항을 이행하고 있는가? 1) 식품안전에 영향을 주는 활동을 하는 인원에 대한 적격성을 파악하고 있는가? 2) 교육훈련을 제공하거나 필요한 적격성을 가지는 것을 보장하기 위한 다른 조치를 취하고 있는가? 3) 모니터링, 시정 및 시정조치에 대한 책임이 있는 인원이 교육훈련을 받고 있음을 보장하는가? 4) 1),2) 및 3)의 실행 및 효과성을 평가하고 있는가? 5) 식품안전에 기여하는 개별활동의 관련성 및 중요성에 대해서 인식하고 있음을 보장하는가? 6) 효과적인 의사소통을 위한 요구사항(5.6참조)은 관련된 모든 인원에 의해 이해되고 있음을 보장하는가? 7) 교육훈련 및 2)와 3)에 기술된 조치에 관한 적절한 기록을 유지하고 있는가?
6.3	기반구조
6.3.1	ISO22001:2005 규격을 실행하기 위해 필요로 하는 기반구조의 수립 및 유지보전을 위한 자원을 확보하고 있는가?
6.4	업무환경
6.4.1	ISO22001:2005 규격을 실행하기 위해 필요로하는 업무환경의 수립, 관리 및 유지보전을 위한 자원을 확보하고 있는가?
7	안전한 제품의 기획 및 실현
7.1	일반사항
7.1.1	조직은 안전한 제품실현에 필요한 프로세스를 계획하고 개발하였는가?
7.1.2	조직은 선행요건프로그램(PRPs), 운용PRP(s) 및 HACCP계획을 포함한, 계획된 활동 및 이에대한 모든 변화를 실행, 운영 및 보장하고 있는가?
7.2	선행요건프로그램(PRPs)
7.2.1	조직은 다음을 관리하는데 도움이 되도록 선행요건프로그램(PRPs)를 수립, 실행 및 유지관리하고 있는가? 1) 제품에 식품안전위해요소가 유입될 가능성은 없는가? 2) 제품간 교차오염을 포함하여, 제품의 생물학적, 화학적 및 물리적 오염요소는 없는가? 3) 제품 및 가공환경에서 식품안전위해요소수준은 안전한 정도인가?

7.2.2	선행요건프로그램(PRPs)은 다음과 같은가? 1) 조직의 요구에 적합한가? 2) 운영규모 및 형식, 그리고 제조 및 취급되는 제품의 성질에 적합한가? 3) 일반적으로 적용 가능한 프로그램이나 특정 제품 또는 운영라인에 적용 가능한 프로그램 중 하나로써, 전체 생산시스템에 걸쳐 실행되고 있는가? 4) 식품안전팀에 의해 승인되었는가?
7.2.3	조직은 선행요건프로그램(PRPs)과 관련된 법적 및 규제 요구사항을 파악하고 있는가?
7.2.4	조직은 선행요건프로그램(PRPs)을 선택 또는 수립할 때, 적용범위 내에서 법적 및 규제 요구사항, 고객요구사항, 인정된 지침, 국제식품규격위원회(Codex) 원칙 및 시행규칙, 국가규격, 국제규격, 산업규격등의 적절한 정보를 고려하여 적용하였는가?
7.2.5	조직은 선행요건 프로그램을 수립할 때 다음 사항을 고려하였는가? 1) 건물 및 관련된 유틸리티의 건축 및 배치 2) 업무장소 및 직원편의시설을 포함하는 공간의 배치 3) 공기, 물, 에너지 및 기타 유틸리티의 공급 4) 쓰레기 및 하수처리를 포함한 지원서비스 5) 장비의 적절성과 그 청소, 유지보전 및 예방적 유지보전을 위한 접근가능성 6) 구매원료(원재료, 부재료, 화학물질, 포장등), 공급(물, 공기, 증기, 얼음 등), 처리(쓰레기 및 하수) 및 제품의 취급(보관 및 운송)의 관리 7) 교차오염을 위한 방지수단 8) 청소 및 소독 9) 해충관리 10) 개인위생 11) 기타측면
7.2.6	선행요건프로그램(PRPs)에 대한 검증방식은 계획되어 있고(7.8참조), 필요 시 수정되고 있는가?
7.2.7	검증 및 수정과 관련한 기록은 유지되고 있는가?
7.2.8	선행요건프로그램(PRPs)에 포함된 활동이 어떻게 관리되고 있는지 문서에 규정하고 있는가?
7.3	위해요소분석을 위한 예비단계
7.3.1	일반사항
7.3.1.1	위해요소분석에 필요한 모든 관련정보는 수집, 유지, 갱신 및 문서화되어 있는가?
7.3.1.2	관련기록은 유지되고 있는가?
7.3.2	식품안전팀
7.3.2.1	식품안전팀은 지정되어 있는가?
7.3.1.2	식품안전팀은 식품안전경영시스템 범위 내의 조직의 제품, 프로세스, 장비 및 식품안전 위해요소 등을 비롯한 다양한 분야의 지식 및 경험을 보유하고 있는가?
7.3.1.3	식품안전팀이 요구되는 지식 및 경험(6.2.2참조)을 보유한다는 것을 실증하는 기록을 유지하고 있는가?
7.3.3	제품특성
7.3.3.1	원재료, 부재료 및 제품과 접촉하는 물질
7.3.3.1.1	해당되는 경우, 다음 사항에 대한 정보를 포함하여 위해요소분석(7.4참조)을 실시하기에 필요한 정도까지 문서로 기술되어 있는가? 1) 생물학적, 화학적 및 물리적 특성 2) 첨가물 및 가공보조제를 포함하여, 배합성분의 구성 3) 원산지 4) 생산방법 5) 포장 및 인도방법 6) 보관조건 및 유통기한 7) 사용 또는 가공 전의 준비 및 취급 8) 용도에 적합한 구입재료 및 부재료의 식품안전관련 허용가능 기준 또는 시방서
7.3.3.1.2	제품과 관련된 법적 및 규제적 식품안전 요구사항을 파악하고 있는가?

7.3.3.1.3	7.7항에 따라 요구되어지는 경우를 포함하여 기술사항이 최신상태로 유지되고 있는가?
7.3.3.2	최종제품 특성
7.3.3.2.1	해당되는 경우, 다음 사항에 대한 정보를 포함하여 위해요소분석(7.4참조)을 실시하는데 필요한 정도까지 문서로 기술되어 있는가? 1) 제품명 또는 유사한 식별 2) 성분배합비율 3) 식품안전과 관련한 생물학적, 화학적 및 물리적 특성
	4) 의도하는 유통기간 및 보관조건 5) 포장 6) 식품안전에 관한 표시와 취급, 준비 및 사용에 대한 지침 7) 유통방법
7.3.3.2.2	최종제품과 관련된 법적 및 규제적 식품안전 요구사항을 파악하고 있는가?
7.3.3.2.3	7.7항에 따라 요구되어지는 경우를 포함하여 기술사항이 최신상태로 유지되고 있는가?
7.3.4	의도하는 용도
7.3.4.1	의도하는 용도, 합리적으로 예상되는 최종제품의 취급, 그리고 모든 의도하지 않았지만 합리적으로 예상되는 최종제품의 잘못된 취급 및 오용은 고려되고 있고 위해요소 분석(7.4참조)을 실시하는데 필요한 정도까지 문서로 기술되어 있는가?
7.3.4.2	각 제품에 대해 사용자집단과, 해당되는 경우, 소비자집단은 파악되고 있으며, 특정 식품안전 위해요소에 특별히 취약한 것으로 알려진 소비자집단은 고려되고 있는가? 7.7항에 따라 요구되어지는 경우를 포함하여 기술사항이 최신상태로 유지되고 있는가?
7.3.5	흐름도, 프로세스 단계 및 관리수단
7.3.5.1	흐름도
7.3.5.1.1	다루는 제품 또는 프로세스 범주에 대한 흐름도는 준비되어 있는가?
7.3.5.1.2	흐름도는 식품안전위해요소의 발생가능성, 증가 또는 유입을 평가하기 위한 근거를 제공하고 있는가?
7.3.5.1.3	프로세스 흐름도는 해당되 는 경우, 다음 사항을 포함하고 있는가? 1) 운영상 모든 단계의 순서 및 상호작용 2) 모든 외주프로세스 및 하청작업 3) 원재료, 부재료 및 중간제품이 해당 흐름에 투입되는 곳 4) 재작업 및 재활용이 발생하는 곳 5) 최종제품, 중간제품, 부산물 및 쓰레기가 방출 또는 배출되는 곳
7.3.5.1.4	식품안전팀은 7.8항에 따라 현장점검을 통해 흐름도의 정확성을 검증하고 있는가?
7.3.5.1.5	검증된 흐름도는 기록으로 유지되고 있는가?
7.3.5.2	프로세스 단계 및 관리수단 기술
7.3.5.2.1	기존의 관리수단, 프로세스 인자 및 적용되는 엄격성, 또는 식품안전에 영향을 줄 수 있는 절차는 위해요소 분석(7.4참조)을 실시하기에 필요한 정도까지 문서로 기술되어 있는가?
7.3.5.2.2	관리수단의 선택 및 엄격성에 영향을 미칠 수 있는, 규제당국 또는 고객으로부터의 외부요구사항도 기술되어 있는가?
7.3.5.2.3	7.7항에 따라 기술한 내용은 갱신되고 있는가?
7.4	위해요소 분석
7.4.1	일반사항
7.4.1.1	식품안전팀은 위해요소분석을 실시하였는가?
7.4.2	위해요소 파악 및 허용가능한 수준의 결정
7.4.2.1	제품형태, 가공형태 및 실제가공시설과 관련하여 합리적으로 예상되는 모든 식품안전위해요소는 파악되고 기록되어 있는가?

7.4.2.2	파악된 모든 식품안전위해요소는 다음 사항에 근거하였는가? 1) 7.3항에 따라 수집된 예비정보 및 데이터 2) 경험 3) 가능한 범위까지 역학적 및 기타 이력데이터를 포함하는 외부정보 4) 최종제품, 중간제품 및 소비시점식품의 안전과 관련될 수 있는 식품안전위해요소에 대한 식품공급사슬로부터의 정보 5) 각 식품안전위해요소가 유입될 수 있는 원재료, 가공 및 유통으로부터의단계
7.4.2.3	위해요소파악 시 다음 사항을 고려하였는가?
	1) 특별히 규정된 운영의 선행 및 후행단계 2) 프로세스 장비, 유틸리티/서비스 및 주변환경 3) 식품공급사슬 상의 선행 및 후행 연계
7.4.2.4	파악된 식품안전위해요소에 대하여, 최종제품에서의 허용가능한 수준이 가능한 경우, 결정되어 있는가?
7.4.2.5	결정된 수준은 법적 및 규제요구사항, 고객의 식품안전요구사항, 고객이 의도하는 용도 및 기타 관련데이터를 고려하였는가?
7.4.2.6	결정에 대한 정당화 및 결정의 결과는 기록되어 있는가?
7.4.3	위해요소 평가
7.4.3.1	해당 위해요소를 제거하거나 허용 가능한 수준까지 감소시키는 것이 안전한 식품생산에 필수적인 지를 결정하기 위해 위해요소를 평가하고 있는가?
7.4.3.2	정해진 허용 가능한 수준을 충족시키는데 해당 위해요소의 관리가 필요한 지를 결정하기 위해 위해요소를 평가하고 있는가?
7.4.3.3	각각의 식품안전위해요소는 건강상 악영향의 가능한 심각성 및 그 발생가능성에 따라 평가되고 있는가?
7.4.3.4	위해요소평가에 사용된 방법론은 기술되어 있는가?
7.4.3.5	위해요소 평가결과는 기록되어 있는가?
7.4.4	관리수단의 선택 및 평가
7.4.4.1	위해요소평가에 근거하여, 규정된 허용 가능한 수준으로 방지, 제거 또는 감소시킬 수 있는 적절한 관리수단의 결합을 선택하고 있는가?
7.4.4.2	7.3.5.2에 기술된 대로 각각의 관리수단은 파악된 식품안전위해요소에 대한 그 효과성의 측면에서 검토되고 있는가?
7.4.4.3	선택된 각 관리수단은 다음사항과 관련된 평가를 포함한 논리적 접근방식으로, 운용 PRPs 또는 HACCP계획에 의할 필요가 있는지 여부에 따라 분류되고 있는가? 1) 적용된 엄격성과 관련하여 파악된 식품안전위해요소에 대한 효과 2) 모니터링 실행가능성(즉각적인 시정조치가 가능하도록 적시에 모니터 될 수 있는 능력) 3) 다른 관리수단과 관련하여 시스템 내에서의 위치 4) 관리수단의 기능에서 실패의 발생가능성 또는 현저한 진행상의 가변성 5) 기능이 실패할 경우 그 결과의 심각성 6) 위해요소의 수준을 제거 또는 현저히 감소시키기 위해 관리수단이 특별히 수립되고 적용되는지 여부 7) 상승효과(그들의 결합된 효과가 그들 개별효과의 합보다 더높아지는 결과를 초래하는 두 개 이상의 수단간 발생하는 상호작용)
7.4.4.4	HACCP계획으로 분류된 관리수단은 7.6에 따라 실행되고 있는가?
7.4.4.5	기타 관리수단은 7.5에 따라 운용PRPs로서 실행되고 있는가?
7.4.4.6	운용PRPs 또는 HACCP계획으로의 분류에 사용된 방법론 및 인자는 문서에 기술되어 있는가?
7.4.4.7	관리수단의 평가결과는 기록되어 있는가?
7.5	운용 선행요건프로그램(PRPs) 수립

7.5.1	운용PRP(s)는 문서화되어 있고, 각프로그램에 대해 다음 정보를 포함하고 있는가? 1) 관리되어지는 식품안전 위해요소 2) 관리수단(7.4.4참조) 3) 운용PRP(s)가 적용되고 있음을 실증하는 모니터링절차 4) 모니터링 결과에 따라 취해야 할 시정 및 시정조치(각각 7.10.1 및 7.10.2참조) 5) 책임 및 권한 6) 모니터링 기록
7.6	HACCP계획 수립
7.6.1	HACCP계획
7.6.1.1	HACCP계획은 문서화 되어 있고 파악된 중요관리점(CCP)에 대해 다음의 정보를 포함하고 있는가? 1) CCP에서 관리되어지는 식품안전 위해요소(7.4.4참조) 2) 관리수단(7.4.4참조) 3) 한계기준(7.6.3참조) 4) 모니터링절차(7.6.4참조) 5) 한계기준을 벗어나는 경우 취할 시정 및 시정조치(7.6.5참조) 6) 책임 및 권한 7) 모니터링에 관한 기록
7.6.2	중요관리점(CCPs) 파악 HACCP계획에 의해 관리될 각 위해요소에대하여, 파악된 관리수단에 대해CCP(s)가 파악되어 있는가?(7.4참조)
7.6.3	중요관리점의 한계기준 결정
7.6.3.1	각 CCP에 대한 한계기준은 모니터링을 위해 정해져 있는가?
7.6.3.2	한계기준은 최종제품에서의 식품안전위해요소에 관한, 파악된 허용수준(7.4.2참조)을 벗어나지 않음을 보장하도록 수립되어 있는가?
7.6.3.3	한계기준은 측정 가능하도록 설정되었는가?
7.6.3.4	선택된 한계기준의 근거는 문서화되어 있는가?
7.6.3.5	제품, 프로세스, 취급 등에 대한 시각적 검사와 같이, 주관적인 데이터에 근거한 한계기준은 지침이나 시방서 및/또는 학력과 교육훈련을 통해 지원되고 있는가?
7.6.4	중요관리점의 모니터링 시스템
7.6.4.1	CCP가 관리되고 있음을 실증하기 위하여 각각에 대한 모니터링시스템(한계기준에 관련된 모든 예정된 측정 또는 관찰을 포함)이 수립되어 있는가?
7.6.4.2	모니터링시스템은 다음을 포함하는 관련절차, 지침 및 기록으로 구성되어 있는가? 1) 적절한 시간 범위 내에서 결과를 제공하는 측정 또는 관찰 2) 사용된 모니터링 장치 3) 적용 가능한 교정방법(8.3참조) 4) 모니터링 주기 5) 모니터링 및 모니터링 결과의 평가와 관련된 책임 및 권한 6) 기록 요구사항 및 방법
7.6.4.3	모니터링 방법 및 주기는 사용 또는 소비되기 전에 분리되는 제품에 대해 한계기준이 시간 내에 언제 초과되었는지를 결정할 수 있는가? 결과
7.6.5	모니터링 결과 한계기준이 초과되었을 경우의 조치
7.6.5.1	계획된 시정 및 시정조치는 HACCP계획에 규정되어 있는가?
7.6.5.2	시정 및 시정조치에는 부적합의 원인이 파악되었고, CCP에서 관리되는 인자가 관리상태로 되돌아왔으며 재발이 방지됨을 보장하고 있는가?(7.10.2참조)
7.6.5.3	평가될 때까지 불출(릴리즈)되지 않음을 보장하기 위하여 잠재적으로 안전하지 못한 제품의 적절한 취급을 위한 문서화된 절차가 수립되고 유지되고 있는가?(7.10.3참조)
7.7	예비정보 및 PRPs와 HACCP계획을 규정한 문서의 갱신

7.7.1	운용PRP(s)(7.5참조) 및/또는 HACCP계획(7.6참조)을 수립한 후에, 필요하다면, 다음 정보를 갱신하였는가? 1) 제품특성(7.3.3참조) 2) 의도하는 용도(7.3.4참조) 3) 흐름도(7.3.5.1참조) 4) 프로세스 단계(7.3.5.2참조) 5) 관리수단(7.3.5.2참조)
7.7.2	필요한 경우, HACCP계획(7.6.1참조)과 PRP(s)(7.2참조)를 규정하는 절차 및 지침을 수정하고 있는가?
7.8	검증기획
7.8.1	검증활동에 대한 목적,방법, 주기 및 책임을 정하고 있는가?
7.8.2	검증활동은 다음 사항을 확인하고 있는가? 1) PRP(s)가 실행됨(7.2 참조) 2) 위해요소분석(7.3) 입력이 지속적으로 갱신됨 3) 운용PRPs(7.5참조) 및 HACCP계획(7.6.1참조)내의 요소들이 실행되고 효과적임 4) 위해요소 수준이 파악된 허용가능수준 범위 이내(7.4.2) 5) 조직이 요구하는 기타 절차가 실행되고 효과적임
7.8.3	검증기획의 출력은 조직의 운영방법에 적합한 형식인가?
7.8.4	검증결과는 기록되어 있고 식품안전팀에게 의사소통 되었는가?
7.8.5	검증활동 결과에 대한 분석이 가능하도록 검증결과를 제공하였는가?(8.4.3참조)
7.8.6	시스템 검증이 최종제품 샘플의 시험에 근거하고 있는가?
7.8.7	시험 샘플이 식품안전 위해요소의 허용 가능한 수준(7.4.2참조)과 부합하지 않음을 보여준다면, 영향을 받은 제품 로트는 7.10.3에 따라 잠재적으로 안전하지 못한 것으로 취급되고 있는가?
7.9	추적성 시스템
7.9.1	제품 로트 및 원재료 뱃치, 가공 및 인도기록에 대한 관계를 식별할 수 있게 해주는 추적성 시스템을 수립하고, 적용하고 있는가?
7.9.2	추적성 시스템은 직접공급자로부터 유입되는 재료 및 최종제품의 최초유통경로를 식별할 수 있는가?
7.9.3	추적성 기록은 시스템평가를 위해 그리고 제품회수의 경우에 정해진 기간동안 유지되고 있는가?
7.9.4	추적성 기록은 법적 및 규제 요구사항 및 고객 요구사항과 일치하는가? (예 ; 최종제품의 로트 식별에 근거)
7.10	부적합의 관리
7.10.1	시정
7.10.1.1	CCP(s)에 대한 한계기준이 초과한 경우(7.6.5참조), 또는 운용PRP(s)에 관한 관리가 실패한 경우, 영향을 받는 최종제품이 그 사용 및 불출(릴리즈)에 관해서 파악되고 관리됨을 보장하는가?
7.10.1.2	다음 사항을 규정하는 문서화된 절차가 수립 및 유지되고 있는가? 1) 적절한 취급방법(7.10.3참조)의 결정을 위해 영향 받는 최종제품의 파악 및 평가 2) 실행된 시정의 검토
7.10.1.3	한계기준을 벗어난 조건에서 제조된 제품은 잠재적으로 안전하지 못하므로 7.10.3항에 따라 취급되고 있는가?
7.10.1.4	운용PRPs에 준하지 않은 조건에서 제조된 제품은 미준수의 원인 및 그에 따른 식품안전측면에서의 결과에 대해 평가하고, 필요한 경우 7.10.3항에 따라 취급되고 있는가?
7.10.1.5	미준수의 원인 및 식품안전 측면의 결과에 대한 평가내용은 기록되고 있는가?
7.10.1.6	모든 시정은 책임자에 의해 승인되고 있는가?
7.10.1.7	부적합한 제품로트에 관련된 추적성에 필요한 정보를 포함하여 부적합의 성질, 원인 및 결과에 대한 정보를 기록 유지하고 있는가?
7.10.2	시정조치

7.10.2.1	모니터링으로부터 도출된 데이터는 시정조치를 시작할 수 있도록 충분한 지식(6.2참조) 및 권한(5.4참조)을 지닌 지정된 인원에 의해 평가되고 있는가?
7.10.2.2	시정조치는 한계기준이 초과되거나(7.6.5참조) 운용PRPs에 일치하지 않을 경우 시작되고 있는가?
7.10.2.3	조직은 발견된 부적합의 원인을 파악 및 제거하고, 재발을 방지하며, 부적합에 직면한 후에 프로세스나 시스템을 관리상태로 되돌리기 위한 다음을 포함한 적절한 조치를 규정하는 문서화된 절차를 수립 및 유지하고 있는가?
	1) 부적합을 검토(고객불평 포함) 2) 관리 실종으로의 발전을 나타낼 수 있는 모니터링 결과의 경향을 검토 3) 부적합의 원인을 결정 4) 부적합이 재발하지 않음을 보장하기 위한 조치에 대한 필요성을 평가 5) 필요한 조치를 결정 및 실행 6) 취해진 시정조치 결과를 기록 7) 그 효과성을 보장하기 위해 취해진 시정조치를 검토
7.10.2.4	시정조치에 대한 기록은 유지되고 있는가?
7.10.3	잠재적으로 안전하지 못한 제품의 취급
7.10.3.1	일반사항
7.10.3.1.1	다음 사항을보장할 수 없을 경우, 부적합제품의 식품공급사슬 유입방지조치를 취하도록 부적합 제품을 취급하고 있는가? 1) 해당 식품안전 위해요소가 정해진 허용 가능한 수준까지 감소됨 2) 해당 식품안전 위해요소가 식품공급사슬 유입 전, 파악된 허용 가능한 수준(7.4.2참조)까지 감소될 것 3) 부적합이더라도 제품이 해당 식품안전 위해요소의 정해진 허용 가능한 수준을 여전히 충족
7.10.3.1.2	부적합 상황에 의해 영향을 받았을 수 도있는 제품의 모든 로트는 평가될 때까지 조직의 관리 하에 보관되고 있는가?
7.10.3.1.3	조직의 관리를 떠난 제품이 그 후에 안전하지 못한 것으로 결정된다면, 관련 이해관계자에 알리고 회수(리콜 포함)를 착수하고 있는가?(7.10.4참조)
7.10.3.1.4	잠재적으로 안전하지 못한 제품의 취급에 대한 관리와 관련 대응 및 권한은 문서화되어 있는가?
7.10.3.2	불출(릴리스)를 위한 평가
7.10.3.2.1	부적합의 영향을 받은 제품의 개별로트는, 다음 조건 중의 어느 하나라도 적용되는 경우에만 안전한 것으로 불출(릴리즈)되고 있는가? 1) 관리수단이 효과적이었음을 실증하는 모니터링 시스템 이외의 증거 2) 특정 제품의 관리수단 결합효과가 의도하는 성과에 준하고 있음을 보여주는 증거(즉, 7.4.2에 따라 확인된 대로 파악된 허용 가능한 수준) 3) 샘플링, 분석 및/또는 다른 검증활동의 결과는 영향을 받은 제품의 로트가 해당 식품안전 위해요소에 대해 파악된 허용 가능한 수준에 준함을 실증
7.10.3.3	부적합 제품의 처분
7.10.3.3.1	제품평가 후, 제품로트에 불출(릴리즈)이 허용될 수 없다면, 이는 다음 중 하나에 의해 처리되고 있는가? 1) 식품안전 위해요소가 제거되거나 허용 가능한 수준까지 감소되었음을 보장하기 위한 재가공 또는 추가가공 2) 폐기물로써 파기 및/또는 처분
7.10.4	회수
7.10.4.1	안전하지 못한 제품으로 파악된 최종 제품의 로트 전부를 적시에 회수하고 촉진하기 위하여 최고경영자는 회수결정권한을 가진 인원 및 회수 실행담당인원을 지정하였는가?
7.10.4.2	조직은 다음에 대한문서화된 절차를 수립하였는가? 1) 관련 이해관계자들(예: 법적 및 규제당국, 고객 및/또는 소비자)에게 통지, 2) 아직 재고상태의 해당 제품로트 뿐만 아니라 회수된 제품의 취급 3) 취할 조치의 순서
7.10.4.3	회수된 제품은 재처리될 때까지 보안격리하거나 감독 하에 보관하고 있는가?

7.10.4.4	회수의 원인, 범위 및 결과는 기록되어 있고, 경영검토의 입력으로서(5.8.2참조) 최고경영자에게 보고하고 있는가?
7.10.4.5	조직은 적절한 기술(예: 미생물 접종시험, 가상 회수 또는 회수 실습) 사용을 통해 회수 프로그램의 효과성을 검증하여 기록하고 있는가?
8	식품안전경영시스템 타당성확인, 검증 및 개선
8.1	일반사항
8.1.1	식품안전팀은 관리수단 및/또는 관리수단결합의 타당성을확인하고 식품안전경영시스템을 검증 및 개선하는데 필요한 프로세스를 계획하고 실행하고 있는가?
8.2	관리수단 결합의 타당성 확인
8.2.1	운용PRP와 HACCP계획에 포함되어질 관리수단의 실행 이전 및 그로부터의 모든 변경 후에(8.5.2참조), 다음 사항을 타당성확인(3.15)하고 있는가? 1) 선택한 관리수단이 목표로 한 위해요소에 대한 의도하는 관리를 달성할 수 있음 2) 관리수단이 효과적이고, 허용수준에 맞는 최종제품을 얻기 위해 파악된 식품안전 위해요소의 관리를 보장할 수 있음
8.2.2	타당성 확인의 결과가 위 요소의 하나 또는 그 이상이 확인될 수 없음을 보여줄 때, 관리수단 및/또는 그 결합이 수정(관리수단(즉 프로세스 인자, 엄격성 및/또는 그들의 결합)의 변경 및/또는 원재료, 제조기술, 최종제품 성격, 유통방법 및/또는 최종제품의 의도하는 용도의 변경을 포함)되고 재평가되는가?(7.4.4참조)
8.3	모니터링 및 측정의 관리
8.3.1	조직은 특정된 모니터링 및 측정과 관련된 방법과 장비가 모니터링 및 측정 절차의 성과를 보장하는 데 적절하다는 증거를 제공하고 있는가?
8.3.2	조직은 유효한 모니터링 및 측정결과를 보장하기 위하여 필요한 경우, 사용된 장비 및 방법이 다음과 같은가? 1) 규정된 주기로, 또는 사용 전에, 국제적 또는 국내의 측정규격으로 추적 가능한 측정규격에 의하여 교정되거나 검증되고 있는가? 2) 만일 그러한 규격이 없는 경우에는, 교정 또는 검증에 사용된 근거를 기록 유지하고 있는가? 3) 필요한 경우, 수정 또는 재수정되고 있는가? 4) 교정상태가 결정될 수 있도록 파악되어 있는가? 5) 측정결과를 무효화하는 조정으로부터 보호되고 있는가? 6) 손상 및 열화로부터 보호되고 있는가?
8.3.3	교정 및 검증결과의 기록은 유지되고 있는가?
8.3.4	조직은 장비 또는 프로세스가 요구사항과 일치하지 않음을 발견하였을 때, 이전 측정결과의 타당성을 평가하였는가?
8.3.5	측정장비가 부적합한 경우라면, 장비 및 영향을 받은 모든 제품에 대해 적절한조치를 취하였고, 또한 그러한 평가 및 그에 따른 조치에 대한 기록은 유지되고 있는가?
8.3.6	어떠한 컴퓨터 소프트웨어가 규정된 요구사항의 모니터링 및 측정에 사용되었을 경우 그 능력은 확인되었는가?
8.3.7	컴퓨터 소프트웨어의 능력 확인은 최초사용 전에 이루어졌고, 필요한 경우 재확인되었는가?
8.4	식품안전경영시스템 검증
8.4.1	내부심사
8.4.1.1	조직은 다음 사항을 결정하기 위하여, 계획된 주기로 내부심사를 수행하고 있는가? 1) 계획된 결정사항, 식품안전경영시스템의 요구사항, 그리고 이 규격의 요구사항에 일치하는지 여부 2) 효과적으로 실행되고 갱신되는지 여부
8.4.1.2	내부심사프로그램이 계획되어 있는가?(8.5.2및5.8.2참조)
8.4.1.3	내부심사의 기준, 범위, 주기 및 방법을 정하고 있는가?
8.4.1.4	내부심사원의 선정 및 심사 수행시에 심사프로세스의 객관성 및 공정성이 보장되어 있는가? (심사원은 자신의 업무 에 대하여 심사를 수행해서는 아니된다)

8.4.1.5	내부심사의 기획 및 심사수행, 그리고 결과의 보고 및 기록유지에 대한 책임 및 요구사항은 문서화된 절차에 규정되어 있는가?
8.4.1.6	내부심사 대상업무에 책임을 지는 관리자는 발견된 부적합 및 원인을 제거하기 위한 조치가 적시에 취해질 수 있도록 보장하고 있는가?
8.4.1.7	후속조치는 취해진 조치의 검증 및 검증결과의 보고를 포함하고 있는가?
8.4.2	개별 검증결과의 평가
8.4.2.1	식품안전팀은 기획된 검증(7.8참조)의 개별적 결과를 체계적으로 평가하고 있는가?
8.4.2.2	검증이 계획된 결정사항과 일치함을 실증하지 못하는 경우, 조직은 요구되는 적합성을 달성하기 위한 다음과 같은(이에 국한하는 것은 아님) 조치를 취하고 있는가? 1) 기존의 절차 및 의사소통경로(5.6 및 7.7참조) 2) 위해분석 결론(7.4참조), 수립된 운용PRPs(7.5참조) 및 HACCP계획(7.6.1참조) 3) PRP(s)(7.2참조) 4) 인적자원관리 및 교육훈련활동의 효과성(6.2참조)
8.4.3	검증활동 결과의 분석
8.4.3.1	식품안전팀은 내부심사(8.4.1참조) 및 외부심사결과를 포함하여,다음 사항을 이행하기 위해 검증활동의 결과를 분석하고 있는가? 1) 시스템의 전체적인 성과가 계획된 결정사항 및 조직에 의해 수립된 식품안전 경영시스템 요구사항에 만족함을 확인 2) 식품안전경영시스템의 갱신 또는 개선의 필요성을 파악 3) 잠재적으로 안전하지 못한 제품의 더 높은 발생을 나타내는 경향을 파악 4) 심사대상 지역의 상태 및 중요성과 관련하여 내부심사 프로그램의 기획을 위한 정보를 수립 5) 취해진 시정 및 시정조치가 효과적이라는 증거를 제공
8.4.3.2	분석결과 및 그에 따른 활동은 기록되고 있으며, 경영검토의 입력(5.8.2참조)으로 최고경영자에게 보고되었는가?
8.4.3.3	이는 또한, 식품안전경영시스템의 갱신(8.5.2참조)에 대한 입력으로 사용되고 있는가?
8.5	개선
8.5.1	지속적 개선
8.5.1.1	최고경영자는 의사소통(5.6참조), 경영검토(5.8참조), 내부심사(8.4.1참조), 개별 검증결과의 평가(8.4.2참조), 검증활동 결과의 분석(8.4.3참조), 관리수단 결합의 타당성확인(8.2참조)과 시정조치(7.10.2참조) 및 식품안전경영시스템 갱신(8.5.2참조) 등을 통하여 식품안전경영시스템의 효과성을 지속적으로 개선하고 있음을 보장하는가?
8.5.2	식품안전경영시스템 갱신
8.5.2.1	최고경영자는 식품안전경영시스템이 지속적으로 갱신됨을 보장하고 있는가?
8.5.2.2	이를 위해, 식품안전팀은 계획된 주기로 식품안전경영시스템을 평가하고 있는가?
8.5.2.3	그런 다음 위해요소분석(7.4참조), 수립된운용PRPs(7.5참조) 및 HACCP계획(7.6.1참조)을 검토하는 것이 필요한지 여부를 고려하는가?
8.5.2.4	식품안전경영시스템의 평가 및 갱신활동은 다음 사항에 근거하고 있는가? 1) 5.6에 표명된 대로, 내부 및 외부 의사소통으로부터의 입력 2) 식품안전경영시스템의 적절성, 충족성 및 효과성과 관련한 기타 정보로부터의 입력 3) 검증활동의 결과 분석(8.4.3참조)으로부터의 출력 4) 경영검토의 출력물(5.8.3참조)
8.5.2.5	식품안전경영시스템의 갱신활동은 기록되고 있으며, 적절한 형식으로 경영검토의 입력(5.8.2참조)으로 보고되고 있는가?

Table 부록 2. ISO 22000 인증절차

1단계 신청	신청서는 신청조직의 사업내용과 인증을 원하는 부분을 알 수 있는 귀중한 기본자료이며 견적의 토대가 된다.특히 신청조직에 대해 특수한 심사를 위한 특별심사원이 요구되는지를 판단할 수 있도록 해준다. 신청서 제출 시 회사 조직도를 첨부하면 정확한 견적작성에 도움이 된다.
2단계 견적 및 계약	신청조직이 서명한 계약서를 접수함으로써 계약이 이루어지고 인증기관은 심사계획의 수립에 착수하게 된다.
3단계 일정 계획 수립	1단계 심사(문서심사) 및 2단계 심사(본심사)를 위한 일정계획을 수립한다.
4단계 예비심사(선택적)	ISO 9001과 달리, QS-9000 및 ISO/TS 16949 인증심사에 있어서는 경미한 부적합사항만 있는 경우에도 인증을 추천 할 수 없다. 그러므로 예비심사를 통해 인증심사 전에 잠재적인 부적합 사항을 파악하고 사전에 조치를 취할 수 있게 된다.
5단계 문서심사 / 1단계 심사	1. 문서심사/1단계심사의 주 목적은 다음과 같다. - 문서화된 경영시스템의 심사규격 요구사항에의 적합성 검토 - 심사범위, 주요 프로세스, 적용제외 요건, 심사코드, 심사일수의 확인 및 현장방문 - 관련법규 요구사항의 파악 - 본심사 대비 준비상태의 점검 - 본심사 프로그램의 작성 2. 효과적인 문서심사/1단계심사를 위해, 귀사에서 준비해야 할 사항은 다음과 같다. - 심사범위에 포함된 제품과 관련한 법규 및 고객 요구사항 - 경영시스템과 제품 실현 기획의 결과물 - 심사규격에서 요구하는 문서화(방침, 목표, 매뉴얼, 절차서 등) - 고객 인식, 제품, 프로세스의 모니터링 및 측정 결과 - 경영시스템의 효과(사업/프로세스/제품 목표에 대한 경향 및 실적의 기록,내부심사 보고서 등) - 개선활동의 기록(시정조치, 예방조치, 경영검토)
6단계 본심사 / 2단계 심사	1. 이 심사의 주 목적은 다음과 같다. - 경영시스템이 일관성이 있고 효과적으로 이행되는지를 검증 - 해당하는 경우, 인증을 추천 2. 이를 위해 심사관은 다음 사항을 점검한다. - 최고 경영자의 의지가 명확하며, 고객 지향적이고 필요한 자원을 제공하는지 - 회사의 경영시스템이 심사규격, 방침, 고객 요구사항, 법규 요건을 충족하는지 - 상위 수준의 기획과 제품실현 기획을 실행하는지 - 방침, 목표 및 지속적 개선을 달성하고 있는지
7단계 보고서 작성	심사관은 심사 종료 시점에 심사 내용을 기술한 심사 보고서를 작성해 제공한다.이 보고서에는 신청조직에서 만족스럽게 이행하고 있는 내용, 시스템의 취약 부분 및 부적합 사항 등을 포함한다.
8단계 심사결과 검토	본심사/2단계심사 완료 후 심사의 모든 과정을 요약한 심사보고서에 대하여 타당성 검토를 수행한다.이러한 타당성 검토를 통하여 시스템이 해당요건 및 절차에 따라 적절히 이루어졌는지 검증하며, 심사 시 발견된 시스템의 결함 또는 부적합 사항을 검토한다.
9단계 인증서 발행	본심사/2단계심사 결과 신청조직의 경영시스템이 심사규격의 요건을 만족하며 원활하게 이행되고 있을 경우, 인증서를 발행한다.인증서에는 인증범위가 명시되어 있으며, 신청조직의 경영시스템이 만족스럽게 유지됨을 전제로 3년간 유효하다.
10단계 사후 관리 심사	인증 후, 매 6개월 단위로 신청조직의 경영시스템을 검증한다.심사규격의 요구사항을 지속적으로 충족하고 있으며 변경사항을 충실히 반영하고 있다는 신뢰감을 신청조직의 고객에게 제공하기 위한 활동이다.
11단계 재인증 심사	인증서의 유효기간인 3년이 되는 시점에, 최초 본심사와 동일한 수준으로 재인증을 위한 심사를 수행한다.

Table 부록 3. HACCP과 ISO 22000 비교_1

No.	HACCP(위해요소중점관리기준)	ISO 22000
1	정부 주도 중심 + 민간	민간 주도
2	규제중심 정부중심의 강제성	자율성 고객만족중심-자율성
3	지역성 - 국가별 해석	통용성 - 범세계성
4	12절차 7원칙	객관적 규격
5	부가적 프로그램 필요	포괄적, 효율적
6	경직성	유연성, 개방성
7	체계적 접근 - How, 제품별	시스템적 접근 - What, 목표

Table 부록 4. HACCP과 ISO 22000 비교_2

HACCP 원칙	HACCP 적용단계		ISO 22000:2005	
	- HACCP 팀 편성	1단계	7.3.2	식품안전팀
	- 제품기술	2단계	7.3.3 7.3.5.2	제품특성 프로세스단계 및 관리수단 기술
	- 의도하는 용도 확인	3단계	7.3.4	의도하는 용도
	- 흐름도 작성, 현장 확인	4단계 5단계	7.3.5.1	흐름도
원칙 1 위해요소분석	- 모든 잠재적 위해 요소 목록화 - 위해요소 분석 - 관리 수단 고려	6단계	7.4 7.4.2 7.4.3 7.4.4	위해요소 분석 위해요소파악 및 허용가능 수준의 결정 위해요소 평가 관리수단의 선택 및 평가
원칙 2 중요관리점(CCPs) 결정	- CCPs 결정	7단계	7.6.2	중요관리점(CCPs) 파악
원칙 3 한계기준 수립	- 각CCP에 대한 한계 기준 수립	8단계	7.6.3	CCP의 한계기준 결정
원칙 4 모니터링시스템 수립	- 각 CCP에 대한 모니터링 - 시스템 수립	9단계	7.6.4	CCP의 모니터링시스템
원칙 5 특정 CCP의 한계기준 초과 시 시정조치 설정	- 시정조치 설정	10단계	7.6.5	모니터링 결과 한계기준이 초과되었을경우의 조치
원칙 6 HACCP시스템 검증절차 수립	- 검증절차 수립	11단계	7.8	검증기획
원칙 7 절차 및 기록에 대한 문서화	- 문서화 및 기록관리 절차수립	12단계	4.2.7	문서화 요구사항예비정보 및 선행요건 프로그램과 HACCP 계획을 규정한 문서의 갱신

Table 부록 5. 영양사의 직무분석(출처: 국가고시시험연구원 연구자료)

직무영역 (Duty)	수행작업(Task)	일의 요소(Task element)
A .식단관리	A1. 영양기준량 결정하기	A1-1 급식 대상자 상황 파악하기
		A1-2 식사 종류별 영양 기준량 결정하기
		A1-3 식단작성 지침 정하기
	A2. 식단 계획하기	A2-1 급식소 조건 확인하기
		A2-2 식품군별 공급량 결정하기
		A2-3 식사 제공 횟수에 따라 식품군별 공급량 배분하기
		A2-4 식사 공급형태 결정하기
		A2-5 식단 주기 결정하기
	A3. 식단 작성하기	A3-1 식단별 음식 구성하기
		A3-2 예정 식단표 작성하기
		A3-3 예정 식단표 평가 및 검토하기
		A3-4 식단 확정하기
		A3-5 실행 식단표 작성하기
	A4. 영양가 분석하기	A4-1 식단별 식품량 산출하기
		A4-2 영양가 계산하기
		A4-3 결과분석 및 기록하기
	A5 .표준레시피 관리하기	A5-1 레시피 자료 수집하기
		A5-2 표준레시피(안)만들기
		A5-3 실험조리하기
		A5-4 표준레시피 평가 및 조정하기
		A5-5 표준레시피 카드 작성하기
		A5-6 기존레시피 수정 및 조정하기
B. 식재료 구매관리	B1. 수요예측하기	B1-1 과거 급식인원수 조사하기
		B1-2 급식인원수 변동요인 파악하기
		B1-3 수요예측방법으로 예정식사 인원 계산하기
		B1-4 예정 급식인원수 정하기
	B2. 구매계획세우기	B2-1 식품폐기율 조사하기
		B2-2 1인당 식품 사용량 결정하기
		B2-3 식품사용 예정량 산출하기
		B2-4 식재료구매 방법 결정하기
		B2-5 식재료구매 거래처 선정하기
	B3. 시장조사하기	B3-1 식품유통경로 확인하기
		B3-2 식품정보 수집하기
		B3-3 물가 조사하기
		B3-4 식품규격 조사하기
		B3-5 시장조사 보고서 작성하기
	B4. 식재료구매 요구서작성하기	B4-1 식품규격서 작성하기
		B4-2 식품 구매요구서 작성하기
	B5. 발주하기	B5-1 식재료 발주방법 결정하기

		B5-2 식재료 1회 발주량 산출하기
		B5-3 식재료 발주서 작성하기
	B6. 식재료검수하기	B6-1 식재료 검수지침서 마련하기
		B6-2 식재료 수량 확인하기
		B6-3 식재료 품질 확인하기
		B6-4 식품표시사항 확인하기
		B6-5 식재료 인수결정 및 반품 조치하기
		B6-6 인수된 식재료의 적정 보관지시하기
		B6-7 식재료 거래명세서 확인하기
		B6-8 검수일지 작성하기
		B6-9 검수사항 기록 관리하기
C. 식재료 보관 및 재고관리	C1. 식재료 입출고 관리하기	C1-1 식재료 입출고 관리방법 결정하기
		C1-2 식재료 입고전표 작성하기
		C1-3 식재료 출고전표 작성하기
		C1-4 식재료 입출고 지시하기
		C1-5 식품 사용대장 관리하기
	C2. 식재료 재고관리하기	C2-1 적정재고량 결정하기
		C2-2 식재료 재고관리대장 작성하기
		C2-3 식재료 재고량 실사하기
		C2-4 식재료 재고실사 조사서 작성하기
	C3. 창고관리하기	C3- 1 식재료에 꼬리표 붙이기
		C3-2 창고내 품목별 배치하기
		C3-3 식재료 선입선출 관리하기
		C3-4 창고상태 점검하기
		C3-5 창고 위생상태 통제하기
D. 조리작업 관리	D1. 조리작업 계획하기	D1-1 조리작업일정 계획 세우기
		D1-2 조리작업 분담하 기
		D1-3 조리작업 공정표 작성하기
	D2. 조리작업지시하기	D2-1 조리작업 지시서 작성하기
		D2-2 조리작업방법 지시하기
		D2-3 급식인원수 변동에 따른 생산량 조정하기
	D3. 조리작업 지도 및 감독하기	D3-1 조리작업 감독하기
		D3-2 검식후 재작업 지시하기
		D3-3 대량조리방법 지도하기
		D3-4 염도 및 조리온도 측정하기
		D3-5 조리기구 사용법 지도하기
		D3-6 조리작업시간 관측하기
		D3-7 조리작업방법 조정하기
	D4. 검식하기	D4-1 관능검사하기
		D4-2 검식일지 작성하기
E. 배식	E1. 배식계획	E1-1 배식방법 정하기

		E1-2 배식량 정하기
		E1-3 배식기구 정하기
		E1-4 배식장소 정하기
		E1-5 배식인력 배치하기
관리하기	E2. 상차림 지도감독하기	E2-1 적정온도유지 지도하기
		E2-2 적량배식지도하기
		E2-3 식사처방 확인하기
		E2-4 상차림작업 감독하기
	E3. 배식지도 감독하기	E3-1 배식요원 지도하기
		E3-2 배식 감독하기
		E3-3식 사정보 제공하기
		E3-4 배식 후 뒷정리하기
F.퇴식 및 식기세정 소독관리	F1. 퇴식지도 감독하기	F1-1 퇴식방법 및 체계 수립하기
		F1-2 식기종류별 수거지도 감독하기
		F1-3 잔반 수거 감독하기
		F1-4 잔반량 조사하기
		F1-5 잔반처리 방법 마련하기
	F2. 식기세척 및 보관하기	F2-1 식기 세척방법 결정하기
		F2-2 식기세척업무 감독하기
		F2-3 식기세척상태 평가하기
		F2-4 식기세척기 작동상태 정기 정검하기
	F3. 식기소독관리하기	F3-1 식기 소독대상 및 원칙 수립하기
		F3-2 식기 소독업무 감독하기
		F3-3 세척된 식기보관하기
		F3-4 급식조리용 기구 세척상태 확인하기
G. 위생관리	G1. 식품위생관리하기	G1-1 식품위생관리 기준정하기
		G1-2 식품의 위생적인 전처리 관리하기
		G1-3 식품을 위생적으로 취급 보관하기
		G1-4 음식을 위생적으로 조리 관리하기
		G1-5 음식을 위생적으로 취급 보관하기
		G1-6 식수를 위생적으로 관리하기
		G1-7 보존식 시행 및 관리하기
	G2. 급식설비 및 기기집기 위생관리하기	G2-1 급식설비 및 기기 집기위생관리 기준 정하기
		G2-2 급식설비 및 기기 집기 위생관리계획 세우기
		G2-3 급식설비 및 기기 집기 청소, 세척하기
		G2-4 급식설비 및 기기 집기 소독관리하기
		G2-5 급식설비 및 기기 집기 위생상태 정기점검하기
	G3. 식기위생관리하기	G3-1 일반식기 위생관리기준 정하기
		G3-2 감염환자 식기 위생관리기준 정하기
		G3-3 식기위생상태 정기점검하기
	G4. 환경위생관리하기	G4-1 작업장환경관리기준 정하기

		G4-2 작업장환경 정기정검하기
		G4-3 방충방서관리기준 정하기
		G4-4 방충방서관리 시행하기
		G4-5 음식물 쓰레기 관리기준 정하기
		G4-6 음식물 쓰레기 관리하기
		G4-7 음식물 쓰레기 관리대장 기록보고하기
		G4-8 기타 쓰레기 관리하기
	G5. 개인위생관리하기	G5-1 개인위생 관리기준 정하기
		G5-2 급식인력의 건강진단 시행하기
		G5-3 개인위생상태 점검하기
	G6. 위생교육하기	G6-1 위생교육 계획 세우기
		G6-2 위생교육 자료만들기
		G6-3 위생교육안 작성하기
		G6-4 위생교육 실시하기
		G6-5 위생교육일지 작성하기
		G6-6 위생교육 평가하기
	G7. 위생감시체계관리하기	G7-1 위생감시 체계세우기
		G7-2 위생감시체계 시행하기
		G7-3 위생점검결과 평가하기
		G7-4 위생점검일지 작성하기
H. 급식시설 및 기기관리	H1. 급식시설 및 기기관리 계획세우기	H1-1 급식시설 설비기기 관리 기준정하기
		H1-2 급식시설 설비기기 상황 확인하기
		H1-3 급식시설 설비기기 관리 계획하기
		H1-4 급식시설 설비기기 관리계획서 작성하기
	H2. 급식시설 및 기기관리 구입하기	H2-1 급식시설설비기기 구매요구서 작성하기
		H2-2 급식시설설비기기 발주하기
		H2-3 급식시설설비기기반입, 설치 관리하기
		H2-4 급식시설설비기기 비품 대장작성하기
	H3. 급식시설 및 기기관리 유지보수 관리하기	H3-1 급식시설설비기기 정기점검하기
		H3-2 급식시설 설비 기기 취급관리하기
		H3-3 급식시설설비 기기 점검일지 작성하기
		H3-4 고장시 대책 세우기 및 처리하기
		H3-5 수리보수 확인하기
	H4. 급식시설 및 기기관리안전 관리하기	H4-1 안전관리수칙 만들기
		H4-2 작업장 안전성 점검하기
		H4-3 안전관리수칙 교육하기
		H4-4 상해 시 대책세우기
	H5. 급식물품관리하기	H5-1 조리 및 배식용구 관리하기
		H5-2 급식시설 관리용구 관리하기
		H5-3 소모품 관리하기
I. 인력관리	I1. 급식인력채용하기	I1-1 급식인력 채용 기준 수립하기

		I1-2 급식인력 직무분석하기
		I1-3 급식인력 채용 계획 세우기
		I1-5 급식인력 채용 확정하기
		I1-6 급식인력 오리엔테이션 계획 및 실시하기
	I2. 급식인력 배치하기	I2-1 급식인력 업무분장하기
		I2-2 업무단위별 소요인력 확정하기
		I2-3 급식인력 배치방법 결정하기
		I2-4 급식인력 적재적소에 배치하기
	I3. 급식인력 교육훈련시키기	I3-1 급식인력 교육실행 계획세우기
		I3-2 급식인력 교육자료 개발하기
		I3-3 급식인력 교육훈련시키기
		I3-4 급식인력 교육결과 평가하기
		I3-5 급식인력 교육내용 및 결과 기록보관하기
	I4. 급식인력업무수행도 평가하기	I4-1 근무수행지침(표준) 수립하기
		I4-2 근태관리지침 마련하기
		I4-3 수행도평가 기준수립하기
		I4-4 업무수행에 대한 관찰 및 감독하기
		I4-5 업무 평가기준에 따라 평가하기
	I5. 협력관계유지하기	I5-1 대외적인 협력업체와의 의사소통하기
		I5-2 관련부서와 의사소통하기
		I5-3 관련회의 참석하기
		I5-4 급식인력 면담하기
	I6. 연수생교육하기	I6-1 실습생 교육하기
		I6-2 수련영양사 교육하기
J. 급식경영	J1. 급식운영 목표세우기	J1-1 급식환경변화 분석하기
		J1-3 급식소 운영목표 세우기
		J1-4 급식소 목표달성 평가기준 세우기
	J2. 급식업무관리하기	J2-1 급식업무의 우선 순위정하기
		J2-2 급식업무수행에 필요한 자료나 정보 제공하기
		J2-3 급식업무 조정하기
		J2-4 급식업무 지시하기
		J2-5 급식업무 점검하기
		J2-6 회의주관하기
	J3. 급식예산집행하기	J3-1 예상수입, 지출산정하기
		J3-2 급식예산세우기
		J3-3 지출결의서작성하기
		J3-4 여입(수입)결의서 작성하기
		J3-5 급식 예산 집행내역 점검 및 조정하기
		J3-6 급식원가 분석하기
		J3-7 손익계산서 작성하기
		J3-8 대차대조표 작성하기

		J3-10 결산분석 및 평가하기
	J4. 마케팅관리하기	J4-1 고객특성 파악하기
		J4-4 고객요구사항 해결하기
	J5. 급식평가하기	J5-1 만족도 조사하기
		J5-2 잔식량 분석하기
		J5-3 메뉴 평가하기
		J5-4 생산성 및 인력효율성 평가하기
		J5-5 재무상태 평가하기
	J6.급식경영보고하기	J6-1 급식운영 자료분석 및 정리하기
		J6-2 급식운영 보고서 및 운영일지 작성하기
		J6-3 문서정리 및 관리하기
	J7. 급식품질향상하기	J7-1 품질향상과정 계획하기
		J7-2 품질향상과정 시행하기
		J7-3 품질향상과정 평가하기
		J7-4 품질향상 개선하기(급식운영상태 개선하기)
K.영양교육	K1. 교육대상 진단하기	K1-1 대상 집단의 영양문제 발견하기
		K1-2 대상 집단의 영양문제 원인분석하기
		K1-3 대상집단이 요구하는 영양서비스 파악하기
		K1-4 기존 영양서비스에 대해 검토하기
	K2. 영양교육 계획세우기	K2-1 교육주제 선정하기
		K2-2 교육장소 정하기
		K2-2 교육방법 정하기
		K2-3 교육계획안 작성하기
		K2-4 교육자료 제작하기
		K2-5 교육대상자 신청받기
		K2-6 영양상담하기
L. 자기계발	L1.전문성향상하기	L1-1 계속교육받기
		L1-2 학술활동하기
		L1-3 정보수집하기
	L2. 연구하기	L2-1 식품 이용방법 연구하기
		L2-2 조리법 연구하기
		L2-3 전통음식문화 연구하기
		L2-4 급식운영 효율화방안 연구하기
		L2-5 식중독 예방관리 연구하기
		L2-6 환경위생 연구하기
		L2-7 식사요법 연구하기
		L2-8 영양교육법 연구하기
		L2-9 교육매체 연구 및 자료개발하기
		L2-10 기타업무 관련분야 연구하기
	L3. 자기관리하기	L3-1 시간 관리하기
		L3-2 건강관리하기
		L3-3 시회봉사하기
		L3-4 이미지 관리하기

Table 부록 6. 외식 산업체의 재무제표의 예

재 무 상 태 표

제 11(당) 기 20XX년 12월 31일 현재

제 10(전) 기 20XX년 12월 31일 현재

주식회사 xxxxxxx (단위 : 원)

과 목	제 11(당) 기		제 10(전) 기	
자 산				
Ⅰ. 유동자산		123,424,954,087		43,358,611,843
(1) 당좌자산		122,901,104,851		43,049,177,677
현금및현금성자산	6,857,889,166		9,307,537,788	
단기금융상품	78,000,000,000		1,000,000,000	
매출채권(주5)	38,161,998,750		32,812,048,810	
대손충당금	(381,619,987)		(328,120,488)	
미수금(주5)	53,381,018		165,445,472	
대손충당금	(533,810)		(1,654,454)	
미수수익	183,942,903		32,370,382	
선급금	6,600,000		-	
선급비용	19,446,811		61,550,167	
(2) 재고자산		523,849,236		309,434,166
상품	37,727,231		21,758,073	
원재료	486,122,005		287,676,093	
Ⅱ. 비유동자산		113,197,002,412		50,089,073,875
(1) 투자자산		101,467,649,800		33,329,821,200
장기금융상품(주3)	3,000,000		3,000,000	
매도가능증권(주4)	101,047,100,000		32,986,450,000	
장기대여금(주5)	417,549,800		340,371,200	
(2) 유형자산(주6,7,11)		8,603,054,589		9,570,576,325
토지	1,273,393,305		1,273,393,305	
건물	1,472,776,969		1,472,776,969	
감가상각누계액	(368,194,240)		(331,374,816)	
차량운반구	309,301,583		298,299,615	
감가상각누계액	(201,079,351)		(219,402,071)	
공기구비품	15,470,336,337		14,034,966,918	
감가상각누계액	(10,954,002,276)		(8,820,217,304)	
장치장식	3,175,134,841		2,727,504,841	
감가상각누계액	(1,595,664,297)		(865,371,132)	
건설중인자산	21,051,718		-	
(3) 무형자산(주8)		19,667,515		45,376,959
기타의 무형자산	19,667,515		45,376,959	
(4) 기타비유동자산		3,106,630,508		7,143,299,391
보증금(주5,10)	3,106,630,508		2,976,000,508	
이연법인세자산 (주16)	-		4,167,298,883	

과목				
자 산 총 계		236,621,956,499		93,447,685,718
부 채				
Ⅰ. 유동부채		54,331,107,162		50,308,558,558
매입채무(주5)	32,044,954,988		30,428,027,809	
미지급금(주5)	12,153,854,319		9,126,724,944	
미지급법인세(주16)	3,122,321,786		3,611,894,372	
선수금	10,237,500		8,538,000	
예수금	1,332,964,466		1,417,779,011	
부가세예수금	5,106,439,920		5,214,340,790	
임대보증금(주10)	515,820,000		493,420,000	
유동성이연법인세부채(주16)	44,514,183		7,833,632	
Ⅱ. 비유동부채		16,978,920,485		6,765,553,880
퇴직급여충당부채(주9)	27,096,434,145		24,667,332,997	
퇴직보험예치금(주3)	(20,792,229,886)		(17,901,779,117)	
이연법인세부채(주16)	10,674,716,226		-	
부 채 총 계		71,310,027,647		57,074,112,438
자 본				
Ⅰ. 자본금(주12)		8,572,000,000		4,000,000,000
보통주자본금	8,572,000,000		4,000,000,000	
Ⅱ. 자본잉여금(주13)		56,100,548,530		-
주식발행초과금	56,100,548,530		-	(30,930,000,000)
Ⅲ. 자본조정(주13)		-		
감자차손	-		(30,930,000,000)	
Ⅳ. 기타포괄손익누계액		39,816,588,817		(13,270,718,183)
매도가능증권평가이익(주4,16,19)	39,816,588,817		-	
매도가능증권평가손실(주4,16,19)	-		(13,270,718,183)	
Ⅴ.이익잉여금		60,822,791,505		76,574,291,463
법정적립금(주14)	1,020,000,000		3,020,000,000	
미처분이익잉여금	59,802,791,505		73,554,291,463	
자 본 총 계		165,311,928,852		36,373,573,280
부채와 자본총계		236,621,956,499		93,447,685,718

"첨부된 재무제표에 대한 주석은 본 재무제표의 일부입니다."

손 익 계 산 서

제 11(당) 기 20XX년 1월 1일부터 20XX년 12월 31일까지

제 10(전) 기 20XX년 1월 1일부터 20XX년 12월 31일까지

주식회사 XXXXXXX (단위 : 원)

과 목	제 11(당) 기		제 10(전) 기	
Ⅰ. 매출액(주5)		343,990,454,418		331,444,532,587
제품매출액	333,771,077,756		321,120,202,061	
상품매출액	834,542,995		1,112,314,323	
용역매출액	9,207,971,690		9,009,414,854	
임대매출액	176,861,977		202,601,349	
Ⅱ. 매출원가(주5,15,20)		312,247,636,289		300,864,354,611
제품매출원가	302,489,323,591		291,549,132,618	
상품매출원가	686,746,745		861,657,420	
용역매출원가	8,931,551,255		8,317,001,504	
임대매출원가	140,014,698		136,563,069	
Ⅲ. 매출총이익		31,742,818,129		30,580,177,976
Ⅳ. 판매비와관리비(주20)		11,397,477,991		11,202,752,811
급여	6,456,597,112		5,983,812,759	
퇴직급여	671,658,670		812,769,942	
복리후생비	1,137,033,852		1,217,292,626	
여비교통비	358,917,334		360,854,315	
통신비	64,706,637		63,985,706	
도서인쇄비	66,944,940		70,604,560	
차량유지비	39,711,670		41,163,142	
지급수수료	211,502,957		215,618,460	
광고선전비	34,479,838		14,592,760	
경상개발비	10,460,816		24,961,820	
수선비	1,335,454		872,500	
세금과공과	271,871,830		269,804,494	
임차료	273,706,051		258,572,972	
보험료	63,225,935		47,844,571	
접대비	152,249,878		172,351,237	
소모품비	61,159,980		74,432,039	
사무용품비	17,592,391		19,239,509	
전산비	564,919,212		579,771,305	
감가상각비	695,323,877		589,828,463	
무형자산상각비	16,283,969		23,178,958	
수도광열비	5,207,387		4,401,520	
대손상각비	52,378,855		48,839,108	
교육훈련비	153,336,008		255,434,497	
미화조성비	1,745,900		1,257,680	
조사연구비	7,506,661		22,459,729	
물류운반비	849,000		1,269,680	

용역비	6,061,495		27,538,459	
판매촉진비	710,282		-	
Ⅴ. 영업이익		20,345,340,138		19,377,425,165
Ⅵ. 영업외수익		2,474,427,305		2,718,283,305
이자수익	1,463,021,630		977,237,488	
배당금수익	709,835,000		1,487,020,000	
유형자산처분이익	18,261,343		14,403,398	
잡이익	283,309,332		239,622,419	
Ⅶ. 영업외비용		99,314,678		244,974,327
이자비용	215,235		154,634,415	
기부금	38,190,198		71,781,086	
유형자산처분손실	24,321,889		3,346,683	
잡손실	36,587,356		15,212,143	
Ⅷ.법인세비용차감전순이익		22,720,452,765		21,850,734,143
IX. 법인세비용(주16)		5,541,952,723		6,160,019,357
X. 당기순이익		17,178,500,042		15,690,714,786
XI. 주당손익(주17)				
기본주당순이익		1,395		1,163

"첨부된 재무제표에 대한 주석은 본 재무제표의 일부입니다."

이익잉여금 처분계산서

제 11(당) 기	20XX년 01월 01일	부터	제 10(전) 기	20XX년 01월 01일	부터
	20XX년 12월 31일	까지		20XX년 12월 31일	까지
처분확정일	20XX년 03월 26일		처분확정일	20XX년 03월 19일	

주식회사 xxxxxxx (단위 : 원)

과 목	제 11(당) 기		제 10(전) 기	
Ⅰ. 미처분이익잉여금		59,802,791,505		73,554,291,463
전기이월미처분이익잉여금	42,624,291,463		57,863,576,677	
당기순이익	17,178,500,042		15,690,714,786	
Ⅱ. 이익잉여금 처분액		942,920,000		30,930,000,000
이익준비금(주14)	85,720,000		-	
현금배당(주18)(주당배당금(율): 50원(10%))	857,200,000		-	
감자차손(주13)	-		30,930,000,000	
Ⅲ. 차기이월미처분이익잉여금		58,859,871,505		42,624,291,463

"첨부된 재무제표에 대한 주석은 본 재무제표의 일부입니다."

자 본 변 동 표

제 11(당) 기 20XX년 1월 1일부터 20XX년 12월 31일까지

제 10(전) 기 20XX년 1월 1일부터 20XX년 12월 31일까지

주식회사 xxxxxxx (단위 : 원)

과 목	자본금	자본잉여금	자본조정	기타포괄손익누계액	이익잉여금	총계
20XX.01.01 (전기초)	5,000,000,000	-	-	76,006,802,337	60,883,576,677	141,890,379,014
인적분할(주20)	(1,000,000,000)	-	(30,930,000,000)	(41,622,743,000)	-	(73,552,743,000)
당기순이익	-	-	-	-	15,690,714,786	15,690,714,786
매도가능평가손익의 증감	-	-	-	(47,654,777,520)	-	(47,654,777,520)
20XX.12.31 (전기말)	4,000,000,000	-	(30,930,000,000)	(13,270,718,183)	76,574,291,463	36,373,573,280
20XX.01.01 (당기초)	4,000,000,000	-	(30,930,000,000)	(13,270,718,183)	76,574,291,463	36,373,573,280
감자차손(주13)	-	-	30,930,000,000	-	(30,930,000,000)	-
처분후 자본	4,000,000,000	-	-	(13,270,718,183)	45,644,291,463	36,373,573,280
무상증자(주12,13)	2,000,000,000	-	(11,422,50 0)	-	(2,000,000,000)	(11,422,500)
유상증자(주12,13)	2,572,000,000	56,100,548,530	11,422,500	-	-	58,683,971,030
당기순이익	-	-	-	-	17,178,500,042	17,178,500,042
매도가능평가손익의 증감	-	-	-	53,087,307,000	-	53,087,307,000
2009.12.31 (당기말)	8,572,000,000	56,100,548,530	-	9,816,588,817	60,822,791,505	165,311,928,852

"첨부된 재무제표에 대한 주석은 본 재무제표의 일부입니다."

현 금 흐 름 표

제 11(당) 기 20XX년 1월 1일부터 20XX년 12월 31일까지

제 10(전) 기 20XX년 1월 1일부터 20XX년 12월 31일까지

주식회사 xxxxxxx (단위 : 원)

과 목	제 11(당) 기		제 10(전) 기	
I. 영업활동으로 인한 현금흐름		18,261,942,587		19,793,354,928
1. 당기순이익	17,178,500,042		15,690,714,786	
2. 현금의 유출이 없는 비용 등의 가산	10,024,419,425		9,904,401,287	
대손상각비	52,378,855		48,839,108	
감가상각비	3,128,675,586		2,676,027,378	
무형자산상각비	34,826,187		256,989,026	
퇴직급여	6,784,216,908		6,919,199,092	
유형자산처분손실	24,321,889		3,346,683	
3. 현금의 유입이 없는 수익 등의 차감	(18,261,343)		(14,403,398)	
유형자산처분이익	18,261,343		14,403,398	
4. 영업활동으로 인한 자산부채의 변동	(8,922,715,537)		(5,787,357,747)	

매출채권의 감소(증가)	(5,349,949,940)		(4,893,218,788)	
미수금의 감소(증가)	112,064,454		9,308,073	
미수수익의 감소(증가)	(151,572,521)		(32,370,382)	
선급금의 감소(증가)	(6,600,000)		28,000,000	
선급비용의 감소(증가)	42,103,356		72,956,553	
이연법인세자산의 감소(증가)	-		(424,275,806)	
재고자산의 감소(증가)	(214,415,070)		(64,729,236)	
매입채무의 증가(감소)	1,616,927,179		2,891,556,889	
미지급법인세의 증가(감소)	(489,572,586)		712,476,308	
미지급비용의 증가(감소)	-		(159,417)	
미지급금의 증가(감소)	3,027,129,375		707,710,102	
선수금의 증가(감소)	1,699,500		6,013,230	
예수금의 증가(감소)	(84,814,545)		186,741,177	
부가세예수금의 증가(감소)	(107,900,870)		1,267,450,240	
임대보증금의 증가(감소)	22,400,000		(2,000,000)	
유동성이연법인세부채의증가(감소)	36,680,551		7,833,632	
이연법인세부채의 증가(감소)	(131,327,891)		409,531,200	
퇴직보험예치금의 감소(증가)	(2,890,450,769)		(3,092,558,234)	
퇴직금의 지급	(4,355,115,760)		(3,577,623,288)	
Ⅱ. 투자활동으로 인한 현금흐름		(79,384,139,739)		(4,927,961,151)
1. 투자활동으로 인한 현금유입액	1,647,377,719		1,037,639,426	
단기금융상품의 처분	1,000,000,000		-	
장기대여금의 감소	157,821,400		47,921,600	
유형자산의 처분	112,466,319		145,352,565	
보증금의 감소	377,090,000		844,365,261	
2. 투자활동으로 인한 현금유출액	(81,031,517,458)		(5,965,600,577)	
단기금융상품의 취득	78,000,000,000		1,000,000,000	
장기대여금의 증가	235,000,000		237,000,000	
유형자산의 취득	2,288,797,458		4,046,393,577	
무형자산의 취득	-		28,175,000	
보증금의 증가	507,720,000		654,032,000	
Ⅲ. 재무활동으로 인한 현금흐름		58,672,548,530		(5,541,800,336)
1. 재무활동으로 인한 현금유입액	59,670,400,000		-	
유상증자	59,670,400,000		-	
2. 재무활동으로 인한 현금유출액	(997,851,470)		(5,541,800,336)	
단기차입금의 감소	-		5,541,800,336	
신주발행비의 지급	997,851,470		-	
Ⅳ. 기타 현금의 감소	-		100,000,000	
인적분할(주21)	-		100,000,000	
Ⅴ. 현금의 증가(감소) (Ⅰ+Ⅱ+Ⅲ-Ⅳ)		(2,449,648,622)		9,223,593,441
Ⅵ. 기초의 현금		9,307,537,788		83,944,347
Ⅶ. 기말의 현금		6,857,889,166		9,307,537,788

"첨부된 재무제표에 대한 주석은 본 재무제표의 일부입니다."

재 무 상 태 표

제 46 기 20XX년 12월 31일 현재

제 45 기 20XX년 12월 31일 현재

xxxxxx주식회사 (단위 : 천원)

과 목	제 46(당) 기		제 45(전) 기	
자 산				
I. 유동자산		534,523,407		461,631,590
(1) 당좌자산		494,489,792		424,615,151
1. 현금및현금성자산(주석3)	126,448,780		66,960,783	
2. 단기금융상품(주석3,14)	80,000,000		80,010,000	
3. 매도가능증권(주석4)	172,270		357,235	
4. 매출채권(주석13)	255,078,357		263,232,658	
현재가치할인차금	(2,212,806)		(2,006,461)	
대손충당금	(5,191,502)		(2,752,687)	
5. 미수금(주석13)	3,144,429		1,333,807	
대손충당금	(39,065)		(20,959)	
6. 미수수익	591,942		1,422,223	
7. 선급금(주석13)	27,615,577		12,796,996	
8. 선급비용	3,947,771		3,219,383	
9. 예치보증금	703,025		62,173	
10. 유동성이연법인세자산(주석12)	501,374		-	
11. 파생상품자산(주석15)	3,151,740		-	
12. 선급공사원가	577,900		-	
(2) 재고자산(주석7)		40,033,615		37,016,439
1. 상품	20,469,258		20,010,400	
2. 재공품	601,828		1,076,191	
3. 저장품	17,604,690		15,178,116	
4. 미착품	1,357,839		751,732	
II. 비유동자산		3,395,846,994		3,340,859,221
(1) 투자자산		1,823,615,087		1,780,051,262
1. 매도가능증권(주석4)	1,799,905,366		1,754,119,362	
2. 지분법적용투자주식(주석5)	23,274,278		21,140,849	
3. 기타투자자산	435,443		4,791,051	
(2) 유형자산(주석6,7,18)		1,461,983,608		1,449,614,112
1. 토지	645,190,336		639,459,700	
2. 건물	135,640,825		131,736,146	
감가상각누계액	(28,249,156)		(25,337,038)	
3. 구축물	717,455,224		703,134,541	
감가상각누계액	(226,292,742)		(199,739,266)	
4. 기계장치	147,785,082		111,940,001	
감가상각누계액	(54,140,686)		(46,333,725)	
5. 차량운반구	23,598,552		23,719,572	
감가상각누계액	(19,312,604)		(18,894,960)	

6. 공구와기구	175,987,329		155,064,122	
감가상각누계액	(113,545,682)		(104,286,249)	
7. 동물	2,146,396		2,052,238	
감가상각누계액	(1,352,284)		(1,094,559)	
8. 식물	17,215,448		17,246,059	
9. 건설중인자산	39,857,570		60,947,530	
(3) 무형자산(주석8,18)		718,130		842,840
1. 산업재산권	182,630		253,340	
2. 전용측선이용권	535,500		589,500	
(4) 기타비유동자산		109,530,169		110,351,007
1. 장기성매출채권(주석13)	72,140,367		74,348,698	
현재가치할인차금	(2,374,931)		(3,275,108)	
대손충당금	(721,404)		(743,487)	
2. 보증금(주석3,13)	40,486,137		40,020,904	
자 산 총 계		3,930,370,401		3,802,490,811
부 채				
I. 유동부채		386,644,809		380,431,164
1. 매입채무(주석13)	106,630,223		125,973,335	
2. 미지급금(주석13)	102,731,347		99,689,017	
3. 미지급비용	241,752		244,714	
4. 미지급법인세(주석12)	25,863,952		41,548,834	
5. 선수금(주석13)	57,331,400		51,004,675	
6. 예수금	4,345,333		3,512,344	
7. 유동성이연법인세부채	–		320,065	
8. 예수보증금	753,746		120,080	
9. 유동성장기부채(주석9)	88,747,056		58,018,100	
II. 비유동부채		1,227,850,669		1,287,504,574
1. 사채(주석9)	–		30,000,000	
2. 장기차입금(주석9,14)	139,165,080		178,222,350	
3. 퇴직급여충당부채	74,364,265		69,598,861	
퇴직연금운용자산(주석3)	(51,736,472)		(44,905,073)	
국민연금전환금	(322,156)		(370,188)	
4. 장기예수보증금(주석13)	685,074,000		683,806,768	
5. 이연법인세부채(주석12)	380,824,996		371,151,856	
6. 기타충당부채	480,956		–	
부 채 총 계		1,614,495,478		1,667,935,738
자 본				
I. 자본금		12,500,000		12,500,000
1. 보통주자본금(주석10)	12,500,000		12,500,000	
II. 자본잉여금		274,917,539		274,917,539
1. 주식발행초과금	50,976,763		50,976,763	
2. 기타자본잉여금(주석10)	223,940,776		223,940,776	
III. 기타포괄손익누계액		832,835,751		801,260,428
1. 매도가능증권평가이익(주석4,11)	832,990,063		800,286,679	

2. 지분법자본변동(주석5,11)	-		1,465,532	
3. 부의지분법자본변동(주석5,11)	(107,291)		-	
4. 파생상품평가손실(주석11,15)	(47,021)		(491,783)	
IV. 이익잉여금		1,195,621,633		1,045,877,106
1. 임의적립금	5,926,928		5,926,928	
2. 미처분이익잉여금	1,189,694,705		1,039,950,178	
자 본 총 계		2,315,874,923		2,134,555,073
부채와 자본총계		3,930,370,401		3,802,490,811

별첨 재무제표에 대한 주석 참조

손 익 계 산 서

제 46 기 20XX년 1월 1일부터 20XX년 12월 31일까지

제 45 기 20XX년 1월 1일부터 20XX년 12월 31일까지

xxxxxx주식회사 (단위 : 천원)

과 목	제 46(당) 기		제 45(전) 기	
I. 매출액(주석13,18)		1,726,473,848		1,790,213,337
II. 매출원가(주석13)		1,518,905,882		1,578,551,786
III. 매출총이익(주석18)		207,567,966		211,661,551
IV. 판매비와 관리비		38,985,674		33,317,398
1. 급여	17,015,862		14,028,061	
2. 퇴직급여	127,510		852,067	
3. 복리후생비	4,271,961		3,080,493	
4. 감가상각비	2,509,200		2,172,759	
5. 소모품비	605,956		346,593	
6. 지급수수료	4,604,327		2,400,424	
7. 도서인쇄비	129,216		179,496	
8. 교육훈련비	417,679		579,312	
9. 전산용역비	701,080		585,582	
10. 광고선전비	157,127		183,086	
11. 기업홍보비	195,341		291,524	
12. 대손상각비	2,525,988		3,517,538	
13. 기타판매비와 관리비	5,724,427		5,100,463	
V. 영업이익		168,582,292		178,344,153
VI. 영업외수익		38,718,986		32,359,257
1. 이자수익	9,181,255		11,202,444	
2. 외환차익	234,910		403,317	
3. 배당금수익	8,808,234		8,792,886	
4. 지분법이익(주석5)	5,069,632		1,553,682	
5. 유형자산처분이익	9,628,634		1,699,270	
6. 외화환산이익(주석9)	1,817,334		-	
7. 파생상품평가이익	-		4,980,888	

8. 잡이익	3,978,987		3,726,770	
VII. 영업외비용		15,490,484		31,371,796
1. 이자비용	7,925,725		11,889,754	
2. 외환차손	248,634		191,130	
3. 기부금	3,569,920		5,503,238	
4. 유형자산처분손실	784,658		8,418,431	
5. 매도가능증권처분손실	-		3,691	
6. 투자자산처분손실	14,850		-	
7. 기타의 대손상각비	63,036		150,000	
8. 외화환산손실	12,763		4,980,888	
9. 지분법손실(주석5)	919,762		-	
10. 파생상품평가손실(주석15)	1,785,414		-	
11. 잡손실	165,722		234,664	
VIII. 법인세비용차감전순이익		191,810,794		179,331,614
IX. 법인세비용(주석12)		42,066,267		5,742,070
X. 당기순이익		149,744,527		173,589,544
XI. 주당손익(주석2)				
1. 기본주당순이익	59,898원		69,436원	

별첨 재무제표에 대한 주석 참조

자 본 변 동 표

제 46 기 20XX년 1월 1일부터 20XX년 12월 31일까지

제 45 기 20XX년 1월 1일부터 20XX년 12월 31일까지

xxxxxx주식회사 (단위 : 천원)

과 목	자 본 금	자본잉여금	자본조정	기타포괄손익누계액	이익잉여금	총계
20XX.01.01 (보고금액)	12,500,000	274,917,539	-	793,356,704	872,287,562	1,953,061,805
당기순이익	-	-	-	-	173,589,544	173,589,544
매도가능증권 평가이익	-	-	-	7,225,581	-	7,225,581
지분법자본변동	-	-	-	1,169,926	-	1,169,926
파생상품평가손실	-	-	-	(491,783)	-	(491,783)
20XX.12.31(전기말)	12,500,000	274,917,539	-	801,260,428	1,045,877,106	2,134,555,073
20XX.01.01 (보고금액)	12,500,000	274,917,539	-	801,260,428	1,045,877,106	2,134,555,073
당기순이익	-	-	-	-	149,744,527	149,744,527
매도가능증권 평가이익	-	-	-	32,703,385	-	32,703,385
부의지분법자본변동	-	-	-	(1,572,824)	-	(1,572,824)
파생상품평가이익	-	-	-	444,762	-	444,762
2009.12.31(당기말)	12,500,000	274,917,539	-	832,835,751	1,195,621,633	2,315,874,923

별첨 재무제표에 대한 주석 참조

현 금 흐 름 표

제 46 기 20XX년 1월 1일부터 20XX년 12월 31일까지

제 45 기 20XX년 1월 1일부터 20XX년 12월 31일까지

xxxxxx주식회사 (단위 : 천원)

과 목	제 46(당) 기		제 45(전) 기	
I. 영업활동으로 인한 현금흐름		159,848,453		159,170,978
1. 당기순이익	149,744,527		173,589,544	
2. 현금의 유출이 없는 비용등의 가산	71,075,087		84,872,891	
대손상각비	2,525,988		3,517,538	
사채할인발행차금상각	-		-	
기타의대손상각비	63,036		150,000	
재고자산감모손실	585,476		-	
파생상품평가손실	1,785,414		-	
유형자산처분손실	784,658		8,418,431	
감가상각비	56,230,088		48,847,283	
외화환산손실	-		4,980,888	
지분법손실	919,762		-	
퇴직급여	8,180,665		18,958,751	
3. 현금의 유입이 없는 수익등의 차감	(19,128,771)		(11,007,803)	
유형자산처분이익	9,628,634		1,699,270	
외화환산이익	1,785,414		-	
파생상품평가이익	-		4,980,888	
현재가치할인차금상각액	2,645,091		2,773,963	
지분법이익	5,069,632		1,553,682	
4. 영업활동으로 인한 자산 부채의 변동	(41,842,390)		(88,283,654)	
매출채권의 증가	(18,210,371)		(32,689,959)	
미수금의 감소(증가)	(1,841,567)		207,619	
미수수익의 감소	830,281		16,334	
선급금의 증가	(14,818,582)		(9,558,233)	
선급비용의 증가	(728,388)		(342,242)	
예치보증금의 증가	(640,852)		(6,077)	
재고자산의 증가	(3,602,652)		(12,563,365)	
유동성이연법인세자산의 증가	(643,369)		-	
선급공사원가의 증가	(577,900)		-	
장기성매출채권의 감소(증가)	30,464,056		(26,176,916)	
퇴직연금운용자산의 증가	(6,831,398)		(8,576,791)	
매입채무의 증가(감소)	(19,343,112)		10,713,112	
미지급금의 증가	3,042,330		279,760	
미지급비용의 증가(감소)	(2,962)		24,190	
예수금의 증가	832,989		1,721,968	
미지급법인세의 증가(감소)	(15,684,883)		19,255,917	
이연법인세부채의 증가(감소)	572,638		(36,793,698)	
선수금의 증가	6,326,727		11,395,436	
예수보증금의 증가	633,666		28,851	
장기예수보증금의 증가(감소)	1,267,232		(1,136,029)	

퇴직금의 지급	(5,899,624)		(4,130,877)	
퇴직급여충당부채의 승계	2,484,363		14,876	
국민연금전환금의 감소	48,032		32,470	
기타충당부채의 증가	480,956		-	
II. 투자활동으로 인한 현금흐름		(63,817,556)		(169,635,597)
1. 투자활동으로 인한 현금유입액	161,042,964		378,071,893	
단기금융상품의 감소	140,010,000		370,792,495	
매도가능증권의 처분	357,235		294,445	
보증금의 감소	6,515,170		3,789,517	
토지의 처분	12,928,313		2,325,488	
건물의 처분	80,620		-	
구축물의 처분	8,282		11,950	
기계장치의 처분	5,855		27,691	
차량운반구의 처분	142,914		91,581	
공구와 기구의 처분	679,970		568,162	
동물의 처분	-		8,550	
식물의 처분	309,394		30,810	
산업재산권의 감소	-		118,228	
기타투자자산의 처분	5,211		12,976	
2. 투자활동으로 인한 현금유출액	(224,860,520)		(547,707,490)	
단기금융상품의 증가	140,000,000		359,268,777	
매도가능증권의 취득	4,030,837		3,263,845	
지분법적용투자주식의 취득	-		6,140,000	
보증금의 증가	7,043,439		9,578,095	
토지의 취득	1,228,552		5,021,033	
건물의 취득	730,085		794,014	
구축물의 취득	282,337		1,567,162	
기계장치의 취득	2,578,183		741,852	
차량운반구의 취득	1,253,753		988,006	
공구와 기구의 취득	12,683,270		10,733,049	
동물의 취득	38,166		23,500	
식물의 취득	78,096		696,940	
건설중인 자산의 증가	54,911,470		148,668,536	
산업재산권의 취득	2,332		222,681	
III. 재무활동으로 인한 현금흐름		(36,542,900)		21,641,128
1. 재무활동으로 인한 현금유입액	25,893,000		86,759,663	
단기차입금의 증가	-		19,812,601	
장기차입금의 증가	25,893,000		66,947,062	
사채의 발행	-		-	
2. 재무활동으로 인한 현금유출액	(62,435,900)		(65,118,535)	
단기차입금의 상환	-		20,260,335	
장기차입금의 상환	4,500,000		-	
유동성장기부채의 상환	57,935,900		44,858,200	
IV. 현금의 증가 (I + II + III)		59,487,997		11,176,509
V. 기초의 현금		66,960,783		55,784,274
VI. 기말의 현금		126,448,780		66,960,783

Index

찾아보기

[ㅈ]

[ㅊ]

[ㅋ]

1. 국내, 국외, 국내외 인터넷 자료

참고문헌

1. 국내 문헌

금종화·김성영·박경숙·소명환·손규목·오승희·유영균·이극로·이미옥·이상일·조석금, 21세기 식품위생학, 효일, 2009.

김경주·정진은·윤혜려·전영옥, 급식경영학, 광문각, 2007.

김기영, 호텔주방관리론, 백산출판사, 2004.

김대식, 현대 경제학원론, 박영사, 2007.

김영규, 경영학원론, 박영사, 2006.

김준홍·이우윤·김대하·박종수, 경영학원론, 박영사, 2007.

김헌희·이대홍·김상진, 외식산업경영의 이해, 백산출판사, 2007.

김홍철, 관광마케팅관리, 두남, 1997.

나정기, 메뉴관리의 이해, 백산출판사, 2004.

나정기, 외식산업의 이해, 백산출판사, 2003.

반병길, 마케팅관리론, 박영사, 1990.

박경규, 신 인사관리, 홍문사, 2006.

박병렬·임붕영, 외식사업 주방관리론, 대왕사, 1995.

박운성, 경영학원론, 박영사, 1996.

박진숙·전재표, ERP 물류실무, 세학사, 2009.

배수진, 신 경영학의 이해, 두양사, 2006.

서인덕, 한국기업의 조직관리, 박영사, 2005.

송균석, 마케팅, 무역경영사, 2000.

신봉규, 외식마케팅, 학문사, 2001.

양일선·차진아·신서영·박문경, 급식경영학, 교문사, 2008.

어윤선·박승영·김종택, 외식산업경영론, 대왕사, 2008.

이선희, 관광마케팅개론, 대왕사, 1997.

이순룡, 생산관리론, 법문사, 1999.

이운우, 생산관리, 학문사, 2003.

이운우·신현우·김희오·윤상환, 창업과 경영원리, 대명, 2008.

이정실, 외식기업경영론, 기문사, 2003.

이헌철·권해익·성상조, 액세스 비즈니스 실무, 문영사, 2009.
임창희, 경영학원론, 학현사, 2006.
전재표, ERP 회계실무, 세학사, 2008.
정우석·이상훈·배수진, 경영학 원론, 두양사, 2008.
정차권, 급식경영학, 교문사, 1995.
조동성, 21세기를 위한 경영학, 서울경제경영, 2007.
진양호, 박영일, 김성일, 외식마케팅관리, 백산출판사, 2009.
채인숙·차진아·양일선·한경수·이보숙, 단체급식, 교문사, 2008.
한경수·채인숙·김경환, 외식경영학, 교문사, 2008.
한국외식산업연구소, 외식사업경영론, 백산출판사, 1995.
홍기운, 최신외식산업개론, 대왕사, 2005.
매일경제신문사 자료.
대한민국 통계청 통계자료
법제처 법령자료.
한국외식정보, 한국외식연감, 2006.

2. 국외자료

Kotschevar, Lendal H., Withrow, Diane, Management by Menu, John Wiley & Sons, 2007.

Nicholas Gregory Mankiw 저, 김종석·김경환 역, 맨큐의 경제학, 교보문고, 2009.

Ninemeier, Jack D., Perdue, Joe, Discovering the Hospitality and Tourism Industry, PrenticeHall, 2007.

Robert Christie Mill, Restaurant Management(Customers, Operations, and Employees), PrenticeHall, 2007.

Walker, BOLOGNA, Foodservice Management, Prentice-Hall, 2007.

WENTZ, William J., Food Service Management(How to Succeed in the High-risk Restaurant Business), Atlantic Pub. Co., 2007.

William Boyes, Michael Melvin 저, 강태훈·김정수 역, 경제학의 기본원리, 시그마프레스, 2007.

3. 국내외 인터넷 자료

금융감독원 자료
대한민국 통계청, 통계자료
미국통계청, 통계자료
법제처 법령자료,
영국통계청, 통계자료
일본통계청, 통계자료
UN 통계자료
http://www.naver.com 자료
http://www.google.com 자료
http://www.yahoo.com 자료
교육인적자원부, http://www.mest.go.kr
국가법령정보센터, http://www.law.go.kr
국가지식포털, http://www.knowledge.go.kr
국립보건원, http://www.nih.go.kr
금융감독원, http://www.fss.or.kr/
금융감독원 전자공시 시스템, http://dart.fss.or.kr/
농림수산식품부, http://www.maf.go.kr
농촌진흥청, http://www.rda.go.kr
농업과학기술원, http://www.niast.go.kr
법제처, http://www.moleg.go.kr
보건복지부, http://www.mohw.go.kr
브리테니카, http://preview.britannica.co.kr/
식품의약품안전청, http://www.kfda.go.kr
대한민국 국회도서관, http://www.nanet.go.kr
대한비만학회, http://www.obesity.or.kr
대한영양사회, http://www.dietitian.or.kr
대한화학회, http://www.kcsnet.or.kr
동아시아식생활학회, http://society.kisti.re.kr/~easdl
미국식품과학회, http://www.ift.org
한국보건의료인 국가시험원, http://www.kuksiwon.or.kr
한국생화학회, http://www.biochem.or.kr
한국식품개발원, http://www.kfri.re.kr

한국식품과학회, http://www.kosfost.or.kr

한국영양학회, http://www.kns.or.kr

한국외식경영학회, http://www.fmsok.or.kr

한국외식산업경영학회, http://www.kafim.com

한국조리학회, http://www.culinary.re.kr

한국조리과학회, http://www.kfcs.org

한국과학기술정보통합서비스, NDSL http://www.ndsl.kr

한국과학기술정보연구원, http://www.kisti.re.kr

한국교육학술정보원, http://www.keris.or.kr

한국교육학술정보원, 학술연구정보서비스 http://www.riss4u.net

한국학술진흥재단, http://www.krf.or.kr

현암사, http://www.hyeonamsa.com

국내학회지 검색 사이트, http://www.dbpia.co.kr

국내학회지 검색 사이트, http://kiss.kstudy.com

국외논문 검색 사이트, DIALOG http://www.dialog.com

국외학위논문 검색 사이트, PQDT(ProQuest) http://proquest.umi.com

FAO(국제식품농업기구), http://www.fao.int

Food and Drug Administration(미국식품의약국), http://www.fda.gov

National Institutes of Health(미국국립위생연구소), http://www.nih.gov

UN(국제연합), http://www.un.org

USDA(미국 농림부), http://www.usda.gov

WHO(세계보건기구), http://www.who.int

WHO nutrition database, http://www.who.int/nutrition/databases/en/index.html

이성호

경북대학교 화학과 졸업
경북대학교 대학원 화학과 졸업, 이학석사
경북대학교 대학원 화학과 이학박사
경기대학교 외식산업경영 박사수료
계명문화대학 식품영양조리학부 부교수(현재)

식품 관련 전공자를 위한 **급식경영개론** A Survey of Foodservice Management

인쇄. 2018년 2월 26일 1판 1쇄
발행. 2018년 2월 28일 1판 1쇄

지은이. 이성호
펴낸이. 윤용호
펴낸곳. 121-868 서울시 마포구 토정로 222 한국출판컨텐츠센터 3층 301호
등록. 2001.10.23. 제10-2238호
전화. 02)719-6116
팩스. 02)719-6120
homepage. www.shdbooks.co.kr
e-mail. shd6116@chol.com

ISBN. 979-11-87621-16-4

이 도서의 국립중앙도서관 출판예정도서목록(CIP)은 서지정보유통지원시스템 홈페이지(http://seoji.nl.go.kr)와 국가자료공동목록시스템(http://www.nl.go.kr/kolisnet)에서 이용하실 수 있습니다. (CIP제어번호: CIP2018005529)

가격 18,000원